［新　版］

# 通史・足尾鉱毒事件

## 1877～1984

東海林吉郎
菅 井 益 郎

世織書房

天の監督を仰がされハ凡人堕落
國民監督を怠れハ治者為盗

明治三十五年八月

山崎秀次郎君嘱　　正造草

# まえがき

本書は、足尾山塊に発する渡良瀬川の沿革と江戸時代の足尾銅山の歴史を前史とし、明治期から現代にいたる足尾鉱毒事件の構造と展開について、実証的な解明をめざしたものである。

足尾鉱毒事件は、日本の近代化のための諸制度および近代技術の導入を契機として、世界史とかかわる政治的、経済的な背景のもとに生起した。そして日清戦争による鉱毒被害の激化が、田中正造を指導者とする鉱毒反対闘争を生み、足尾鉱毒問題は明治期後半における最大の社会問題となったのである。だが明治政府は、日露戦争の開戦準備の一環として、鉱毒問題を治水問題にすりかえ、農民たちの鉱毒反対闘争にたいして徹底した弾圧政策をとり、今日の公害問題にも共通する体制と公害企業の癒着の構造を、劇的に歴史に刻んでいる。また、生涯をかけてこれと取り組んだ田中正造の行動と思想は、人権と環境の問題、さらに反戦・平和の課題を担うものとして、鋭く現代を照射している。足尾鉱毒事件と田中正造の思想は、いまあらためて現代に甦らせることが求められているのである。

このような鉱毒事件と田中正造の思想を再評価しようとする気運の盛りあがりは、七〇年代前半の公害問題の噴出とともに生じたのであるが、それをより切実なものにしたのは、第二次石油ショック以降の長期不況のなかで、資本側からの反撃が強まる一方、公害世論も退潮傾向を示し、政府の公害対策が明らかに後退しはじめたことにたいする危機意識であった。事実、足尾鉱毒事件のあらゆる現場と田中正造のゆかりの地で、さらに現在全国各地でたたかわれている公害反対運動の現場で、そのような著作を求める真摯な声が聞かれるようになったのも、まさにそうした時期と重なっていた。

こうした状況のもとで、一九七七〜八〇年『田中正造全集』、さらにこれと前後して、『栃木県史』『群馬県史』『足利市史』その他、鉱毒事件関係史料集が刊行され、新史料の発掘や創刊時からの『栃木新聞』『下野新聞』の発見などと相まって、そうした課題を担う新しい実証的な研究を可能にした。

ちなみに従来の関係者は、おしなべて鉱毒被害の顕在化について、一八七九〜八〇(明治一二〜一三)年に魚類が大量死したことにより、八〇年または八一年、あるいは八〇年から三年連続して、県令の藤川為親が渡良瀬川の魚獲・売買・食用を禁ずる布達をだしたという、田中正造による虚構を根拠にしていた。このため、銅山の歴史および技術の近代化と密接に関連している被害の顕在化について科学的な整合性を欠き、鉱毒が江戸時代から三百年流れつづけていたとする迷妄を生み、結果的には古河の責任はその三分の二にすぎないという、企業側の論理を支えることになったのである。

本書は、厳密な史料批判をとおして、こうした誤りを実証的に克服しつつ、鉱毒事件の全過程を再構築した。とくに鉱毒反対闘争にたいするすさまじい明治政府の弾圧の歴史的背景の解明は、鉱毒事件の基本的な性格にかかわる本書の重要な提起である。

また田中正造研究において、神と宗教の問題から思想の在りようをさぐろうとする試みも、今日まで少なからずなされている。たしかに、晩年における聖書との出会いは、神と宗教を包摂する思想の形成につながり、たたかいに神が現れるという確信を支えた信仰は、無視しえないものといえよう。しかし、信仰が一般のなじみ難い側面をもつことは否定しえないところであり、本書は思想の継承という課題のもとに、そのたたかいの思想の軌跡をたどってみた。

こうした明治期の鉱毒事件と田中正造の思想について、一貫した命題のもとに取り組んできた本書は、明治期から現代に連関する問題とその過程をも、当然その課題の一環としてとらえてきた。このとき、別子、日立、小坂などの鉱毒・煙害問題において、政府と資本が足尾鉱毒事件を一定の教訓として汲みあげて対処した事実は、被害者側の在りようについて明らかにひとつの展望を示すのである。だが、その後の第二次世界大戦と敗戦にいたる過程は、こうした教訓的な意義を放棄し、潜在的な公害の蓄積・激化の過程にほかならず、必然的な戦後の再燃となって現出する。

一九五八（昭和三三）年の源五郎沢堆積場の決壊は、まさに足尾鉱毒事件の再燃であった。この鉱毒の激化にともなう被害農民の対応——一九七四年、古河鉱業に鉱毒被害の責任を認めさせ、一五・五億円の補償金をかちとった毛里田の鉱毒根絶期成同盟会のたたかいについても、反公害闘争を支持する立場からの一定の評価を試みた。

また古河の企業城下町としての足尾は、富鉱の枯渇によって採掘を停止し、買鉱による製錬は継続しているものの、おしとどめ難い過疎に呻吟している。煙害による広大なハゲ山の緑化事業はすすまず、足尾線廃止の動きとからんで、製錬所の廃止による古河鉱業撤収という不安を隠せないでいる。この足尾町が、鉱毒事件の歴史過程を構造的に理解しえたとき、企業城下町のくびきをみずから断ち切り、自立の論理を確立するであろう。これに向けて、足尾がかかえる問題を整理して提起した。

さらに、鉱毒反対闘争の最後の砦となり、強権に抹殺された旧谷中村跡の遊水池は、いま明治政府の失政の証拠湮滅を意図する首都圏の貯水池に変貌しつつある。また自然・環境保護の立場からも傍観できないものとして、その独善性をふくめて批判的な検討を加えた。いずれにせよ、これら鉱毒事件のあらゆる現場は、まぎれもなく現代の鉱毒事件の構造的な一環をなして存在しているものである。

われわれが、足尾をはじめとしてこれらの現場に足を踏み入れ、その研究を共通の課題としてから、すでに十数年を数える。そしてともに渡良瀬川研究会の設立に参加し、友好を深めつつ研究の深化と運動の継承をめざすなかで、足尾鉱毒事件の全貌と田中正造の思想を一冊でわかる本を多くの人びとから要望され、共著によってようやくその課題をはたすことができた。

本書に盛った新史料や分析の座標軸のもとに、まだまだ精緻に論じたい箇所も幾つとなくある。だが精緻に論じれば論じるほど全体像が遠ざかるという一致し難い乖離をかかえて、ともかく一冊でわかるという要望を最優先した。本書が、真に人びとの要望にそい、かつわれわれが本書にこめた課題を担いうるならば、このうえないしあわせである。

著　者

# 通史・足尾鉱毒事件　目次

# 通史・足尾鉱毒事件

1877～1984

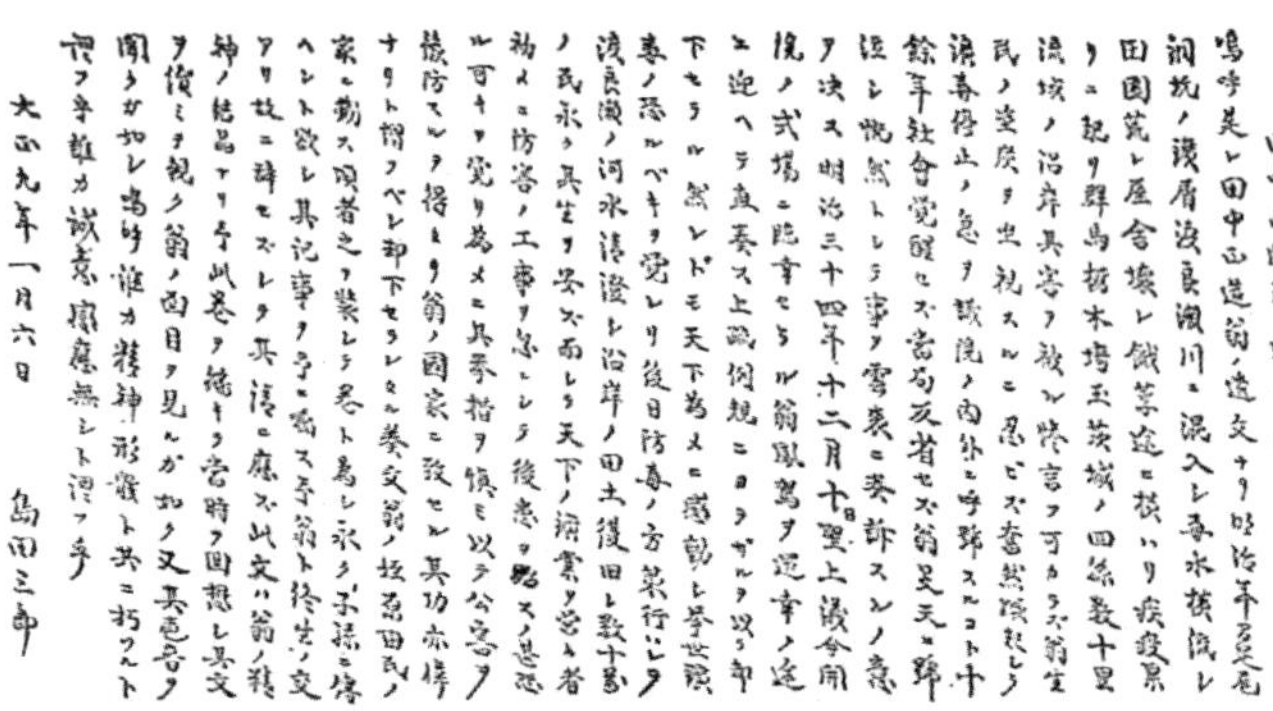

田中正造翁ノ遺文ヲ読ム
嗚呼是レ田中正造翁ノ遺文ナリ明治年間足尾
銅坑ノ鉱屑渡良瀬川ニ混入シ毒水横流シ
田園荒レ屋舎壊レ饑寒並ニ抜ハリ疾疫累
リニ起リ群馬栃木埼玉茨城ノ四県数十里
流域ノ沿岸其害ヲ被ル惨言フ可カラズ翁生
民ノ塗炭ヲ坐視スルニ忍ビズ奮然蹶起シテ
鉱毒停止ノ急ヲ議院ノ内外ニ呼号スルコト十
余年社会覚醒セズ當局反省セズ翁昊天ニ號
泣シ慨然トシテ事ヲ雲表ニ奏訴スルノ意
ヲ決ス明治三十四年十二月十日聖上議会開
院ノ式場ニ臨幸セラル翁鳳駕ヲ還幸ノ途
ニ迎ヘテ直奏ス上識例規ニヨラザルヲ以テ却
下セラル然レドモ天下為メニ震動シ挙世鉱
毒ノ恐ルベキヲ覚レリ後日防毒ノ方策行ハレテ
渡良瀬ノ河水清澄シ沿岸ノ田土復旧シ数十万
ノ民永ク其生ヲ安ンジ而シテ天下ノ禍害ヲ察スル者
為メニ防害ノ工事ヲ急ニシテ後患ヲ貽スノ甚恐
ル可キヲ覚リ為メニ其豫措ヲ慎ミ以テ公害ヲ
豫防スルヲ得タリ翁ノ国家ニ致セル其功亦偉
ナリト謂フベシ却下セラレタル奏文翁ノ姪原田氏ノ
家ニ蔵ス頃者之ヲ装シテ巻ト為シ永ク子孫ニ傳
ヘント欲シ其記事ヲ予ニ嘱ス予翁ト終生ノ交
アリ故ニ辞セズシテ其請ニ応ズ此文ハ翁ノ精
神ノ結晶ナリ今此巻ヲ繙キテ當時ヲ回想シ其文
ヲ読ミテ観ク翁ノ面目ヲ見ルガ如ク又其声音ヲ
聞クガ如シ嗚呼誰カ精神ト形骸ト共ニ朽ツルト
謂フ乎誰カ誠意磨滅無シト謂フ乎
大正九年一月六日　島田三郎

この一文は原田家で直訴状を巻物に表装した際に、
田中正造の姪でかつて田中の養女であった原田タケ
が、島田三郎に頼んで書いてもらったものである。

# 1　渡良瀬川と足尾銅山の沿革

### 渡良瀬川の水源とその流域

足尾銅山鉱毒事件にふれるまえに、足尾山塊を源とする渡良瀬川の流域と、足尾銅山の歴史・地理を素描しておくことにしたい。

渡良瀬川は、那須火山から分岐した足尾山塊、栃木県上都賀郡足尾町地区に源を発している。すなわち皇海山《すかいさん》（二一四三メートル）、大平山（一九五九メートル）、シゲト山（一九一九メートル）に発する小足沢など、三つの沢の合流点を起点（二度の改訂をへて現在にいたる）としている(1)。

この高地の渓谷を源流とする渡良瀬川は、半月山（一七五三メートル）に発する久蔵《くぞう》沢、庚申山（一八九二メートル）に発する仁田元《にたもと》沢を合流し、薬師岳（一四二〇メートル）、茶ノ木平（一六一七メートル）に発する神子内《みこうち》川を合流、さらに足尾山塊において内《うつ》ノ篭《こもり》川、渋川、庚申川、巣上沢、餅ヶ瀬川、楡沢《ねりざわ》川などを合流する。これら枝川をふくむ渡良瀬川の足尾山塊における水源面積は、一万八五六一へクタールにおよぶ。

こうして渡良瀬川は、足尾山塊の渓谷を西南に向けて貫流し、群馬県勢多《せた》郡東《あずま》村、同郡黒保根《くろほね》村をへて、同県山田郡大間々《おおまま》町にいたる。ここで平地にでた渡良瀬川は、笠懸野と呼ばれる雄大な扇状地をつくり、ここから東南に向けて大きく流れを転ずる。そして群馬県桐生市、栃木県足利市など、かつての日本有数の機業地に接して流下し、群馬県館林市と栃木県佐野市の中間をとおり、栃木県下都賀郡藤岡町、茨城県古河市をへて利根川に合流する。その全長ほぼ一二〇キロメートル。この間、桐生川、松田川、袋川、才川、矢場川、秋山川、思川などを合流している。

渡良瀬川流域は、この川の恩恵によって、古くから豊かな農村と商工業都市が繁栄した。一四世紀前半、荘園制の崩壊から封建制の成立にかけて、諸豪族を制覇して日本の政治的指導権を確立した足利氏と、これと対抗した新田氏の出身地と経済的基盤は渡良瀬川流域であった。足利氏は室町幕府を京都に樹立、一六世紀初頭まで実質的な日本の支配者となった。

一六世紀にはじめて日本へ到達した西欧人によって、東洋第一のコレギゥムとその名を伝えられた足利学校も、この地域の豊かな農業生産と、絹織物などの工業生産の土壌のうえに咲いた学問の花であった(2)。

さらに一六世紀頃、渡良瀬川流域と当時の最大の消費都市である江戸をむすぶ内陸水路交通が開かれ、商品経済のいちじるしい発展をみた。流域の農産物はもとより、桐生、足利、佐野の織物、佐野の鋳物製品、葛生《くずう》の石灰、彦間の木炭・和紙、足尾の銅など、江戸への輸送に大きな便宜がもたらされた。そして佐野の越名河岸、足利の奥田河岸と猿田《やえんだ》河岸は、北関東きっての河岸として、鉄道の発達による水路交通の衰退までにぎわいをみせた。

ちなみに、一八八一（明治一四）年の渡良瀬川流域、栃木県安蘇、足利、梁田三郡の東京への物資輸送は、水路輸送がほぼ八〇パーセントを占めたのである。

また桐生、足利、佐野などの織物工業の発展は、消費地との流通の便だけでなく、染色や晒しに用いる渡良瀬川の水質がすぐれ、織物の仕上りの美しいことが、好評をうけた大きな理由であった。

これらの機業地では、古くから水車を動力源として、撚糸や紡績、織機の効率化をはかっていた。一八九八（明治三一）年、一八〇馬力のタービン水車が導入された時期においても、渡良瀬川と枝川では約四〇〇基の水車が利用され、総馬力数一七〇〇馬力(3)にも達していた。渡良瀬川流域の諸産業は、自然的、地理的条件のもとに、住民の創意工夫、勤勉な労働によって、その草創と発展がもたらされたのであった。

このように渡良瀬川は、流域の諸産業の発展の基盤をなしたが、それもこれも渡良瀬川が主食である稲作の灌漑用水として豊饒な農業生産を生み、かつ豊かな漁業資源をはぐくんで、流域三〇万住民の生存を保障したからであった。

農業、漁業、商工業、そのいずれにかかわるにしろ、旱魃による生産活動への影響、また集中豪雨と長雨による堤防の破壊、家屋と家畜や人命に被害をもたらす水害への恐れは、流域住民を共通の意識と願いのもとにおいた。

この一定の水量の確保と増水時の調整の課題は、住民の民生安定と貢租の安定的な確保のために、ゆるがせにできない問題であった。渡良瀬川の水源地帯――足尾上七村、下七村といわれた足尾郷は日光神領に属していたが、山林竹木の伐採と火の用心にかんするきびしい法度は(4)、水源涵養林の保護、渡良瀬川の一定の水量の確保と調整に、あずかって力あったのである。

## 足尾銅山前史――その技術

足尾銅山の開発は、通説によると一六一〇（慶長一五）年村内二人の農民が発見して、翌一六一一年、足尾銅を幕府に献上し、家光の袴着祝儀に披露され、吉例之御山と称されたと伝えられている(5)。しかし実際の発見は一六世紀の中葉と見られている。

一六一三年幕府直轄となり、銅山奉行のもとで銅買上げがはじめられた。しかし翌一六一四年から一時休山し、一六一五（元和元）年、銅山代官の支配のもとで再び銅買上げがおこなわれたが、幕府の銅需要がなく、すぐ留山（休山）となった。休山は一六二一年まで約七年つづき、一六二七（寛永四）年から一六四七（正保四）年まで、日光山支配のもとで、かろうじて稼業がつづけられた。足尾銅山の草創期は、決してはなばなしいものではなかった。

一六四八（慶安元）年、再び幕府の管轄のもとに開発がすすめられ、一六六二（寛文二）年以降数年間は、毎年三七五トンの丁銅を幕府の浅草倉庫に納入するなど、しだいに活況をていした。そして一六七二（寛文一二）年に一一二五トン、一六七六（延宝四）年から一六八七（貞享四）年まで一三〇〇トン以上を生産し、江戸時代の最盛期を迎えた。とくに一六八四（貞享元）年には、一五〇〇トンの最高生産を記録した(6)。

この頃、製銅量の五分の四は幕府御用にあて、残り五分の一が長崎からオランダに輸出された。この取り扱いのために江戸、大坂、長崎に銅会所が設けられた。幕府御用の銅は、江戸城、日光山、上野寛永寺、増上寺の銅瓦などに用い、残りの銅は、買上げ価格よりたかく市中に放出された。

だが、この盛況はつづかず、数年で三〇〇トン台になり、二〇〇トン台を割り、一七三六～四七（元文元～延享四）年には一〇〇トン程度になり、一七八一～八九（天明期）年には、さらに低落して七五～三七トンとなった。そして最盛期五〇枚を数えた吹《ふき》（製錬）床《どこ》は、一七九六（寛政八）年には二枚に激減して休山となった。かつて四四人を数えた銅山師も、一八二一（文政四）年には、わずか一名を残すのみであった。第一図は、江戸時代の産銅量の推移を示したものである。

産銅量の減少による経営困難に際して、足尾銅山は幕府の保護、援助をうけた。浅草倉庫の銅を買上げ価格で払下げをうけ、市中価格で鋳銭座に売却したり、坑道の普請料、一時金の貸与もしばしばうけた。また山元において銅銭吹立の特許をえて、一七四二（寛保二）年七月から一七四五（延享二）年一二月まで、一五万七八四五貫三〇〇文を鋳出した。裏面に「足」の字のある足字銭がこれである(7)。

だが、幕府の保護、援助など彌縫策で産銅量を挽回しうるはずもなく、休山に追いこまれたのである。こうした衰微は足尾銅山のみでなく、近世末期の日本の主要鉱山は、金山も銀山も銅山も、おしなべて衰微のどん底にあった。とくに世界一の産銅国ともくされた日本の銅輸出は、近世末期には五分の一に

第１図　江戸時代の産銅量推移

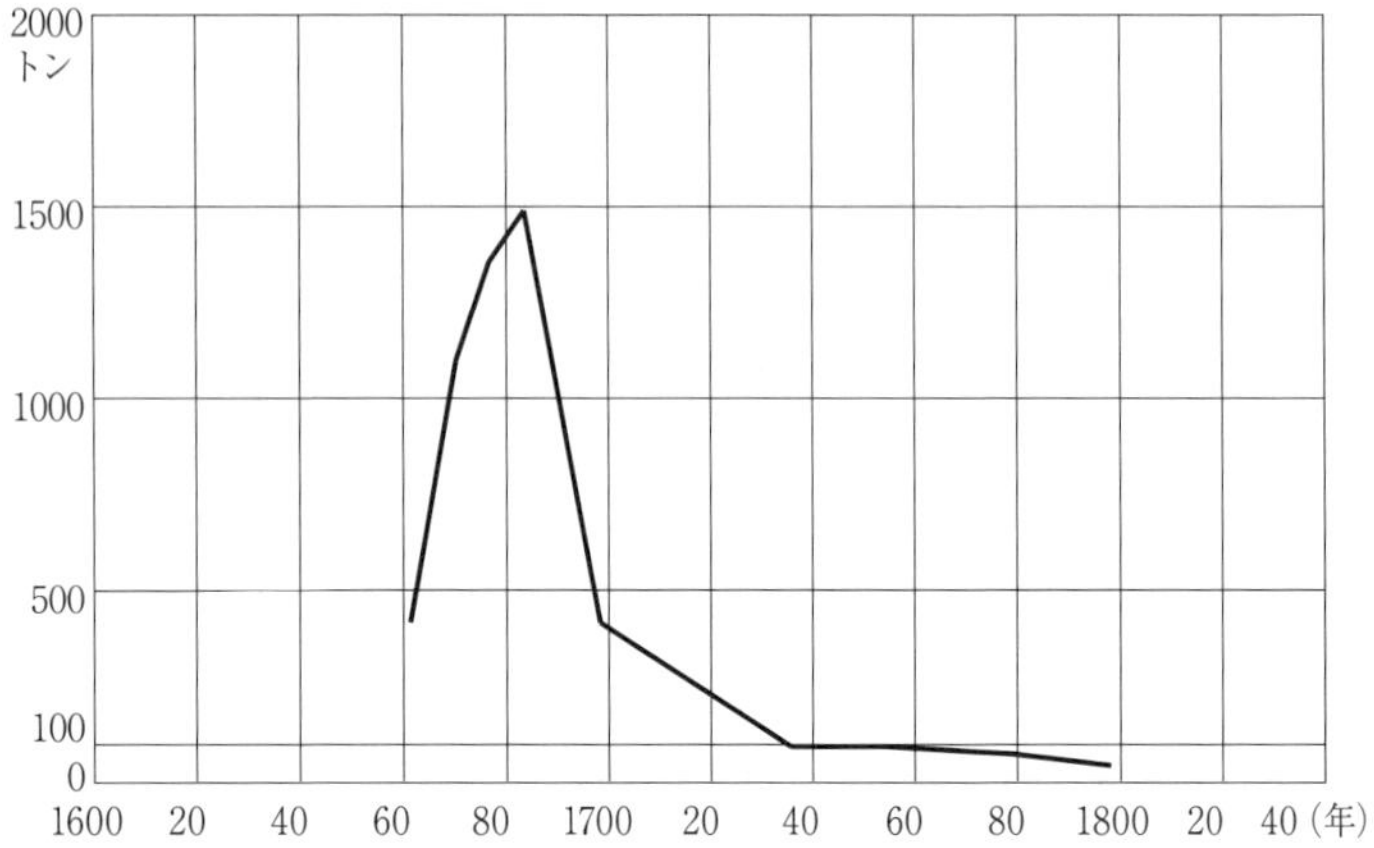


1610　足尾銅山発見
1611　幕府へ献上
1613　幕府直轄
1614　休山
1615　稼行
｜
1621　留山
1627
｜　日光山支配
1647

1648　幕府直轄
1662　375トン
1672　1,125トン
1676
｜　1,300トン以上
1687
（1684　1,500トンで最高生産。その後数年で375トンに減少）

1736
｜　112トン
1747
1781
｜　75～37トン
1789
1796　皆休山
1804　以降、丹礬採取

出典：「足尾銅山沿革」（『栃木県史・史料編　近現代９』１～５ページ）より作成。

凋落したのである。

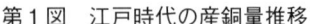

　しかし、全国の銅山の銅が掘りつくされたのではなく、銅はげんに鉱山に存在していた。鉱石は地下にあっても、これを掘りだすことができず、また掘りだされた廃石にも、金属は含まれていたが、当時の技術では含有率の低い金属を採取できなかった。

　当時の採鉱・選別・製錬その他の技術の難点のなかで、もっとも致命的なものは、開坑技術ならびに坑内の排水技術であった。すなわち富鉱をもとめて、坑道が年一年と深部に達するにつれて地下水の湧出がはげしくなり、それ以上掘りすすむことができなくなるのである。この湧水こそは、その頃の鉱山の命とりであった。一六八〇年代、年産一五〇〇トンを記録した足尾銅山が廃坑同然となったのも、まさにこの湧水のためであった(8)。

江戸時代、このような経緯をたどった足尾銅山は、山元にそれなりの影響を与えた。一七〇四(宝永四)年、銅山一帯が大出水に見舞われ、一七一八(享保三)年には大火で、民家約一〇〇〇戸が灰燼に帰した。また一七八一(天明元)年、洪水によって銅山と山元が被害をうけた。これらの被害は、廃石の投棄や山林伐採、そして常時火を用いることによるものであった。

一八二一(文政四)年、山林伐採にともなう出水によって、銅吹立所の鉱滓が流出し、新梨子、赤沢両村の農作物に被害を与え、作物の蒔付けが不可能になるなどの鉱毒被害がでた。しかし、山元の局地的な鉱毒被害が、渡良瀬川下流流域に鉱毒被害をもたらすことはなかった。一万七〇〇〇ヘクタール以上の欝蒼たる水源涵養林にたたえられた水量が、この局地的な鉱毒の流出を希釈して、なおあまりあったからである。

ただ一六八〇年を中心とする足尾銅山の最盛期、下流の古河領では鮭のわずかな被害をとらえて、流域住民が鮭の漁業権を奪還した事実を、一片の史料からさぐりだすことができる(9)。

ともあれ、もともと水量の豊かな渡良瀬川は、江戸時代から三~五年に一度、洪水があったという。この洪水との関連で明確にしておかなければならないのは、洪水と水害のちがいである。

堤防を破壊し、農作物や家畜、家屋、人命などに被害を与える水害と、堤防を溢水し、一定の流路をとおって水田などに冠水する洪水との区別である。堤防を溢れて冠水する洪水は、堤防の破壊、家畜や家屋、人命のほか、農作物の被害を限定し、増水の調整機能をはたすからである。

渡良瀬川の三〜五年に一度の洪水は、水源地帯の山林に堆積した腐葉土などの天然の肥料をたっぷりと運びこみ、たとえ農作物に若干の被害はあっても、流域農民はかえって喜んだという。この天然の肥料によって、二〜三年は肥料を要せず、しかも魚獲によって、被害を補うことができた。洪水によって、魚類もおびただしくふえたからである(10)。

このような渡良瀬川の恵みを、流域農民から奪い去り、悲惨な鉱毒被害の境涯に突き落したのが、渡良瀬川の水源地帯に位置する足尾銅山であった。

# 2　足尾銅山の発展と鉱毒被害

## 日本の近代化と銅生産

維新変革によって成立した明治政府は、富国強兵・殖産興業を国是とし、旧幕諸藩から継承した軍需工場・鉱山などの官営事業をみずから経営するとともに、私的企業を保護し育成しつつ、産業の近代化をはかった。

そして一八七〇（明治三）年工部省を創設。軍需工場を除く大部分の官営事業を管掌し、私的企業の保護育成に加えて、主として農民の収奪による地租と旧幕時代に商人資本のもとに蓄積された貨幣資本とをそそぎこんで、幾多の新企業をおこした。その業種は、鉱山・製鉄・鉄道・電信・土木・造船・測量など、きわめて広範囲にわたった。一八八五（明治一八）年、工部省が廃止されるまで、先進資本主義国から新技術や機械の導入、技術者の招聘によるこれら新企業の設立は、殖産興業政策の柱として推進された。

**第１表　銅の輸出率**

| 年　　次 | 輸出量／生産量 |
|---|---|
| 1882（明治15）年 | 49.4% |
| 84（〃 17）年 | 59.3 |
| 86（〃 19）年 | 100.4 |
| 88（〃 21）年 | 72.4 |
| 90（〃 23）年 | 107.6 |
| 92（〃 25）年 | 87.4 |
| 94（〃 27）年 | 76.9 |
| 96（〃 29）年 | 72.6 |
| 98（〃 31）年 | 79.3 |
| 1900（〃 33）年 | 82.0 |

出典：『日本経済統計総観』1221ページより作成。

いわゆる上からの近代化と呼ばれるこの殖産興業政策は、近代国家建設の課題を担い、着実に成果を示していった。一八七七（明治一〇）年以降になると、その重点産業のひとつであった鉱業は、官営鉱山こそ赤字であったが、民間の鉱業生産は急速に伸びていった。とりわけ銅は、多額の外貨を獲得する主要な輸出品となったのである。

こうした銅生産の発展を支えたのは、海外の銅需要であった。第一表にみるように、銅の輸出に占める割合は、一八八二（明治一五）年にほぼ五〇パーセントになり、一八八六年には一〇〇パーセントを超え（前年生産分を含む）、明治全期をつうじ第一次大戦期にいたるまで全生産量の七〇～八〇パーセントが輸出にあてられたのである。

この銅が輸出総額に占める割合は、一八八〇年代中頃から第一次大戦末期の一九一七（大正六）年まで数パーセントを保っていた。銅以外の輸出品では、明治初期には生糸・茶が圧倒的に多く、この二品目で輸出総額の約六〇パーセントを占め、米・銅・石炭などがこれにつづいた。しかし、一八八七（明治二〇）年以降になると、生糸を除く茶・米などの農産物の比率は下がり、絹織物やマッチなどの雑貨を中心とする軽工業製品、および石炭、銅などが漸増し、とくに銅は、一八九〇年に輸出総額の九・五パーセントを占め、重要輸出品としての地位を確立した。そしてアメリカ、チリ、ドイツにつぐ世界有数の産銅国として、日本の銅は世界市場に直結しつつ、近代化のための鉱工業生産設備・兵器・機械類など、重工業製品輸入のための外貨獲得産業として、日本資本主義の成立と発展に、不可欠な役割を担ったのである。

国内銅山がこのような伸長をみせるなかで、はじめ遅れをとったものの、たちまちその主力銅山にのしあがったのが足尾銅山であった。

足尾銅山は、一八六七年維新変革によって明治政府の支配下に入り、日光県・栃木県の管理をへて

**第2表　銅生産量に占める古河の比率**

（単位・トン、％）

| 年　　次 | 古河生産量ⓐ | 全国生産量ⓑ | ⓐ／ⓑ |
|---|---|---|---|
| 1874（明治7）年 | | 2,111 | |
| 75（〃 8）年 | | 2,399 | |
| 76（〃 9）年 | | 3,181 | |
| 77（〃 10）年 | 149 | 3,943 | 3.8 |
| 78（〃 11）年 | 158 | 4,256 | 3.7 |
| 79（〃 12）年 | 263 | 4,630 | 5.7 |
| 80（〃 13）年 | 268 | 4,669 | 5.7 |
| 81（〃 14）年 | 370 | 4,669 | 7.9 |
| 82（〃 15）年 | 737 | 5,616 | 13.1 |
| 83（〃 16）年 | 1,671 | 6,775 | 24.7 |
| 84（〃 17）年 | 3,411 | 8,888 | 38.4 |
| 85（〃 18）年 | 5,250 | 10,541 | 49.8 |
| 86（〃 19）年 | 5,100 | 9,774 | 52.2 |
| 87（〃 20）年 | 4,455 | 11,064 | 40.3 |
| 88（〃 21）年 | 4,180 | 13,255 | 31.5 |
| 89（〃 22）年 | 5,999 | 16,254 | 36.9 |
| 90（〃 23）年 | 7,589 | 18,115 | 41.9 |
| 91（〃 24）年 | 7,681 | 19,033 | 40.4 |
| 92（〃 25）年 | 7,397 | 20,727 | 35.7 |
| 93（〃 26）年 | 6,928 | 18,015 | 38.5 |
| 94（〃 27）年 | 8,017 | 19,912 | 40.3 |
| 95（〃 28）年 | 6,587 | 19,114 | 34.5 |
| 96（〃 29）年 | 7,695 | 20,102 | 38.3 |
| 97（〃 30）年 | 7,964 | 20,389 | 39.1 |
| 98（〃 31）年 | 8,764 | 21,024 | 41.7 |
| 99（〃 32）年 | 9,191 | 24,276 | 37.9 |
| 1900（〃 33）年 | 8,924 | 24,317 | 36.7 |
| 01（〃 34）年 | 9,089 | 27,392 | 33.2 |
| 02（〃 35）年 | 8,194 | 29,035 | 28.2 |
| 03（〃 36）年 | 9,290 | 33,187 | 28.0 |
| 04（〃 37）年 | 8,986 | 32,123 | 28.0 |
| 05（〃 38）年 | 8,949 | 35,495 | 25.2 |
| 06（〃 39）年 | 9,580 | 37,432 | 25.6 |
| 07（〃 40）年 | 9,298 | 38,714 | 24.0 |

出典：『創業100年史』（古河鉱業株式会社）76ページ。

一八七一（明治四）年、民業が許可になった。そして野田彦蔵、副田欣一の操業のあと、古河市兵衛が相馬家（執事の志賀直道名儀）と組合契約のもとに、一八七七年二月、鉱業権を譲り受けて操業を開始した。

さらに一八八〇年、第一国立銀行の創立者で政商資本の典型といわれる渋沢栄一も、この組合契約に参加した。志賀、渋沢の組合契約への参加は、旧領主資本および政商資本の支援と結合を獲得したことに意義があったといえよう(1)。この組合契約は、足尾銅山が黒字に転じた一八八六年に志賀が、一八八八年に渋沢が協議離脱したことにより、名実ともに古河市兵衛が経営権を掌握したのである。

ともあれ足尾銅山は、古河に移ったはじめの二年間は年産五〇トン未満、その後の二年間が九〇トン台、さらに一〇〇トン台に漸増したにすぎなかった。だが一八八一（明治一四）年、鷹の巣直利（富鉱）につづいて、一八八四年横間歩《よこまぶ》大直利（大富鉱）の発見によって、産銅量は急激に上昇した。

そしてこの年、早くも二二八六トンに達し、全古河生産量の六七パーセント、全国産銅量の二六パーセントを占め、四国の別子銅山を抜いて、全国一の銅山になったのである。

この時期、一八七六〜八五（明治九〜一八）年は、需給の不均衡に加えて、先進欧米諸国の冶金技術の飛躍的発展を背景に、世界的に銅市況は低迷し、日本の銅生産にきわめて困難な時期であった。このような市況のもとで、技術の後進性にもかかわらず、足尾銅山が好況を呈したのは、大富鉱の発見という自然的条件の優位性を獲得しえたからである。この自然的優位性のもとに、古河は同八四年直利橋製錬工場、東京の本所溶銅所を新設し、操業を開始した。この足尾銅山の好況に、さらに飛躍的発展の契機となったのが、院内につづく一八八五年の官営阿仁鉱山の払下げであった。

この時期の官業払下げは、払下げをうけて操業するだけでなく、追加投資および合理的経営による継続・発展の可能性ある企業にたいしておこなわれた。古河市兵衛は足尾銅山の成功によって、全国一の産銅資本として阿仁、院内両鉱山の払下げをうける。陸奥宗光、渋沢栄一らの支援もあるが、鉱山事業に習熟せるものにして信用をおくにたる、として払下げの申請が受理されたのである(2)。

ちなみに阿仁鉱山は、官営鉱山として一六一万円という多額の資金が投下され、技術、設備ともに民

第3表　全古河産銅量に占める足尾の比率

（単位・トン、%）

| 年　次 | 古河生産量ⓐ | 足尾銅山の産銅量ⓑ | ⓑ／ⓐ |
|---|---|---|---|
| 1877（明治10）年 | 149 | 46 | 30.9 |
| 78（〃 11）年 | 158 | 48 | 30.4 |
| 79（〃 12）年 | 263 | 90 | 34.2 |
| 80（〃 13）年 | 268 | 91 | 34.0 |
| 81（〃 14）年 | 370 | 172 | 46.5 |
| 82（〃 15）年 | 737 | 132 | 17.9 |
| 83（〃 16）年 | 1,671 | 647 | 38.7 |
| 84（〃 17）年 | 3,411 | 2,286 | 67.0 |
| 85（〃 18）年 | 5,250 | 4,090 | 77.9 |
| 86（〃 19）年 | 5,100 | 3,595 | 70.5 |
| 87（〃 20）年 | 4,455 | 2,987 | 67.0 |
| 88（〃 21）年 | 4,180 | 3,783 | 90.5 |
| 89（〃 22）年 | 5,999 | 4,839 | 80.7 |
| 90（〃 23）年 | 7,589 | 5,789 | 76.3 |
| 91（〃 24）年 | 7,681 | 7,547 | 98.3 |
| 92（〃 25）年 | 7,397 | 6,468 | 87.4 |
| 93（〃 26）年 | 6,928 | 5,165 | 74.6 |
| 94（〃 27）年 | 8,017 | 5,877 | 73.3 |
| 95（〃 28）年 | 6,587 | 4,898 | 74.4 |
| 96（〃 29）年 | 7,695 | 5,861 | 76.2 |
| 97（〃 30）年 | 7,964 | 5,298 | 66.5 |
| 98（〃 31）年 | 8,764 | 5,443 | 62.1 |
| 99（〃 32）年 | 9,191 | 5,763 | 62.7 |
| 1900（〃 33）年 | 8,924 | 6,077 | 68.1 |
| 01（〃 34）年 | 9,089 | 6,320 | 69.5 |
| 02（〃 35）年 | 8,194 | 6,695 | 81.7 |
| 03（〃 36）年 | 9,290 | 6,855 | 73.8 |
| 04（〃 37）年 | 8,986 | 6,520 | 72.6 |
| 05（〃 38）年 | 8,949 | 6,577 | 73.5 |
| 06（〃 39）年 | 9,580 | 6,735 | 70.3 |
| 07（〃 40）年 | 9,298 | 6,349 | 68.3 |

出典：『創業100年史』（古河鉱業株式会社）76、82ページから作成。

間の鉱山にくらべて数段すぐれていた。一八八四〜八五年に銅製錬の近代技術も採用されていたが、官僚的経営による失敗のため、多額の赤字をかかえて払下げられたのである。払下げ条件は、建物、機械設備、備品すべて二五万円。即時金一万円、残金は五ヵ年据え置き無利子二四カ年賦。半製品その他約八万八〇〇〇円。無利子一〇カ年賦。敷地附属地は支払期間中、無代貸与するというものであった。

こうして幾多の官営鉱山・工場などが、きわめて低廉な価格と有利な条件のもとに、三井・三菱・古河・藤田・浅野・川崎など特権資本に譲渡された。そしてこれら特権資本は、日本資本主義を特徴づける財閥に成長してゆくのである。

さて、阿仁、院内両鉱山を得た古河市兵衛は、従来の官僚経営方式を改め、大規模な人員整理、配置転換に加えて賃金二割削減などを断行し、経営のたて直しをはかった。院内鉱山においては、この年一八八五年、早くも三一三四円の利益を計上した(3)。

この払下げは、『古河市兵衛翁伝』もいうように、両鉱山を傘下に収めただけでなく、外国から輸入した最新の機械設備とともに、西欧の近代技術の素養を身につけた多数の大学出身の技術者を得たことであった。それまで古河経営の各鉱山は、専門の技術者がきわめて少なかったからである。

いまや足尾銅山は、さきの大富鉱発見という自然的優位性に加えて、技術的条件を獲得したのである。そして本口坑内排水のための有木坑再開発に、阿仁鉱山の鑿岩機を用いて成功したほか、阿仁のボイラー式ポンプが、はじめての坑内排水機械として、これまでの手押しポンプに加えられた。また各坑を一本化し、開発と操業能率をたかめる大規模な通洞（水平坑）工事に、これらの機械と技術者が動員された。しかし、より総合的な技術の近代化の遂行には、未だ資本の蓄積が不十分であった。

この技術的制約は、一八八五（明治一八）年九月、本口坑中廊下洞鋪の突然の出水で、排水設備が潰滅的な打撃をうけるという結果として現れた。このため、この年これまでの最高、四〇九〇トンを記録したものの、翌八六年に三五九五トン、八七年は二九八六トンと低迷する。しかも、これと重なる一八八六〜八七年は、世界的な銅市況のどん底にあった。

だが一八八六年になって、イギリスやフランス、ベルギーなどが、従来の鉄線に変えて電信線に硬銅線を採用したこと、翌八七年には日本でも逓信省による銅線の試験が好結果をえたことと、清国の新銅貨の大量鋳造などによって銅の需要が増大するにつれて、世界の銅市況はようやく回復に向かっていった。ちょうどこのとき、東南アジア全域に商権をもつイギリスの商業資本ジャーデン・マジソン商会から古河産銅を三年間独占的に買い取りたいという申し出があった。その背景には、フランスの銅シンジケートによる銅価吊りあげをねらった世界市場独占政策があり、ジャーデン・マジソン商会はそのフランスの銅シンジケートからの買い注文を受けて、古河に商談をもちかけたのであった。古河市兵衛は、その商談規模の大きさと支払い条件から、当初難色を示した。だが一八八八（明治二一）年六月、この市況を巧みにとらえて契約を交わした。

その内容は、一八八八年九月から九〇年一二月まで、古河産銅で一万九〇〇〇トン、横浜渡し一〇〇斤（一斤＝〇・六キログラム）につき、二〇円七五銭で売買するというもので、総額六三〇万円を超える巨額の契約であった。この契約は、資本の蓄積の不十分な古河をして、資本調達の道をきりひらくものであった。そしてその契約達成は、足尾銅山の増産以外にありえなかった。

この至上命令のもとに、古河は全力をあげて、足尾銅山の技術の近代化に取り組んだ。そして一八八五年以来苦しんできた湧水処理のための竪坑を、契約の年に完成させるとともに、坑内外に民間第一号の電話を架設した。一八八九年、粉鉱処理のためのハルツ跳汰機、ダンカン汰盤（いずれも選鉱機械の一種）を輸入し、低品位粗鉱の淘汰選別を可能にした。こうして排水・選鉱・運搬などの近代化につれて、処理能力の増大と労働力の節約などによって、生産コストの低下と生産力の増強がはかられた。

しかし銅製錬は、いささか改良されたものの、依然として旧式の吹座製錬であった。一八八七年、この吹座四八座のうち八座を廃止、水套式溶鉱炉一座とピルツ式溶鉱炉三基を新設し、製錬技術の近代化をはかった。そして、さらに製錬の高率化をはかり、一八九〇（明治二三）年、ジャーデン・マジソン商会との契約達成に可能な水套式角型溶鉱炉一二座を新設し、旧式吹座とピルツ式溶鉱炉を全廃したのである。

だが、燃料消費と鉱石や製品の搬出手段などに、まだ問題が残されていた。このためドイツのシーメンス社に依頼して、四〇〇馬力タービン水車による、ポンプ用八〇馬力、捲きあげ用二五馬力、電灯用六馬力の発電力を備えた間藤《まとう》発電所（同年七月の下野麻紡織会社の発電開始につぐ日本第二号）(4)を、一八九〇年暮に完成させた。同時にプランジャー型電気ポンプを据え付け、排水と鉱石の捲きあげを高能率化し、燃料消費を節約した。さらに翌九一年には、本山坑終点と製錬所をむすぶ電気鉄道を新設したのであった。

また、製品を搬出する手段は、牛馬に頼っていたため、天候や気温など自然条件によって、しばしば停滞しがちであった。そこで一八九〇年、日本鉄道の宇都宮—日光間の開設を機に三〇馬力ボイラーによって、細尾峠を越えて日光につうじる索道運搬を開始した。これによって足尾産銅の搬出はいちじるしく改善された。

全山あげての技術の近代化によって、足尾銅山の産銅高は一八八九年四八三九トン、九〇年五七八九トン、九一年七五四七トンと上昇し、全国産銅量の三二パーセントを占めた。しかも、八九年のフランスの鋼シンジケートの瓦解に際しても、ジャーデン・マジソン商会とのみ契約していたため、銅価が一挙に一六円七〇銭に暴落したにもかかわらず、契約時の二〇円七五銭で売り渡すことができるなど、古河は決定的な優位にたち、残された最後の課題である銅製錬技術の近代化に取り組んでいった。

そして一八九三（明治二六）年、ついにベッセマー式製錬炉（転炉）を完成させた。これによって、鉱石から製銅に要する期間を、いままでの三二日から一挙に二日に短縮するなど、国内他銅山を圧倒したのである。

この足尾銅山の生産性の飛躍的向上によって、古河は鉱業資本として、ゆるぎない発展の基盤を築いた。だが、こうした足尾銅山の資本主義生産における優位性の確立過程は、そのまま環境破壊、鉱毒被害の顕在化から、激化をたどる過程にほかならなかった。

## 鉱毒被害、魚類から農地へ

庭田源八の著した「鉱毒地鳥獣虫魚被害実記」(5)は、恵まれた在りし日の自然、渡良瀬川と流域に棲息する鳥類、小動物、昆虫、そして鮭《サケ》、鱒《マス》、鱸《スズキ》、鯉《コイ》、鮒《フナ》、鰻《ウナギ》、鯰《ナマズ》などの豊かな棲息状況と、その絶滅の模様を細やかな筆致で描いて、鉱毒を告発している。しかし、これが書かれたのは、魚類の大量死から十数年たった、一八九八(明治三一)年のことである。

すでに前年、すなわち一八九七年二月、第一〇回帝国議会で田中正造は、コレラ流行期の記憶をもとに、魚類の大量死を、一八七九〜八〇(明治一二〜一三)年とし、その裏づけとして、渡良瀬川の魚獲・食用・売買が禁じられたという、虚構の藤川県令(知事)布達を打ちだしていた(6)。

鉱毒反対闘争にとって、魚類の大量死は鉱毒の顕在化、足尾銅山の企業責任の発生点である。だが現実の魚類の大量死には、農民たちはさしたる関心も示さず、すでに忘れ去られていた。田中はこの失われた記憶を、虚構の藤川県令布達で補い、その後の鉱毒告発の一環として掲げてゆく。

庭田の「鉱毒地鳥獣虫魚被害実記」も、こうした事情を背景にして、魚類の鉱毒被害の発生時期を、虚構の藤川県令布達と同じくするよう、描かれているが、ここにも、実際の魚類の大量死がたしかめられることなく、虚構の藤川県令布達が、永く信じられてきた理由の一端がある。

――では、鉱毒被害の顕在化、魚類の大量死の正確な時期はいつか。十分な客観性と高い信憑性をもつ数点の鮎《アユ》と鮭の史料で明らかにしておきたい。鮎と鮭は高級魚として人びとに嗜好されていたために需要も多く、経済的観点からのみならず、他の川魚にくらべて、はるかに鉱毒に弱いという特性によって、もっとも、その時期確定にふさわしい魚なのである。

ここに、古河市兵衛が足尾銅山を操業する前年、つまり一八七六（明治九）年の渡良瀬川流域、群馬県山田郡四カ町村における鮎の年産史料がある。この鮎の魚獲高は、鉱毒に汚染される以前の渡良瀬川における、その他の魚類を含めての豊かな棲息状況を示すものといえよう（第四表参照）。

鮭は、たしかに足尾銅山の江戸時代の最盛期に減少した徴候はあるものの、下野国都賀郡（上都賀郡と下都賀郡に分離したのは一八七八年）底谷村の「村指出免書上帳」(7)（一七四〇年）、同足利郡「奥戸・高橋村鮭猟法につき一札」(8)（一七五四年）に明らかなように、豊かな鮭の溯上がつづいていた。そして、豊漁年とそうでない年はあっても、明治になっても変ることなく、毎年鮭の大群が溯上していたのである。

**第４表　山田郡村誌に記された鮎の年産額**（1876年）

| 町村名 | | 年産額 |
|---|---|---|
| 大間々町 | 大間々町 | 80万尾 |
| | 桐原村 | 3万尾 |
| 毛里田村 | 只上村 | 5,000尾 |
| | 市場村 | 8,000尾 |
| 広沢村 | 広沢村 | 3万尾 |
| | 一本木村 | 3,000尾 |
| 境野村 | | 12万6,000尾 |
| 合計 | | 100万2,000尾 |

出典：『山田郡誌』（山田郡教育会）947～8ページ。

渡良瀬川の豊かな魚類は、すばらしい自然の恩恵である。だがこれになれると、やがてあたり前のこととして、その恩恵を忘れる。またあたり前のことは、地元紙の記事にもなりにくい。一八八二（明治一五）年、鮭漁の記事が地元紙でなく、『自由新聞』（一〇月一日）に載ったのは、これを象徴している。

　下野国渡良瀬川は毎年秋季を迎ふる頃ともなれば鮎鮭の漁猟多く土地の者は誰彼の別なく漁猟に従ひしが、本年は殊の外鮭の多猟にて始めの頃は九百目にて三円六拾銭前後に売買せしが、昨今は次第に下落して七、八十銭位になりしと同地の者より通知あり（傍点引用者）。

しかし、一八八四年九月の暴風雨による洪水で、鮎漁が影響をうけたことによって『下野新聞』（一〇月一一日）の記事となった。

暴風雨の影響　渡良瀬川は毎年秋季になると鮎の多く漁猟ある所なるが、本年は去月《ママ》廿六日の暴風雨の為め同地も洪水となり……春子は不残大川へ流出し更に瀬に附かず実に不漁にて……沿岸の足利、梁田両郡辺は浅瀬の多き所なる故鮎瀬の第一等とも云ふ土地にて毎年三百人（土地人のみ）の漁師が五、六拾円づゝの収獲あるに本年は僅に一人にて拾四、五円なりと。

毎年、足利、梁田両郡約三〇〇人の漁師が、鮎漁で一人当たり五〇～六〇円、全体で一万五〇〇〇～一万八〇〇〇円の収益をあげていた事実は注目される。なおこの年の一人当たりの収益一四～一五円は、足利相場（九月三〇日）玄米八斗（一二〇キログラム）四円四〇銭と比較すれば、決して少なくない金額であることがわかる。

そして翌一八八五（明治一八）年、これまで渡良瀬川の魚類に、あまり関心を示すことのなかった『下野新聞』（七月二九日）は、期せずして、渡良瀬川の異変の前兆、鱸《スズキ》の記事を掲載したのであった。

鱸　渡良瀬川に鱸の登るは是迄もあることながら本年の如く多く登ることは未だ嘗てなき処なりと魚漁をなすものの話し。

大量の鱸の溯上を伝える短い記事は、まさに渡良瀬川の異変の前兆を告げるものであった。つぎの『朝野新聞』（八月一二日）の報道は、明確にその事実を裏づけている。

香魚皆無　栃木県足利町の南方を流るゝ渡良瀬川は、如何なる故にや春来、魚少なく、人々不審に思ひ居りしに、本月六日より七日に至り、夥多の香魚は悉く疲労して游泳する能はず、或は深渕に潜み或は浅瀬に浮び又は死して流るゝもの尠なからず、人々争ひて之を得むとて網又は狭網《さで》を用ひて之を捕へ多きは一、二貫目少なきも、数百尾を下らず小児と雖ども数十尾を捕ふるに至り、漁業者は之を見て今年は最早是れにて鮎漁は皆無ならんと嘆息し居れり、斯ることは当地に於て未曽有のことなれば、人々皆足尾銅山より丹礬《たんばん》の気の流出せしに因るならんと評し合へりとぞ（傍点引用者）。

この記事は、鉱毒による渡良瀬川の鮎の大量死、その時期・模様を伝える唯一の史料である。これが漁師にとって、「未曽有のこと」、つまりはじめてであることに注意されたい。また、「今年は最早是れにて」という気持ちには、まだ来年への期待がある。この記事は、若干訂正されて二日後、地元紙『下野新聞』に転載された。

鮎の大量死――鉱毒の顕在化は、大富鉱の発見と技術の近代化による産銅量の急激な上昇と、それにともなう鉱毒排出の増大の結果であった。一方、山元においても、銅製錬による亜硫酸ガス、亜砒酸などによって、煙害も急速に進行していた。松方デフレ政策による全国的な不況のなかで、足尾の好況を伝える『下野新聞』(一〇月三一日)は、末尾でつぎのように伝えている。

……又銅鉱を焙焼するストーブの煙は丹礬質を含み居て人身に害あれば、煙筒も遠く山下に延きて烟の構内に飛散せざる様仕掛ありしかば、近傍諸山の樹木は昨暮以来多くは枯れ凋みたりといへり。

これにみるように、鮎の大量死の前年、一八八四(明治一七)年暮、煙害で近傍諸山の樹木が立ち枯れていたのである。そして一八八七年、この間、鉱毒はさらに深まり、渡良瀬川はほとんど魚影をみることなく、漁師も姿を消していった。

ここにおいて、栃木県足利町出身の須永金三郎、同県梁田郡梁田村出身の長祐之ら、東京専門学校の政治学科学生たちは、一八八七年秋、行政学討論において鉱毒問題を提起した(9)。さらに郷里に帰って鉱毒問題を訴えた。だが世論を喚起するにはいたらなかった。

さらにそれから三年、一八九〇(明治二三)年夏、渡良瀬川に魚族絶つとして、在京の栃木県足利、梁田、安蘇三郡の出身者と地元民との東京での会合が、『朝野新聞』（八月一二日）によって報じられた。

　東京専門学校の須永らに遅れること三年、鮎の大量死から五年たって、はじめて本格的に、この問題に取り組もうとする動きが見られてきたのである。だが、すでに一八八八年から、農地の局地的な鉱毒被害が発生していたことを考えれば、魚類にかんするこの会合は、あまりにも遅すぎたのである。

　それから一〇日もたたぬ、八月二一～二三日の暴風雨による増水で、渡良瀬川各所の堤防が決潰し、流域約一万ヘクタールの農地に鉱毒水が冠水するという、大洪水が来襲する。しかも、同月三〇日の暴雨がこれに追いうちをかけ、栃木、群馬両県の七郡二八カ町村、一六五〇ヘクタールの農地が長期間鉱毒水に漬かり、農作物が悉く腐るという被害をうけるのである。

第２図　鉱毒被害の顕在化過程

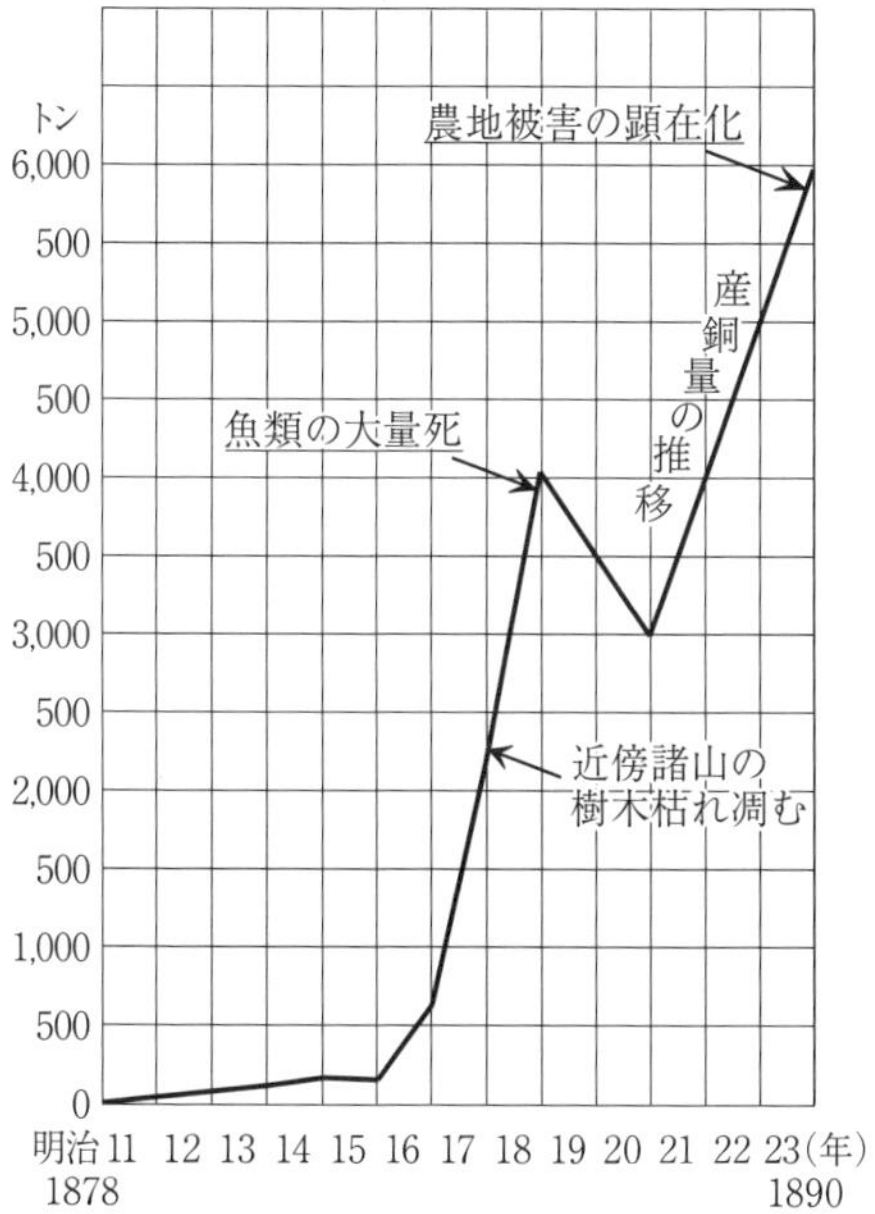


出典：東海林作成。ただし産銅量は『創業100年史』82ページによる。

　いまみてきた、鮎の大量死から農地に鉱毒被害がおよぶ過程を、足尾銅山の産銅量のグラフに位置づけると、第二図のようになる。

　鮎の大量死は、鉱毒顕在化の画期として、一八八四年の大富鉱の発見、さらに一八八五年の官業払下げによる鑿岩機・ボイラー式ポンプや搗鉱器の導入(10)など、技術の近代化による産銅量の急激な上昇と対応していることに注目されたい。

鮎の大量死から農地の鉱毒被害へ――、この鉱毒被害の拡大は、産銅量の上昇による鉱毒物質の流出増大と、主として製錬用燃料としての山林乱伐、さらに煙害の進行による水源地帯の荒廃によってもたらされたものであった。

山林乱伐はそれ自体、水源地帯の保水量を低下させるものであるが、激化する煙害はそのうえ生態系を破壊して、山肌の土壌をそぎ落し、剝きだしになった山骨をふだんに風化・崩壊させ(11)、加速度的に水源地帯を荒廃に導いて保水量を低下させてゆくのである。そして渡良瀬川に渇水をもたらすだけでなく、これら崩壊した土砂・岩石、人為的に投棄された鉱滓や廃石、鍰《からみ》は、雨とともに流出して渡良瀬

第５表　足尾町地目別面積

（単位・町歩）

| | |
|---|---|
| 官　　林 | 1万3,506 |
| 官有原野 | 887 |
| 民有山林 | 1,795 |
| 民有原野 | 31 |
| 民有畑地 | 176 |
| 宅地その他 | 188 |
| 合　　計 | 1万6,583 |

出典：笠井恭悦ほか「明治前中期の足尾銅山と山林」（『栃木県史研究』19号、96～8ページ）より。

第６表　足尾官林の伐採面積

（単位・町歩）

| 年　　次 | 面　　積 |
|---|---|
| 1881（明治14）年 | 83.5 |
| 82（〃 15）年 | 80.1 |
| 83（〃 16）年 | 80.1 |
| 84（〃 17）年 | 160.5 |
| 85（〃 18）年 | 505.5 |
| 86（〃 19）年 | 310.0 |
| 87（〃 20）年 | 430.0 |
| 88（〃 21）年 | 1,584.4 |
| 89（〃 22）年 | 789.9 |
| 90（〃 23）年 | 514.7 |
| 91（〃 24）年 | 994.3 |
| 92（〃 25）年 | 229.3 |
| 93（〃 26）年 | 997.6 |
| 合　　計 | 6,759.9 |

出典：第５表と同。

川の河床を埋めてゆく。その結果、いったん大雨が降れば直ちに洪水を誘発し、鉱毒水が流域農地を襲うのである。

この被害拡大の一因である山林乱伐についてみるとき、一八八五年（異説もある）、足尾官林を管理する栃木県が、二〇年を周期とする輪伐区制を設定したことは、評価できる措置であった。だが一八八二〜八七（明治一五〜二〇）年、足尾銅山への官林払下げ件数八件のうち四件が、まず三島通庸、樺山資雄ら栃木県知事に払下げられている事実が示すように(12)、せっかくの輪伐区制は、数年で破産したのであった。官僚との癒着が乱伐を促進して輪伐区制を破産させ、それがまた乱伐を促進させていったのである。

**第７表　足尾山林の荒廃状況**

（単位・町歩）

| | 伐採跡地及無立木地ノ面積（台帳面積） | 全ク荒廃ニ帰セシ林野ノ面積（見込面積） | 荒廃ノ林野中最モ惨状ヲ極メタル面積（見込面積） |
|---|---|---|---|
| 官　林 | 凡《およそ》　1万 | 凡　588 | 凡 118 |
| 官有山野 | 凡　1,000 | 凡　245 | 凡　82 |
| 民有山野 | 凡　1,800 | 凡　273 | 凡 100 |
| 合　計 | 凡１万2,800 | 凡1,106 | 凡 300 |

出典：第５表と同。

一八八四（明治一七）年の足尾町の土地台帳による地目は、第五表のとおり（現在の面積と異なる）であるが、これが、第六表のような速度で乱伐されていったのである。

この山林の乱伐状況は、量的に官有林が主であるが、民有林の乱伐も、これと平行してすすめられていった。そして、この山林乱伐に煙害が加わり、一八九三年における足尾山林の荒廃は第七表の状況に達していた。こうして足尾官林は、ほぼ七九パーセントが全滅し、民有林にいたっては、全域にわたって樹木をみることがなかったのである。

たとえ、山林の乱伐が強行されても、生態系を支える生きた土壌が残されるかぎり、草は生え、やがて樹木も自生するであろう。この生態系を死滅させて、山肌の土砂をそぎとり、剝きだしになった山骨を、ふだんに風化・崩壊する死の山に変貌させたのが、すでに述べたように煙害であった。

足尾銅山は、技術の近代化によって、つねに燃料費の節減をめざしたとされる。だが、それらはあくまで高利潤の追求と増産、生産コストの低減が目的であって、決して水源涵養林の保全や自然生態系の保護のためではなかった。こうして足尾山林を荒廃しつくした銅山は、日光細尾官林、群馬県沢入《そうり》、座間官林、根利《ねり》国有林などに触手を伸ばしていった。

山林乱伐に狂奔するなかで、地元住民を主とする伐採人夫と薪炭夫に、賃金以上の過酷な労働を課したことは疑いない。一八八八(明治二一)年の吹大工(=製錬夫)たちの労働条件切り下げ反対ストライキについで(13)、一八九〇(明治二三)年いち早くこれに異議を唱えたのは、これら薪炭夫たちであった。

足尾薪炭夫の暴行　足尾字小滝銅山の薪炭夫三百余名は、何事か不平を唱え去る七日午前銅山会社倉庫に迫りて暴行に及びたるを同所請願巡査松木某が主張して説諭中重ねて暴行に及び同巡査の頭部へ負傷せしめ……。

この『下野新聞』(八月一〇日)の報道は、一八九〇年渡良瀬川流域一六五〇ヘクタールの農地被害の発生と同時期、山元において、詳細は明らかでないが、労働問題が噴出した事実を示しているのである。公害発生企業は、内部に労働災害と職業病を生みつつ、外部に公害をもたらすという病理的構造をもっている。

鉱夫《だいく》六年、溶鉱《ふき》夫八年

かかアばかりが五十年(14)。

このセット節のように、労働者の寿命はきわめて短かった。しかも落盤や珪肺病による死亡の弔慰金は二五円にすぎなかった。これら鉱夫たちの基本的な労働条件の改善要求が、一九〇七（明治四〇）年の足尾暴動まで待たなければならないことを考えると、薪炭夫たちの要求は、健康な権利意識によるものであったといえよう。

## 帝国憲法体制と被害農民

一八九〇年八月の大洪水で豊作を予想された農作物の収穫が皆無となり、さらに桑が枯死するという状態となり、渡良瀬川流域ではさまざまな動きが表面化してきた。

栃木県足利郡選出の県議会議員早川忠吾は、県立宇都宮病院に渡良瀬川の水質と泥土の検査を依頼し、その分析結果を『下野新聞』（一〇月二一日）に発表した。また在京の長祐之は、鉱毒にかんして同紙上

（一二月八日）で訴えたあと帰郷して、早川忠吾、足利郡吾妻《あずま》村村長の亀田佐平らと、鉱毒対策の先頭に立った。

自治体としてこの問題に真っ先に取り組んだのは、鉱毒反対闘争の最後の砦となり、遊水池として強権に抹殺される栃木県下都賀郡谷中村であった。谷中村議会は一八九〇年一一月、古河市兵衛に損害補償と製錬所の移転を求める「渡良瀬川丹礬水に関する村会の決議」を採択し、群馬県邑楽《おうら》郡除川《よけかわ》村外数カ村、栃木県安蘇郡界《さかい》村、下都賀郡三鴨《みかも》村、藤岡町外数ヵ村に、この決議に同盟して、共同交渉するよう求めた(15)。

また足利郡吾妻村では、一二月臨時村議会を開き、社会公益を害する「製銅所採掘ヲ停止」するよう栃木県知事に上申した。この鉱業停止要求は、鉱毒反対闘争を貫ぬく最初の鉱業停止要求であり、運動の先駆であった。

同年一二月、栃木県会も県知事に「丹礬毒の儀に付建議」を採択する。また群馬県議会は翌九一（明治二四）年三月、県知事に「精密検査」をするよう建議した。そして四月、栃木県知事は鉱毒被害町村を巡回するとともに臨時常置委員会を開催して調査費の支出を決定し、農科大学に調査を依頼した。群馬県でも六月と七月、農科大学と農商務省に、耕地被害の原因と除毒法の研究を、それぞれ依頼した。

一方、被害町村農民の連帯意識も醸成されていった。栃木県足利、梁田両郡の町村は、鉱毒問題を下野西南地方の緊急大問題として取り組み、長祐之、早川忠吾、亀田佐平らが、その先頭に立った。足尾銅山の現地調査、農科大学の古在由直への土壌分析の依頼も、その一環であった。この活動に参加する各町村の有志は、鉱業停止を目的として、鉱毒被害町村有志会を結成した(16)。目的達成のため、群馬県山田、新田、邑楽三郡との組織的連合をめざした。

同九一年七月、足尾銅山視察報告、農科大学の古在由直による土壌分析結果などが長祐之の編集で、『足尾銅山鉱毒　渡良瀬川沿岸事情』と題して刊行された。だがすぐさま発禁処分となった。同年一一月、河島伊三郎が発行した『足尾之鉱毒』創刊号も、同じく発禁処分となった。

洪水後一年をへて権力側の規制が強まるなかで、群馬県山田、新田、邑楽三郡、栃木県安蘇、足利、梁田、下都賀四郡の田畑で、種を蒔いても発芽せず、発芽しても開花せず、実を結ばず枯れ萎えるという事態がみられるにいたった。日に日に鉱毒被害が深刻になるなかで、製錬所の移転と被害補償、鉱業停止を求める町村の動きがからまりあいながら、被害農民はみずからの対応を迫られた。

こうした被害地の動きにたいして、明治政府と古河市兵衛が、いかなる対応を示すか。ここで権力と資本の拠って立つ帝国憲法体制についてふれておくことにしたい。

一八八九(明治二二)年二月に公布された大日本帝国憲法は、帝国議会の開設、所有権の不可侵の規定など、一見ブルジョア立憲制的に装われていたが、帝国議会および人民の権利は、天皇の大権の前にいちじるしく制限されていた。天皇は宣戦、講和、条約締結などの大権を掌握するばかりでなく、陸海軍を統帥していた。そして議会は軍事に関与できず、予算の審議権も制限され、行政各部の官制の制定も天皇の権能に属していた。

天皇のこのような神権化と権能の集中は、必然的に権能の一定限の分散、枢密顧問官や元老などの輔弼機関の創出につながった。しかもこれらの輔弼機関は、維新変革以来つねに権力中枢にあった薩摩と長州藩閥が独占し、行政各部の官僚機構を掌握しつつ、帝国憲法体制下の政権を構成したのであった。

また、一八九〇年一一月に開設された帝国議会は、衆議院すら制限選挙によるものであり、貴族院議員は勅選によって任命され（その奏請は内閣によっておこなわれる）、華族、官僚、大地主、大資本家などによって占められる仕組みであった。まさに帝国議会は、天皇制権力の支柱として編成、完成されたのである。その背景には、ブルジョア民主主義革命運動としての自由民権運動の挫折と偏向とがあった。さらにこれと重なる一八八一（明治一四）年以降の、苛酷な松方財政による階層分解をとおして、浮揚してきた階層が、その支持基盤として構造化されていた背景があった。そして足尾銅山と古河資本は、近代的鉱工業生産設備や兵器、機械類輸入の対外支払い手段としての銅の生産をつうじ、富国強兵、殖産興業政策の推進に切実な役割を担いつつ、日本資本主義と帝国憲法体制の構造的な、重要な一環をなしていたのである。

さらに古河市兵衛は、第一銀行の渋沢栄一との親交、政商の守護神井上馨の支援のほか、一八九〇年に農商務相として入閣した陸奥宗光とはかつてその二男を自分の養嗣子に迎えて生涯の盟約を交わした間柄にあるなど、権力とは強い紐帯によって結ばれていたのである。この陸奥の秘書官が原敬《はらたかし》であった。原は、はじめ井上馨外務卿に認められ、代理公使としてフランスに駐在中、西郷従道海相、山県有朋陸相らのフランス訪問に際し、その補佐と大統領訪問の介添えをとおして(17)、明治政府の頂点との関係を築き、その後農商務省入りしたのである。原はこれを契機に古河との関係を深め、一九〇五（明治三八）年古河鉱業の副社長となり、一九〇七年内務相として、谷中村破壊の強制執行を断行した。後に古河を資金的背景として首相に就任したように、農商務省にあって古河と明治政府の関係強化の役割をはたしてゆくのである。

ところで、帝国憲法体制のもとで、鉱山の保護・育成を法的に裏づけたのは、一八九〇年九月に公布され二年後の一八九二年六月より施行された鉱業条例である。一八七三（明治六）年に公布された旧日本坑法は、鉱山王有制の原則をとり、地面は地主に属すが（第三条）、その地表および地下のすべての鉱物は政府の所有とし、鉱山採掘権は政府の専権に属す（第二条）としていた。しかし鉱業条例になると、未採掘鉱物は国の所有とされたが（第一条）、採掘の許可を受けた鉱物は鉱業人の所有とした（第一四条）。そして旧日本坑法で、最長一五年間とされた借区期間の規定（第一一条）は廃止され、特許された採掘権は、特別な違反がないかぎり無期限に認められた。また採掘の売買、譲与、書入抵当が認められて、資本投下の促進と金融に道を開くとともに、債権者にたいしても法律上の保護が与えられた（第二〇条）。

さらに鉱業経営上、鉱山周辺で必要とする土地の使用について、鉱業人から請求があったとき、土地の所有者はこれを拒否できない（第四八条）と、地主にたいする鉱業人の優先権を確立したうえで、その損害にたいする賠償責任を規定していた（第五〇条）。だがこれは、資本主義国であるかぎり、大日本帝国憲法といえども規定せざるをえない、所有権不可侵の規定に対応する、賠償責任の規定であるにすぎない。

このほか鉱業条例は、試掘、採掘の事業が、「公益ニ害アルトキ」の試掘、採掘権の取消を規定していた（第一九条）。これもブルジョア法として当然のことであるが、問題は、「公益ニ害アルトキ」の判定規準が示されず、もっぱら権力と官僚の裁量に委ねられていたことである。

鉱業条例の公布とほぼ同時期に、一六五〇ヘクタールの農地に足尾銅山の鉱毒による被害が発生したのであるが、農民たちにとっては、帝国憲法の「日本臣民ハ其ノ所有権ヲ侵サル、コトナシ」（第二七条）とこの鉱業条例は、鉱業停止、鉱毒防除、予防工事などを叫ぶ根拠となるのである。

### 示談契約の推進とその内実

渡良瀬川流域の鉱毒被害地で、鉱業停止や製錬所移転、被害補償を求める動きが渦巻くなかで、栃木県知事は一八九一（明治二四）年九月、古河市兵衛と被害補償にかんする一定の条件を示し、もし受諾すれば、知事が仲介にあたる旨を通達した。その契約書草案と(18)、あとで実際にむすばれた古河側作成の示談契約書を比較すると、両者の重要な類似点をとおして、知事の仲介が、古河と協議した農商務省の意向にそっていたことがうかがえる。

いずれにせよ、栃木県知事の通達は、大きな一石を投じたものであった。そして三ヵ月後には足利郡六カ町村、梁田郡三カ町村長による通達受諾となった(19)。かつて鉱業停止要求の先駆となった吾妻村長の亀田佐平もこれに名を連ねて、被害補償を求める側に転じた。この亀田の転換は、富裕層を代表する町村長らと、中下層農民の対立を生むものであった。

そうであればなおさら足利、梁田両郡の有志が、地主と小作は共通の立場にあるという明文を掲げて、同年の一二月下旬に町村長らの転換に対抗して、「足尾銅山採掘業ノ停止請願書」(20)を、農商務相に提出したのであった。こうして鉱業停止要求と、その継続を前提とする被害補償要求が、より激しく渦巻いた。

また同年一二月、第二回帝国議会で栃木県第三区(安蘇、足利、梁田三郡定員一名)選出の衆議院議員田中正造が、足尾銅山の鉱毒にかんして、はじめて明治政府を追及した。

田中は、帝国憲法の所有権の不可侵条項、および鉱業条例における「公益ニ害アル」ものとして、足尾銅山の鉱業停止を要求した。また鉱業停止をせずに過去・将来の被害をどう防ぐかをただし、さらに被害の実態を訴えて、農商務相陸奥宗光の責任を追及した。だが、民党の予算大削減案が可決したため、明治政府は衆議院を解散して対抗した。田中の質問にたいして用意された陸奥の答弁書は、中央の各新聞に掲載されたが、その要旨は、つぎの三点から成っていた。

(1) 被害は事実であるが、その原因については、まだ確実な試験にもとづく定論はない。
(2) 原因については、土壌、水質を専門家に試験調査させており、まだ終っていない。
(3) 鉱業人はできるだけ防止に努めており、さらにアメリカやドイツから粉鉱採集器二〇台を輸入して、いっそうの鉱物流出を防止するよう準備をすすめている。

この⑴と⑵、被害は事実であるが、足尾銅山と被害の因果関係は不明であると逃げ、現在調査中であるとして、古河を擁護しながら、政府と行政当局の責任を回避していた。しかし⑶において、暗に因果関係を認め、粉鉱採集器を備えて鉱毒防止に努めるという、矛盾した内容であった。

この粉鉱採集器は、粉鉱の採集率をたかめるもので、それゆえ回収された粉鉱分だけ流出する鉱物分は減少することになるが、鉱毒予防を目的とした装置ではない。だが、この答弁書こそは、粉鉱採集器の鉱毒予防の幻想をふりまきつつ、被害農民をわずかな補償金で示談契約に動員する強力な武器となるのである。

一八九二（明治二五）年二月、栃木県は折田平内県知事を委員長として、県議の代表による古河市兵衛と被害農民の仲裁機関、仲裁会を設置した。そして、この示談契約の基礎となる被害調査と査定は、県庁↓郡役所↓町村役場へ、行政機構をとおして、末端の町村有力者を組織してすすめられた。

一方、群馬県では、はじめ県知事が関与したが、主として県議の野村藤太が、仲介にあたった(21)。しかし、鉱業停止を主張し、示談契約に反対する動きも強く、はかばかしい進展をみせなかった。こうしたなかで群馬県の待矢場両堰水利土功会は、新田郡長が管理責任者であることから、一八九二年三月、栃木、群馬両県の先頭をきって、古河と直接、示談契約をむすんだ。この示談契約の成立が、両県の示談契約の進展に、大きなはずみをつけることとなった。

しかし、栃木県の仲裁会による示談契約の進展も、幾多の曲折があった。町村内部の被害の軽重、査定、配分の問題に加えて、鉱業停止を主張してやまない田中正造とかかわりなく、田中派と政敵木村半兵衛の政争がからみ、木村派の地盤の足利地区は別に査定会をつくって分裂した。こうして栃木県では仲裁会と査定会の両者の仲介で、示談がすすめられた。その契約内容は、およそつぎの三点に要約できる。

(1) 古河市兵衛は、徳義上示談金を支払う。
(2) 粉鉱採集器の効果をみる期間を、明治二九年六月三〇日までとし、契約人民はそれまで一切苦情をいわず、また行政、司法処分を請うことをしない。
(3) 古河市兵衛は、水源涵養に努めること。

これにみるように、示談契約は被害補償ではなく、徳義上という企業責任をあいまいにした、慈恵的名目の僅かな金額で、被害農民の口と権利行使を封ずるものであった。その示談金額（栃木県の場合）は、一反歩平均一円七〇銭、栃木、群馬両県の合計は、約一〇万九〇〇〇円であった。

これを群馬県邑楽郡（西谷田・大島・渡瀬・多々良）四カ村についてみると、総額二万円、一反歩当たり二円で栃木県平均を上回るが、この金額は、実に肥料代の半額にも足らぬ金額であった。とくに低額だったのは同県山田、新田両郡で、一反歩平均僅か八厘という唖然たる金額であった(22)。

この屈辱的な示談に応ぜず、法的な手段に訴えることがなぜできなかったのか、疑問は残る。だが、もし法廷で争うとすれば、鉱毒の有無の認定、被害の査定および賠償額の確定、数千人の所有する数万筆の土地台帳の一筆ごとの賠償額を決定するという煩瑣な手続きを要する。たとえそれができても、相手が不服であれば、裁判は十数年かかるかも知れず、仲裁による示談しかないという、栃木県の仲裁委員横尾輝吉のいい分は、この間の説得力ある説明になるであろう(23)。

被害農民が示談に動員されるなかで、一八九二年五月、田中正造は第三回帝国議会で、鉱毒被害地を自国の法律が適用されない居留地（治外法権）にたとえ、再び農商務大臣の責任を追及し、鉱業停止を要求した。

この田中の叫びに、明治政府はおろか、被害農民すら耳を傾けなかった。そして一八九二〜九三年にかけて、第一回示談を完結させると、古河側はさらに一八九四〜九七年にかけて、第二回示談（永久示談）を押しつけてきたのである。

第一回示談が、粉鉱採集器の設置を条件に、三年間苦情を申したてず、行政、司法処分を請わないことを被害農民に約束させたものであったが、第二回示談は、さらに巧みな方法を用いて、被害農民が永久に苦情をいわないという、永久に被害農民の権利を拘束してしまおうとするものであった。

しかも一八九〇年の大洪水以来毎年のように洪水が起こり、とくに一八九四（明治二七）年八月一〇日には再び大洪水が起こるなど、鉱毒被害は年ごとに深まっていた。この状況のもとでの永久示談の推進に、古河側は官憲と結託してさまざまな手段を弄した。同年八月一日の日清戦争の勃発が、古河側に有利に作用したのである。

たとえば、日清戦争に出征した兵士の家に地方官や郡吏が訪れ、威嚇して契約書に判を押させたり、示談を強要した。もし拒否すれば、夜間壮士を使って殴打、負傷させるなど、恫喝と恐迫を手段としたのであった。また足尾銅山の鉱脈が絶えて、あと一年ぐらいしかもたない、いま五〇銭でも三〇銭でももらえばもらいどくだという欺瞞をふりまいて(24)、永久示談に被害農民を誘導した。

永久示談の金額をみると、栃木県の場合、第一回示談が一反歩当たり平均一円七〇銭であったが、第二回示談ではそれより低く一円四〇銭であった。総額も第一回示談の約一〇万九〇〇〇円にたいし、約六万四〇〇〇円と抑えられていた。個々の契約書をみると、群馬県の場合、一反当たり一円から二五銭、最低僅かに五銭というものさえあった。同県邑楽郡海老瀬村では、もっとも多いもので二五銭であった(25)。このような金額で、苛酷な永久示談に被害農民を屈従せしめることができたのは、国内政局の危機を転化する侵略戦争――天皇制支配権力によって準備、主導された日清戦争が、被害農民を国家の名のもとに強制しえたからだといえよう。

## 3　日清戦後経営と被害の拡大・激化

### 日清戦後経営

日清戦争は、連勝につぐ連勝のうちに、一八九五（明治二八）年三月に終結した。近代日本史上、はじめての本格的な対外戦争での勝利は、国内各層の感情を戦争に動員し、軍の威信と軍人の社会的地位をたかめた。連戦連勝の陸海軍を統率する天皇は、大元帥として民衆的基盤に定着し、軍国主義と天皇制イデオロギーの確立に、きわめて大きな役割をはたした(1)。

しかし、日清戦争の賠償としてえた遼東半島は、ロシア、ドイツ、フランスの反対、いわゆる三国干渉によって、清国に返還を余儀なくされた。この遼東半島の返還は、明治政府と軍の指導者に、軍備拡張の必要性を痛感させた。

そして陸軍は、利益線としての満州を確保するため、ロシア陸軍を撃破できる陸軍の近代化と増強を、また海軍は、ロシアにドイツ、もしくはフランスが、連合して東洋に派遣できる艦隊を撃破できる艦隊への増強をめざした。これは陸軍海軍とも、ほぼ二倍の軍備拡張計画であった。明治政府はこれを至上の課題として取り組んでゆくのである。

ロシアを仮想敵国とするこの軍備拡張計画は、三国干渉を利用し、「臥薪嘗胆」を合言葉に、国民の復讐心をかきたてながら、軍国主義化に拍車をかけるなかですすめられた。明治政府は、その至上の課題である軍備拡張計画を基軸に工業立国策を掲げ、殖産興業政策を柱とする財政、教育および内外諸政策の総体――日清戦後経営を推進してゆく。

この日清戦後経営は、日清戦争の勝利と三国干渉を挺子として、日本の支配層が、朝鮮、清国をめぐる帝国主義列強の領土分割競争に参加するための政策であり、まさに日本帝国主義の原型といえるものであった。

だが、軍備拡張計画を基軸とする日清戦後経営は、重工業の発展の度合によって、大きく規定されていた。ちなみに重工業発展の指標となる鉄鋼生産において、日本は製錬設備、冶金技術ともに幼弱で、一八九六〜一九〇〇（明治二九〜三三）年についてみると、銑鉄は需要のほぼ五〇パーセントを生産しえたが、鉄鋼は需要の二〇分の一程度しか生産しえず、そのほとんどを輸入に頼っていた（第三図参照）。

こうした状況のもとで、軍備拡張を課題とする殖産興業政策は、兵器、鉱工業生産設備、機械類など重工業製品の輸入に見合う、輸出の増大をはからなければならなかった(2)。このとき、世界有数の産銅国として、対外支払い手段としての銅生産のもつ意義は、きわめて重要であった。

先進資本主義国においては、「鉄は国家なり」ということばにも示されているように、鉄鋼生産の工業生産力全体に占める割合のみならず、製鉄資本の政治的経済的支配力は、きわめて大きいものであった。これにたいして、近代工業生産体系成立への過渡的、かつ先導的役割を担う銅生産は、軍備拡張計画を基軸とする日清戦後経営において、まさに「銅は国家なり」と呼ぶに価いする比重を占めていたのである。

第3図　銑鉄・鉄鋼の生産と輸入状況

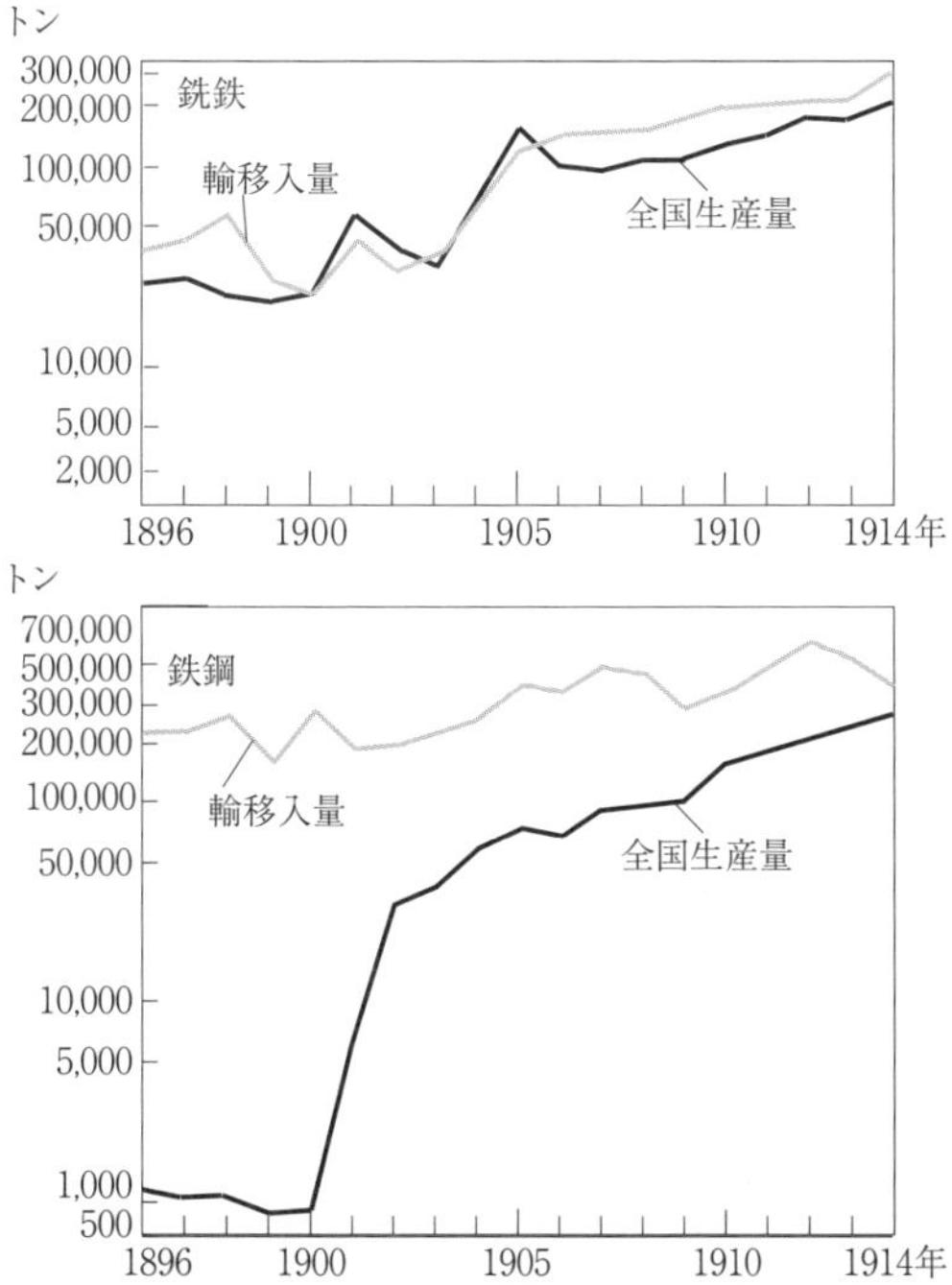


出典：『日本科学技術史大系 20　採鉱冶金技術』（日本科学史学会編）194 ページの統計表により作成。

さらに軍需原材料として、銅の国内需要の増大にともない、足尾銅山は輸出および内需の両面から、帝国主義的生産の枢要な一翼を担っていった。したがって、足尾銅山にたいする鉱業停止を求める農民たちの鉱毒反対闘争は、必然的に軍備拡張を軸として日清戦後経営を推進する明治政府と対決するという性格をもたざるをえなかったのである。

さて、日清戦争の勝利によっ

て、無害地の町村では今日は凱旋祝賀会、明日は何々、と花火や角力や芝居などが興業されるなかで、鉱毒被害地では心を楽しませるような行事は、何ひとつできなかった。喧伝された粉鉱採集器は鉱毒予防になんら機能せず、年とともに深まる鉱毒被害が、いよいよ被害農民を追いつめていたのである。

しかもこの間、採鉱、選鉱、製錬など、銅生産のあらゆる過程で、鉱毒物質の排出が増大するばかりでなく、山林乱伐に重なる煙害が、水源地帯の砂礫や土砂の流出を促進し、渡良瀬川中流は五尺（約一・五メートル）も埋まり、洪水の頻発とともに鉱毒の加害構造を巨大化しつつあった。そしてこれにともなう大洪水が、いつ襲ってくるかも知れぬという不安を、流域農民はもちろん栃木、群馬県当局も避けえなかったのである。

すでに一八九二（明治二五）年、栃木県が足尾諸山の官有林を、渡良瀬川の水源涵養林として、禁伐林に編入するよう農商務省に上申したことにも(3)、その一端をみることができる。日清戦争勝利の翌年、すなわち一八九六（明治二九）年三月、田中正造の第九回帝国議会における政府追及も、田中自身と流域住民の不安と予感を背景にしたものであった(4)。

こうした不安があればなおさら、田中が指摘するように、眼前の損害のみにとらわれて、永久示談に動員された被害農民たちの、予想される被害にたいしての覚醒と取り組みが望まれなければならなかった。

一八九六年、日清戦争勝利の翌年は戦勝景気を背景に新企業の創立が相つぎ、栃木県では宇都宮石材軌道会社、宇都宮銀行、帝国製麻などが創立された。一方、戦時中から深まった資本と労働者の対立・

矛盾も激化し、一月の群馬県三越絹糸紡績の同盟罷業を皮切りに、全国的に同盟罷業が頻発した。

またこの年は、異常気象のつづく年であった。『下野新聞』（一八九七年一月一日）によれば、四月二六日、栃木県芳賀郡中部から河内郡南部にかけて、直径七、八分（約二～二・四センチメートル）という大粒の雹が降り、多いところで一尺（約三〇センチメートル）も積り野菜や果樹が全滅に瀕した。五日になって二度も晩霜がおり、県下の桑葉が高騰して、養蚕農家を困らせた。さらに六月一五日の三陸地方の大津波などが世情の不安をつのらせた。

梅雨は、七月になっても降りつづき、時として豪雨となった。二〇日の豪雨で二一日、渡良瀬川は一丈七尺（約五メートル）も増水、堤防を溢れた鉱毒水は流域一帯の農地に冠水した。こうして鉱毒被害は確実に拡大・激化の方向をたどった。豪雨は八月になってもつづき、七日から一五、六日にかけてまたしても洪水となった。

そして八月一〇日、植野村法雲庵（現法雲寺）で予定された、横尾輝吉ら仲裁委員と足利郡、旧梁田郡（この年三月足利郡に合併）、安蘇郡の八カ町村の示談契約の改更交渉が流会し(5)、永久示談の推進に、事実上の終止符がうたれた。八月下旬になると暴風雨がつづき、三〇日から三一日にかけて、渡良瀬川は六尺（約一・八メートル）あまりも増水したが、堤防はやっと持ちこたえたのであった。

だが九月八日にいたって、豪雨降りしきるなかで渡良瀬川が氾濫し、両県流域の必死の補強作業もおよばず堤防は各所で決壊した。翌九日も豪雨は止まず、渡良瀬川の水量は二丈四尺（約七・二メートル）にも達し、決壊した堤防からは濁流が大音響とともに流域農地を襲ったのである。

第８表　足尾銅山鉱毒被害調査表

| | | 被害反別 | | | | 浸水戸数 | 被害漁業者 | 損害金額 | |
|---|---|---|---|---|---|---|---|---|---|
| | | 町 | 反 | 畝 | 歩 | 戸 | 人 | 円 | 厘 |
| 栃木県 | 下都賀郡（8町村） | 4,670 | 6 | 8 | 24 | 1,900 | 2,190 | 2,681,777 | 694 |
| | 安蘇郡（3町村） | 1,274 | 4 | 4 | 16 | 1,583 | 1,068 | 1,040,100 | 911 |
| | 足利郡（14町村） | 5,110 | 2 | 4 | 03 | 5,877 | 649 | 3,889,009 | 294 |
| | 小　計（25町村） | 11,055 | 3 | 7 | 13 | 9,360 | 3,907 | 7,610,887 | 899 |
| 群馬県 | 邑楽郡（20町村） | 7,377 | 6 | 3 | 12 | 4,440 | 1,067 | 4,241,632 | 910 |
| | 新田郡（7町村） | 2,017 | 0 | 9 | 28 | − | − | 669,274 | 833 |
| | 山田郡（8町村　1堀） | 2,289 | 2 | 9 | 03 | − | − | 610,342 | 177 |
| | 小　計（35町村＋1堀） | 11,684 | 0 | 2 | 13 | 4,440 | 1,067 | 5,521,249 | 920 |
| 埼玉県 | 北埼玉郡（2村） | 1,459 | 2 | 7 | 16 | 1,066 | 68 | 749,130 | 304 |
| 三県合計 | （62町村＋1堀） | 24,198 | 6 | 7 | 12 | 14,866 | 5,042 | 13,881,268 | 123 |
| 茨城県 | 猿島郡（25村） | 9,367 | 7 | 5 | 15 | 2,650 | 1,973 | 1,579,816 | 200 |
| 四県総計 | （87町村＋1堀） | 33,566 | 4 | 2 | 27 | 17,516 | 7,015 | 15,461,084 | 323 |

注・この表は被害地町村役場の調査書にもとづいてまとめたもの。新田、山田両郡の浸水戸数、漁業者数は調査数より欠落している。

出典：栃木、群馬、埼玉については内水編『資料足尾鉱毒事件』29 〜 32 ページ、茨城については永島『鉱毒事件の真相と田中正造翁』287 〜 8 ページより作成。

第八表は四県連合足尾銅山鉱業停止同盟事務所「足尾銅山鉱毒被害概表」（一八九七年二月）などによって、鉱毒被害の実態をまとめたものであるが、鉱毒被害農地面積は、栃木、群馬両県に加えて茨城、埼玉、千葉三県を含む、約三万四〇〇〇ヘクタール、浸水戸数一万八〇〇〇戸にのぼっている。

鉱毒被害は、その後も調査がすすむにつれて拡大し、東京府下南葛飾郡にもおよび、被害地域は、一府五県一二郡一三六カ町村、被害農地面積四万六七二三ヘクタール、被害総額二七八二万九八五六円にのぼった。その被害総額は当時の足尾銅山の年間売上高のほぼ一〇倍に達し、被害面積はさらに拡大していった。

この鉱毒被害の拡大・激化は、粉鉱採集器による詐称と、予防措置を放置して示談契約を推進してきた古河と明治政府の欺瞞と不当性を、いっきょに白日のもとにさらした。そして、鉱業主を相手とする補償要求――示談契約から、鉱毒による生存権と公益の破壊を、政府の政治責任とする鉱業停止要求――、請願運動へと大きく転換する契機となった。

だが請願運動といっても、示談契約を拒否し、政府に鉱業停止を請願するという、外見的手続き上の変更のみをさすものではない。現在の被害補償よりも、将来にわたる生存の保障を重視するという、被害民の意識の覚醒と転換を求めると同時に、政府の行政責任を問うものであった。ここに請願運動がかかえる、困難な組織的な課題があった。

田中正造は七月の洪水以来、被害町村の請願運動の組織化に着手し、九月の大洪水の直後、協力者の伊藤章一名儀で、農商務大臣榎本武揚宛の「足尾銅山鉱業停止請願（草案）」(6)を、被害町村に配布した。この草案は、被害町村が個別に提出する請願書の雛型であると同時に、鉱業停止請願の根拠を論理化し、請願運動の組織化に向けての教育と宣伝を兼ねたものであった。

その要旨は、まず銅、鉄、粉鉱、硫酸など銅生産にともなう鉱毒物質の流出、山林乱伐と亜硫ガスによる水源地帯の荒廃による加害構造と、そしてその巨大化の過程を解明して、示談契約の欺瞞と不当性を明白にしていた。また鉱毒は農地を侵すだけでなく、飲料、栄養など人体的影響と合わせて貧窮化をもたらし、また公民権と選挙権を奪い、さらに町村や県、国家の土木、治水、救恤費を増大させ、結果的に国庫の減少となって国民全体の利益を侵害する。このため足尾銅山の鉱業を停止し、人民の権利と公益を保護するよう、請願するというものであった。

写真　1896年当時の雲竜寺

こうした田中の努力によって、九月二七日に旧梁田郡全郡が、一〇月二日には植野村を除く安蘇郡全郡が鉱業停止の請願をおこなうことに決定した。さらに田中は、全被害地の請願運動の組織化に向けて、一〇月五日、栃木、群馬両県の一〇カ町村有志とともに、群馬県邑楽《おうら》郡渡瀬《わたらせ》村下早川田《しもさがわだ》の雲竜寺に「群馬栃木両県鉱毒事務所」を設けたのであった。

だが、示談から請願運動への転換がそうたやすいものでないことは、安蘇郡植野村の動向に顕著にみられる。植野村は請願に傾きつつも示談に執着し、一〇月二六日の段階でも、仲裁と請願の両者を方針としていた。植野村が仲裁会との関係を絶ち、請願運動に合流したのは、安蘇郡の他町村の請願決定から、一カ月以上も遅れた一一月七日のことであった(7)。

ともあれ、雲竜寺の鉱毒事務所設立以来、請願運動の組織的結集は着々とすすめられていった。ちなみに一一月二九日には、栃木県安蘇郡、足利郡（旧梁田郡を含む）、群馬郡邑楽郡の三八カ町村が結集し、その後さらに組織的拡充がすすめられた。この日、被害農民がその運動方針を終始一貫、ともにすることを誓ったといわれる。

そして、鉱業停止請願に加えて、被害町村の意向を集約するとともに、地租免租請願などに取り組むなどして、その後の高揚に向けて胎動していったのである。

## 群馬、栃木両県議会の対応

一八九六年九月の大洪水による鉱毒被害の拡大・激化は、被害状況の深刻さにおいて、栃木、群馬両県当局および両県議会にも、強い衝撃を与えずにはおかなかった。

群馬県議会は一二月四日、荒川高三郎の緊急動議で議事日程を変更し、鉱業条例第一九条による鉱業停止処分を求める、内務大臣宛「鉱毒ノ議ニ付建議」を圧倒的多数の賛成で可決した。さらに一七日には「水害工事復旧ノ建議」、一九日には「渡良瀬川末流新川開鑿ノ建議」を可決したのであった。

一方、栃木県議会は一二月一一日から鉱毒問題の審議に入り、持田若佐ら一二県議による、内務大臣宛「鉱業条例第五九条ニ拠リ鉱業人ニ予防ノ命令ヲ下」すことを求める建議案が提出された。これにたいして、鉱業条例第五九条の適用は、単に予防を命ずることか、または鉱業を中止することか、いずれであるのかという質問がだされた(8)。

さきの群馬県議会は、鉱業条例第一九条による鉱業停止を建議したものであるが、この第一九条と、質問にみられる予防命令と鉱業の中止を含む第五九条との違いをみておくことにしたい。それは建議案の意図と、質問の狙いをも明らかにするであろう。

鉱業条例

第一九条　試掘若ハ採掘ノ事業公益ニ害アルトキハ試掘ニ就テハ所轄鉱山監督署長採掘ニ就テハ農商務大臣既ニ與ヘタル認可若ハ特許ヲ取消スコトヲ得。

第五九条　鉱業上ニ危険ノ虞アリ又ハ公益ヲ害スト認ムルトキハ所轄鉱山監督署長ハ鉱業人ニ其ノ予防ヲ命シ又ハ鉱業ヲ停止スヘシ。

これにみるように、第一九条の鉱業停止は、採掘許可の取消しによる永久的な鉱業停止の規定であり、第五九条は予防命令と、採掘許可の取消しを含まない、一時的な鉱業停止を規定しているのである。つまり、さきの質問は、予防命令だけでなく、鉱業の中止を求めるのではないかという、不安と懸念を表明したものなのである。

この質問に、建議案に名を連ねた榊原経武、秋田啓三郎によって、鉱業の中止が目的ではなく、予防命令を希望するものであることが、重ねて表明された。質問者だけでなく提案者までが、あくまで予防命令が主眼であることを強調すればするほど、栃木県議会全体として、鉱業停止を避けたいという共通の意識が成立していることを、動かしがたい事実として認めざるをえない。

それはなぜなのか。「人民ノ挙動ニ関シ知事ヨリ内務省へ報告」(9)などの史料によって、足尾銅山を地元にもつ栃木県議会と政界の動向を、日清戦後からたどってみたい。

同報告は、一八九五(明治二八)年三月における、足利、梁田両郡の平穏な永久示談の推進状況、また四月の足利郡毛野村大字《おおあざ》川崎、同郡富田村大字奥戸、同郡吾妻村大字高橋、同村大字下羽田などの四大字が、佐野区裁判所の鉱毒被害の損害額の認定をえて古河側と交渉し、場合によっては、地方裁判所に提訴すべく準備している事実が記載されている。

これらの事実が逐一報告されていることは、示談契約の推進に明治政府と栃木県当局が、格段の関心をそそいでいた証左といえるであろう。なお、これらの四大字は、最終的に永久示談を締結することになるが、たとえ一時期にせよ、困難な民事訴訟に取り組もうとしていたことは注目に価する。一部の被害農民は、示談契約を不当なものとみなしつつも、それに応じた事実が示されているからである。

一方にこうした取り組みがなされていたおりから、六月にいたって、示談契約の不当性を衝き、補償増額を呼びかける、「栃木県郡村／群馬県郡村」を名乗った匿名のチラシが、県議や被害農民に配布された。知事の佐藤暢は、これを田中正造が印刷配布したものとして内務省に報告する。

だがこのチラシは、田中の主張と異なる明確な特徴がある。しかもこの特徴こそは、その後の偽名、匿名のチラシに共通し、最後にその実名を探りあてる鍵となるもので、それは足尾銅山の地方税の納税状況にかんするはじめての問題提起であった。

すなわち、このチラシは、戸数割（現在の住民税に相当）、工鉱税（職工税）、営業税（従業員にたいする米・味噌の販売）など、県財政に密接に関係する地方税の納税状況にかんして、不都合のある場合、県行政当局に抗議することを明らかにし、暗に足尾銅山の脱税にたいする警告をおこなっていた。

またこのチラシは、機密にかんすることは口頭で述べるとして、七月七日、足利町での集会を呼びかけていた。だがこの集会が開かれた形跡はみられない。当分、匿名の保持が必要だったためとみられる。

ついで六月一〇日、「飯塚亀吉／外有志一同」と名乗る偽名のチラシが、足尾銅山周辺その他に密送された。知事の佐藤によればこれは足尾町唐風呂《からふろ》の神山亀吉の偽名で、煙毒訴訟事件の敗訴を憤り、銅山の妨害を試みたものだという。だがこのチラシは、佐藤の注釈では律しきれない内実をはらんでいた。

冒頭に天賦人権論を配し、素朴ではあるが剰余労働を前面に据え、労働条件、賃金、医療などにふれて、労働者の権利の確立を訴えていた。そして最後に、物品販売と賃金の現物支給による二重の搾取構造を、銅山の商行為と営業税の関連で指摘し、足尾銅山の脱税行為を告発していたのである。

つづいて、主として栃木、群馬両県県議に呼びかける、「群馬県　郡　村」の匿名による長文のチラシが配布された。国家的利益のもとに人民の利益を抑圧する権利はないとし、志士義人に訴えて栃木、群馬人民の被害を除くべきだとする主張は、評価すべきものであった。

そして、示談契約を奸策であるとし、粉鉱採集器を瞞着手段と断定した。さらに示談契約にある植林を古河が怠っている事実をあげ、すべて「詐偽権謀籠絡」によるものとして、「憎むべき哉鉱業主」と、古河市兵衛を痛烈に糾弾していた。

また、煙害の害は鉱毒に劣らず、穀菜、養蚕を絶滅させ、山林乱伐とからんで洪水をひき起こし、その結果、田園民家あげて毒流の被害をうけ、「独り暴慾なる古河を肥やして」、堤防費は二〇倍になり、地方税の過半を占めるにいたったと追及する。

こんどはこの地方税の問題を、さきの二つの匿名、偽名のチラシより具体的に、銅山の商行為、職工税、戸数割、家賃収入（労働者住宅）、酒類の独占販売などにふれ、巨額の地方税逃れを、明確に脱税と指摘して告発していた。さらに鉄道馬車の敷地にかかわる、栃木県にたいする違約を追及しつつ、道路河川の専用、官地の侵害、廃石の河川投棄の暴為に加えて、警察、郡吏、県官との癒着の悪業を、怒りをこめて指弾するものであった。

ところでこのチラシは、地方（県）税を多く問題にし、また県会審議と県側の対応にもふれ、「群馬県　郡　村」名義にしながら、栃木県会を「本県会」と呼び、「我栃木県会議員」を「古河の番頭と冷評す」、とあるように、明らかに栃木県議によるものであった。

いわばこのチラシは、栃木県会に主流を占める示談推進派――仲裁会、査定会とその支持勢力にたいして、匿名ではあるがはじめて、公然と示談反対派の存在と、その論理を明確にしたものであった。そして、大勢として示談推進を認知していた栃木県議たちに、被害農民と結んだ示談反対派県議が台頭してきたこと、さらにはそれによって県政界が現実に流動化しはじめることを予想させたのであった。

小堀貞吉と新井保太郎両県議が匿名で、『下野新聞』（七月二五日以来）『関東新聞』（同）に、洪水の頻発と被害の増大、治水費の増加、水源林の乱伐などをあげ、八月五日、植野村法雲庵での有志会の結成を呼びかけたのも、まさに予想される流動化に対応しようとする狙いからであった。だがこの日の会合はきわめて低調で、名称を治水会ときめただけで散会し、そのまたち消えとなった。

それから四日後の八月九日、宇都宮で栃木県改進党の会合がもたれた。定期会の性格のものであったが、欠席者が多く、重要事項の決定は次回にもち越された。だが、政談集会の開催を決定した。それは示談反対派県議の台頭を前にして、横尾輝吉ら改進党の一致した取り組みを狙いとしたものであった。

栃木県政界が流動化の兆しをみせるなかで、同八月、新たな一石が投じられた。加藤昇一郎、持田若佐、野島幾太郎ら三県議による『足尾銅山に関する調査意見』(10)の刊行が、それである。

この『調査意見』は、足尾銅山の経営姿勢と鉱毒被害の拡大要因その他、徴税(地方税)洩れの実態を、「総論」「粉砕石流出と土砂崩落及び銅坑道の排出物」「山林の濫伐と水源の涸渇」「職工税と戸数割」「営業税」「結論」の構成のもとに、実証的に明らかにしたものであった。

この『調査意見』は、足尾銅山の脱税状況にかんする記述において、一連のチラシときわめて類似しているだけではなかった。さきのチラシが、さらに精査して明確化することを予告したものが、この『調査意見』にほかならなかった。

だが、さきのチラシと『調査意見』は、匿名と実名以上のちがいが、両者の間にあった。舌鋒の鋭さは変らぬようでも、煙害問題と示談契約にたいする追及が、まったく影を潜め、銅山操業による鉱煙害の発生それ自体が、加害構造を巨大化してゆく事実に眼をそむけていたのである。そして足尾銅山を新たな徴税対象として、操業を認知する方向への重大な布石をなしつつ、三県議の政治的転進がなされていたのである。

したがって鉱滓の人為的投棄、山林乱伐と植林を怠るなどの経営姿勢、職工税、戸数割、営業税逃がれを、いかに痛烈に批判しても、基本的には鉱業停止・示談反対と明確な一線を画し、足尾銅山の永続的な操業を認知するものであった。

だが、この三県議の『調査意見』は、一定の鉱毒対策と古河批判をもつことによって、流動化の予想された栃木県議会内において心情的な示談反対派から示談推進派まで、さらには銅山派をも、いっきょに収束しうるものであった。この『調査意見』に、真先に反応したのが、知事の佐藤暢であったことにも、その一端がうかがえよう。

知事の佐藤は、群馬県知事の中村元雄に照会、連署して(11)、足尾銅山にかんする六ヵ条の要望を盛った「渡良瀬川水源ニ関スル儀ニ付上申」を、内務、農商務両大臣宛におこなった。しかし、これを主管する農商務大臣榎本武揚は、なんら対策を講じることなく放置した。

一方、加藤、持田、野島ら三県議は、同九五年一一月七日からの通常県会において、『調査意見』を全県議の参考に供し、そして知事宛「足尾銅山ノ排出物投棄ヲ禁止スルノ建議」、内務大臣宛「足尾銅山ノ治水管理ニ関スル建議」を、提案し可決させた。

しかし、この二つの建議は、知事の内務、農商務両大臣宛の上申とくらべて、鉱毒予防にかんしてきびしさを欠いていた。足尾銅山の永続的な操業を認めようとすれば、よりきびしい鉱毒対策が求められなければならないのに、それがまったく逆であった。

そしてこのあと、『調査意見』が指摘した納税洩れの実態にかんし、その対策が審議された。たしかに、職工税の該当者七四三〇人のうち八〇〇人、戸数割の該当者八八〇〇人のうち三四〇人しか納税していないという事実は、県議たちの関心を惹くに十分であった。

こうして同県会は、「地方税賦課免除規則」の課税対象を改正し、鉱山労働者における職工の定義を新たに定め、その他の職種については、大工、黒鍬（土工）、杣夫として課税するという二条目を追加、営業税と戸数割については、税業務を強化して、税収の確保を期すこととなった。

この審議過程は、足尾銅山を新たな課税対象として、全県議に認識させるだけではなかった。それは同時に、足尾銅山の鉱業停止を避けつつ永続的な操業を認めること、および示談契約の推進を支持することを、暗黙裡に決議したことにつながるものであった。この改正による営業税、職工税、戸数割の増徴は、「数千円」(12)にすぎなかった。鉱毒被害のそれと比較して、その背後に銅山側の暗躍をみないわけにいかない。

こうして一八九六（明治二九）年一月、栃木県会はさきのように内務大臣宛の建議において、鉱業条例第五九条による予防命令のみを求めることになるのである。なお同県会は、内務大臣宛「渡良瀬川下流ヨリ……新川ヲ開鑿」を求める建議のほか、鉱毒被害の拡大・激化にかんし、知事佐藤暢の問責決議をおこなった(13)。

## 中央世論の動向と虚構の藤川県令布達

一八九六年九月の大洪水による鉱毒被害の拡大・激化に、農商務省もこれまでとちがって、比較的素早い対応をみせた。一一月一八日、農事試験場技師坂野初次郎を被害地および銅山に派遣、視察させて、栃木、群馬両県当局に鉱毒被害調査の報告を求め、一二月二二日には、足尾銅山鉱毒特別調査委員会を農商務省に設置していたのである。

ここにみる農商務省の対応の変化は、古河市兵衛と関係の深い陸奥宗光に代って、榎本武揚が農商務大臣に就任していたためではない。

軍備拡張を基軸とする日清戦後経営は、増大する兵器や鉱工業生産設備、機械類など重工業製品の輸入をまかなう、輸出品の競争力を強める工業立国策を中心とするものであった。そして、日清戦後経営を通観するとき、工業立国策――鉱工業部門を担う官僚が農商務省の主流に、農務担当官僚が傍流の位置にあったことは疑いない。

**第9表　国の歳入（決算）における地租比率**

| 年　度 | 地租比率 | 地租金額（円） |
|---|---|---|
| 1873（明治6）年 | 93.2 | 60,604,242 |
| 1874（〃 7）年 | 91.0 | 59,412,428 |
| 1875（〃 8）年 | 88.5 | 67,717,946 |
| 1890（〃 23）年 | 60.6 | 40,084,487 |
| 1891（〃 24）年 | 58.2 | 37,457,499 |
| 1892（〃 25）年 | 56.5 | 37,925,243 |
| 1893（〃 26）年 | 55.4 | 38,808,679 |
| 1894（〃 27）年 | 55.2 | 39,291,494 |
| 1895（〃 28）年 | 51.8 | 38,692,868 |
| 1896（〃 29）年 | 46.0 | 37,640,282 |
| 1897（〃 30）年 | 37.6 | 37,964,727 |
| 1898（〃 31）年 | 37.0 | 38,440,975 |
| 1899（〃 32）年 | 32.5 | 44,861,082 |
| 1900（〃 33）年 | 30.5 | 46,717,796 |
| 1901（〃 34）年 | 28.7 | 46,666,493 |
| 1902（〃 35）年 | 26.2 | 46,505,391 |

出典：『国の歳入一覧表』（大蔵省主税局）23、27、30ページより作成。

かつて農務官僚は、租税収入に占める地租比率が他を圧倒していたことが示すように、農商務省の主流であった。しかし、鉱工業発展と経済向上による地租比率の低下は、農務官僚の地位低下につながった。そして一八九六年の前年度決算は、その低落傾向からみて地租比率五〇パーセント台最後の年として、農務官僚の危機意識を反映し、さきの足尾銅山鉱毒調査特別調査委員会の設置につながったものとみることができる（第九表参照）。

一八九七（明治三〇）年三月一八日付の田中正造の質問にたいする、内務、農商務両大臣による答弁書は、将来「鉱業ト農業ト衝突」した場合に適用すべき方針を確定する必要を認め、これにかんする調査をおこなうとしており(14)、その基本的な対策がまだ樹立されていないことを示していた。

一方、雲竜寺を拠点とする被害農民の請願運動の盛りあがりにくらべて、中央における鉱毒世論は未だ低調で、協力者もきわめて少なかった。このため田中正造は、同郷の青山学院の学生栗原彦三郎に、中央での協力者の獲得を指示した(15)。

これをうけて栗原は、青山学院長の本多庸一に相談し、足尾銅山と被害地を十数日にわたって視察したうえで、詳細な資料を集めて本多に報告した。本多は予想以上の悲惨な被害に驚き、日本の実業家政治家は古河の鼻息きをうかがっているので、精神家宗教家の力を借りるにかぎるとして、キリスト教界の指導者に呼びかけ、メソジスト教会の信徒で、西洋農学者として有名な津田仙に栗原を紹介した。はじめ足尾銅山による鉱毒被害を、田中のまやかしと信じていた津田ではあったが、栗原と実地調査し、被害の実情にふれて協力を約した。この津田の呼びかけに応じて、日本の指導的キリスト教徒が鉱毒問題に関心を寄せ、その運動に賛意を示しはじめた。議院内の田中の運動とはちがった院外運動の基礎は、このように準備されたのであった(16)。

運動の最初に計画されたのは、演説会を開いて世論を呼び起こし、印刷物によって鉱毒の被害を広く世間に知らせることであった。この計画にもとづき、一八九七年二月二八日、神田の青年会館で第一回の鉱毒問題の演説会が開かれたのである。

弁士は、津田仙、田中正造、松村介石、布川孫一、樽井藤吉、稲垣示のほか、アメリカ人宣教師として、日本の社会問題に深い理解と強い感情を抱いていたC・E・ガルストも演説をおこなった。

この演説会を、古河が鉱夫を送りこんで妨害するという噂がたち、青山学院の本多は年長の学生四〇～五〇名を送りこんで応援させ、また一木斎太郎は門下の壮士五〇～六〇名を引き連れて会場に駆けつけ、古河側の壮士と鉱夫を動けぬように取り囲んだという。聴衆は会場を埋め、演説会は盛況をきわめた。

また津田は、被害地を写真に撮って幻灯を作り、栗原とともに東京市内の教会や学校を借り、連日連夜にわたって演説会を開き、幻灯で被害地の実態を説明し、人びとに強い感動を与えた。こうして津田を先駆とする中央の鉱毒世論の盛りあがりのなかで、西南戦争で勇名を馳せ、政界にも強い影響力をもつ谷干城を、運動の理解者として迎え入れた。谷干城も被害地の実情をみて、噂よりも新聞報道よりもさらにさらに悲惨であるとして、支援を誓ったのである。

こうした中央世論の盛りあがりの契機となった第一回鉱毒演説会の四日前、すなわち二月二四日、田中は第一〇回帝国議会において、共同提案者四六名、賛成者六二名による、「公益ニ有害ノ鉱業ヲ停止セザル儀ニ付質問」書を提出、二月二六日、質問演説によって政府追及の火ぶたをきった。

田中は被害の実態を明らかにし、古河と政府による示談契約の欺瞞をあばき、帝国憲法と鉱業条例第一九条による鉱業停止を要求した。そして、鉱業を停止して人民に法律の保護を与えないのであれば、人民は法を遵奉する義務がないと、人民の抵抗権を主張して、政府と榎本農商務大臣の責任を鋭く追及したのであった。

また田中は、この日の演説で、これまで一八七九〜八〇（明治一二〜一三）年、渡良瀬川の魚類の大量死があり、魚を獲って売ったり食べようとすれば、毒を喰った魚だから売ってはならぬ食べてはならぬと、警察がやかましくいったといっていたものを、はじめて、県令藤川為親が布達したといういい方に変える(17)。このときは、これを一八八一年とするのであるが、前にいっていたことと一年のずれがあるため、このあと、八〇年に訂正する。

さらに田中は、藤川がこの布達を打ちだしたために、左遷されたという左遷説を作りあげるために、一八八〇（明治一三）年、八一（明治一四）年、八二（明治一五）年と三年つづけて同様の布達をだしたという、三年連続説に作り変えてゆく。

なぜなら、藤川為親の島根県転出は一八八三年一〇月のことであり、八〇年にこれを布達したために左遷されたというのでは、この間に三年も期間があって、左遷説は成立しないからである。もともと虚構の藤川県令布達は、これを打ちだした本人によって、こうしてさらに作り変えられてゆくのである。

ともあれ、この虚構の藤川県令布達は、すでに魚類の大量死の記憶を喪失した被害農民に、在りし日の豊饒な魚類の棲息する渡良瀬川と、鉱毒で魚類の死に絶えた渡良瀬川の双方を同時に想起させ、鉱毒への怨みと敵意を駆りたてる手段として作用するのである。

また、たとえ権力につらなる県令であっても、人民にたいして良心的な藤川は、鉱毒問題にたいして警告を発せずにいられなかったのだとして、田中は現在の知事および県官の取り組みを批判する一方、被害農民のみずからのたたかいの正当性の確信を支える一助とするのである。だが、この藤川県令布達は、虚構であるための負の要素をも、同時にもち合わせていた。

翌三月一一日、群馬県警部長は内務部長に、この田中の演説にかんして「明治十四年藤川栃木県令ノ渡良瀬川魚不可食ノ達アリト云ヘリ、其写一覧シタシ」などと、一二項目の照会をおこなっている(18)。これにたいする内務部長の回答は、具体的な鉱毒被害の問題にかんするほかは「其他ノ事項ハ調査シタルモノノナキノミナラズ、伝聞ノ次第モ無之候」として、示談契約に県官や郡吏が関与した事実までが、藤川県令布達とともに否定し去られる根拠になるのである。

# 4　大挙東京押出しと第一次鉱毒調査会

### 第一回、第二回大挙東京押出し

二月二六日の田中正造の質問演説は、鉱毒反対闘争にとっての重要な転期であった。これが新聞に報道されると、雲竜寺に結集しつつあった被害農民二〇〇〇余名は、抑圧された積年のエネルギーをいっきょに爆発させるように、三月二日、第一回大挙東京押出しを決行したのである(1)。

雲竜寺を出発した押出し勢は、茨城県古河《こが》町で古河、佐野（栃木県）、館林（群馬県）各警察の阻止行動に遭遇したが、夜陰に乗じて利根川を渡り、鴻ノ巣綾瀬方面、大島方面、加須方面に分れて、三々五々、憲兵や警官の警戒網を突破して入京した。翌三月三日明方、日比谷練兵場に八〇〇余名が集合し、夜明けとともに行動を開始した。

そして近衛篤麿貴族院議長、鳩山和夫衆議院議長、大隈重信外務大臣に面会を求めて警官に阻止され、ついで榎本農商務大臣に面会を求めて中庭に座りこみ、五日午前一〇時に総代との面会をとりつけて引きあげた。この夜、押出し勢は築地本願寺のほか、日本橋と芝の旅人宿に分宿し、残余のものは本所や深川辺を彷徨して一夜を過した。なおこの日、午後から夜中にかけて押出し勢がぞくぞくと入京し、その総数は一〇〇〇余名にのぼった。

翌四日、押出し勢は田中正造や地元県議らと協議、農商務相に陳情・請願する総代四五名を選び、他は帰国することとした。そして五日午前一〇時、総代四五名は、新たに出京した群馬県委員一一名を加えて農商務相に面会し、鉱業停止を陳情・請願したのである。

この大挙東京押出しは、憲兵と警官の阻止行動を突破し、田中の議会闘争に連動しながら、実力による関係省庁への陳情・請願に加えて、広く世論に訴えることをめざした政治闘争であった。そして世論は、津田仙らの努力と重なり、うねるように盛りあがった。

田中は三月一五日、さきの質問にたいする政府の答弁要求をおこない、さらに三月一七日、重ねてそれを要求した。そして一八日、答弁書が樺山資紀内務大臣と榎本武揚農商務大臣の連署でだされた。その内容は、示談契約は古河と被害農民の民事上の問題で政府は関与せず、県官や郡吏も関与しないというものだった。鉱毒停止については、鉱業条例第一九条に適合するかどうか断言できないと逃げ、しかも政府も黙視したわけではないと対策の遅れを糊塗していた(2)。

この日、東京府芝区芝口三丁目の田中正造の定宿信濃屋に、四県（栃木・群馬・埼玉・茨城）連合足尾銅山鉱業停止請願事務所が開設され、被害町村から事務所出張委員が駐在した。それは長期的な展望にもとづく鉱業停止への体制づくりであった。

一方、一八日の政府答弁書の内容が伝わると、政府は鉱業主を擁護し被害農民を見殺しにするものだ、農商務省の門に首をくくっても鉱毒を断たなければならないと、第二回大挙東京押出しの決行がきまったのである。この二二日夜、雲竜寺境内では天を焦がすばかりのかがり火が翌朝まで焚き連ねられた。

榎本農商務相が、谷干城や津田仙らのすすめをうけ入れ、津田の案内で、坂野初次郎農事試験場技師をともない被害地を視察したのは、被害地の怒りが燃えさかる翌二三日であった。視察を終えて帰京した榎本は、その夜、直ちに早稲田の大隈邸を訪ねたという。

これとほぼ同時刻、二三日夜九時頃から被害農民約三六〇〇名が雲竜寺に集合した。翌二四日午前二時、二〇〇〇名が先発隊として東京をめざして出発した。この日、田中は鉱業停止にかんする再質問書を提出し、同日その再質問にかんする演説をおこなった。田中の演説は、鉱業停止に踏みきれぬ榎本農商務相と、政府を痛烈に論難したものであった。そしてこの日、政府は臨時閣議を開き、鉱毒調査委員会の設置をきめ、即日委員を任命した。

三月二四日に設置された鉱毒調査委員会（第一次鉱毒調査会）委員は、その後の任命者を加えて、法制局長官神鞭知常を委員長とする一六名であった。

第一次鉱毒調査会の設置に、被害農民は当初あまり関心を示さなかった。この二四日夜、約六〇〇〇名による第二回大挙東京押出しの後発隊が出発した。雲竜寺に集結した被害農民に、警部警官六〇名が、出発を阻止するために説諭にあたった。これにたいして、東京に向かうのではない、参籠して神力に祈願するためだと偽り、前日の先発隊につづいて、押出しの途についたのであった。

この第二回大挙東京押出しの模様は、主として取締り当局の発表と、記者が集めえた情報に限定されるのであるが、地元紙『下野新聞』（三月二七日、三月二八日、三月三〇日）によって、前日の先発隊からみてみたい。

先発隊が、佐野、足利、館林警察署の阻止行動をふりきって、利根川の川俣の渡し場に到着したのは深夜であった。このため両岸に係留された渡し船を、血気盛んな若者が流れに飛びこんでかき集め、船頭の小川藤蔵や藤野重次郎らの協力をえて、押出し勢は対岸の埼玉県に到達した。まだ水の冷たい利根川を泳いで渡った若者も無数にあった。

だが、対岸には約三〇名の警官が待機して解散を説得した。しかし、押出し勢はこれを受諾するとみせかけて、三々五々南へ南へとすすみ、再び結集して三隊に分れた。一隊は陸羽街道（粕壁、越谷、草加）を千住へ、一隊は岩槻街道（岩槻、川口）を王子へ、別の一隊は仲仙道（鴻ノ巣、大宮、戸田）を板橋へ。取締り当局は、これにたいして厳重な警戒体制をしいた。

千住署は、肱岡、長阪両警部指揮のもと、警官隊数十名を南足立郡渕江村・六月村・保木間に配置したほか、浅草署の応援警官五〇名および下谷署の応援警官を、水戸街道金町から荒川筋に配置した。また浅草、下谷両署は、管内旅人宿の宿泊者を調査し、さらに下谷署は警官十余名で上野駅の警戒にあたった。

また板橋署は、警官一六名を戸田町に派遣して、荒川に警戒線をしいた。板橋憲兵屯所は、憲兵司令部に不穏の状勢を報告し、憲兵一三名の応援をえて、戸田、赤羽、白子の警戒に任じた。その後、憲兵隊は新宿、牛込、小石川、本郷、下谷、浅草の各屯所から増強された。

埼玉県内の警備の要所とみられた岩槻署は、板橋署の警官五〇名のほか、浦和、加須、越谷、桶川各署員に加えて、憲兵隊の応援などで二百数十名を越え、署内に入りきれない状態であった。

このほか、宮内省にも哀願するとの情報があり、麹町署は一両日前から非番の警官を動員し、宮城付近をはじめ桜田、和田倉、馬場先などの三見附、その他の要所の警戒にあたった。また麹町富士見町の榎本農商務相、土方久元宮内相の両相官邸、ならびに宮内省も厳重に警戒した。なお京橋署は、とくに警部三名をふくむ警官十数名を派遣して、宮内省の表・裏門の警戒にあたるなど、警備体制は厳重をきわめた。

先発隊は埼玉県内の蓮田駅および東京府の綾瀬村、保木間などの随所で憲兵や警官と遭遇し、解散・帰国を説得されて方向を転じ、なおも東京入りをめざした。さきの三街道のほか、埼玉県新座郡白子村から成増に向かう押出し勢三〇〇名を騎馬警官が発見したが、数刻の後には見失うなど、警戒体制の裏をかいて、入京をはたした者も少なくなかった。

先発隊二〇〇〇名によって警戒体制が攪乱されるなかで、二四日夜、後発隊六〇〇〇名が出発したのである。だが後発隊の動きを追うことはほとんど不可能だったとみられ、報道記事にそれをみることはできない。
二五、六日になると、いつ入京したとも知れぬ押出し勢が、芝と日本橋の旅人宿に一〇〇名以上が投宿していた。またさきの三隊のほか、埼玉県羽生附近に集合したとみられる一隊は、五〜一〇名ずつ入京し、二四日以来、日本橋蠣殻町に船便で到着した別動隊とともに、日本橋、神田、下谷の旅人宿に投宿し、すでにその数三〇〇名を越えていた。

この第二回大挙東京押出しで、もっとも官憲側と激しく衝突したのは、押出し勢二〇〇名にたいし、それを上回る警戒体制をしいていた岩槻であった。羽生、加須とすすみ、栗橋の警戒網を突破した永島与八らは、岩槻で憲兵と警官の実力行使に出会った。そして永島ら四名が負傷して宝林寺境内に押しこめられ、解散・帰国を説く警官らと、あくまで請願権の行使を主張して対立した。この間さらに押出し勢はふえつづけ、二六日午後一時、代表七五名の線でおりあい、女性一名を含む代表は、三々五々出発し、午後六時赤羽をへて入京をはたしたのであった。なお、岩槻で憲兵が押出し勢の持物検査をおこない、一名の旅費平均五〇銭に満たず、入京しても永く滞在できない状態であることから、憲兵司令部においても、一切の警戒を解いてその入京にまかすべしとの議あり、と伝えられたことは、その後の政府の対応の変化を知るうえで、重要なひとつの判断基準となるものであった。

三月二六日、東京事務所の在京委員は、内務省の三崎県治局長と原警保局長に、警官が被害農民を負傷させた件について抗議した。翌二七日には、栃木県議関口忠四郎、群馬県議荒川高三郎を加えた一三名で榎本農商務相に面会して陳情した。そして三月二九日、押出し勢を加えた総数二〇〇余名で、内務省の原警保局長に重ねて抗議したほか、大蔵省田尻次官に、被害地の免租減税を陳情した。

その後、関係各省庁への波状的陳情がおこなわれるが、押出し勢の活動は、陳情・請願にとどまるものではなかった。二七日、議員の歳費受け取り日の機会をとらえ「被害地惨状御見聞願」のチラシを配布して、その支援と理解を求めた。また翌二八日は、赤坂溜池で開催中の蚕糸業大会の会場に赴き、桑、檜、杉苗のほか、柳、竹など、鉱毒で萎縮したり腐ったりした根などを示して、鉱毒被害の実情を参観者に訴えたのである(3)。

## 被害農民と世論を裏切る鉱毒調査会

第二回大挙東京押出し勢の動向が、新聞報道と重なって、鉱毒世論が盛りあがるなかで、鉱毒調査会にかんする報道や論評が、新聞に登場しはじめた。『毎日新聞』(三月二七日)は、「被害民の上京」の見出しのもとに、押出し勢の動向と警備体制、「鉱毒調査委員会(第二回)」の模様、西郷海軍大臣が、谷干城と田中正造を委員に推せんしたこと、および「氷川伯(勝海舟)の鉱毒談」を掲載した。

山を掘ることは旧幕時代からやって居た事だが旧幕時代ハ手のさきでチョイ〳〵やって居たんだ、海に小便したって海の水は小便にはなるまい。……今日は文明だそうだ文明の大仕掛で山を掘りながら其の他の仕掛はこれに伴はぬ、夫れでは海で小便したとは違ふがね……。

記者の問題意識が、海舟からそれ以上の意見を引きだすことができなかった理由とみられる。なぜならこの日、海舟は巌本善治につぎのように語っているからである。

礦《ママ》毒問題は、直ちに停止の外ない。今になって其処置法を講究するのは姑息だ。先づ正論によって撃ち破り、前政府の非を改め、其の大綱を正し、而して後にこそ、其の処分法を議すべきである。
……………
旧幕は、野蛮だと云ふなら、夫で宜しい。伊藤さんや、陸奥さんは、文明の骨頂だと言ふじゃないか。文明と云ふのは、よく理を考へて、民の害とならぬ事をするのではないか。夫れだから、文明流になさいと言ふのだ(4)(傍点引用者)。

直ちに鉱業停止の外なしと断定し、鉱毒調査会の論議を姑息だとする海舟の意見は、田中や被害農民の主張を全面的に認めるものであった。また、明治藩閥政府批判をこめたその文明観は、科学技術と人間のかかわりについて、田中正造のそれと重なる今日に生きる思想といえるであろう。

ともあれ、農は国の基、あるいは人間の生存に不可欠なものとして、さらに当時の教養思想としての儒教的農本主義、または伝統的農本意識を土壌とする鉱毒世論は、足尾銅山鉱毒事件をとおして、いま鉱業停止が成るかどうか、重大な関心をもって鉱毒調査会の行方を見守りはじめていたのである。

若し適当なる除毒の方法を見出し能はざる時止むを得ず鉱業を停止すべしとの意見を主務省に提出するに至るやも知れず……鉱業主古河氏にして其損害を永遠に弁償することを約し被害人民之を承諾するに於ては固より禁止説を断行する必要なかるべし。

『東京日日新聞』（三月二八日）は、鉱業停止の可能性だけでなく、被害農民の承諾なしには、鉱業の継続がありえないことを示唆していた。また同日の『読売新聞』は、鉱業停止の見とおしが強いことを、委員の主張をとおして伝えていた。

今回調査委員に任命されたる後藤（＝新平）内務省衛生局長は此問題に関しては衛生上より観察すれば断然鉱業を停止するの外なしと主張し居る由。

こうして鉱業停止に向けて、すべてが進展しているかにみえた。だが調査会の設置には、見落してはならない側面があった。調査会設置と同日、内務省は被害県知事に調査会の設置にともない、大挙東京押出しなど不穏の挙動にでないことを説諭するよう通牒していた(5)。つまり、調査会の設置は被害農民の運動の抑制をも狙いとしていたのである。

そして三月二九日、榎本武揚が農商務相を辞任し、外相の大隈重信が兼務した。政府の鉱毒対策が重大な転換を予想されるなかで、天皇の意向によるものとして広幡侍従が被害地を視察した。つづいて四月九日、樺山内務相が被害地を視察するなど、事態は急速に鉱業停止に向けて進展しているようにみえた。

第一次鉱毒調査会は、数回の会合をへて三月下旬から、各委員が被害地および足尾銅山を視察・調査し、四月一三日から討議に入った。その内容を、「足尾銅山鉱毒事件調査委員会速記録〈抄〉」(6)と、「明治三十年鉱毒調査会報告要領」(7)によってみることにしたい。

これによると、その当初、たしかに調査会は、鉱業停止に向けてすすんでいたようにみえる。だが、そこでの議論が鉱業条例第五九条による一時的な鉱業停止にすぎなかったことに留意する必要がある。調査会の討議は、あらかじめ神鞭委員長の手もとに用意された決議案の草稿のもとにしたのであるが、四月一四日夜に討議された最終部分は、つぎのようなものであった。

以上ノ事由ニ依り当委員会ハ左ノ件々ヲ各主務省ニ下命アランコトヲ上申ス。

(イ) 一日モ速ニ足尾銅山附近ノ山谷ヲ相当ナル方法ヲ以テ砂防及植樹ヲ為サシムベキコト。

(ロ) 一時足尾銅山鉱業ノ全部若ハ其幾分ヲ停止シ鉱毒ノ防備ヲ完全ニ且永久ニ保持スル方法ヲ講究セシムルコト。

(ハ) 相当ナル方法ヲ以テ渡良瀬川ノ鉱毒含有ノ土砂ヲ浚渫若ハ排除セシムルコト。

このなかで世論および被害農民の関心の集中する(ロ)については、四月一五日の討議で、主として非職御料局技師工学博士渡辺渡の修正提案によって、つぎのように改められた。

期日ヲ指定シテ鉱毒及煙害ノ防備ヲ完全ニ且永久ニ保持スベキ方法ヲ講究実施セシムルコト、且必要ナル場合ニ於テハ官ニ於テ直ニ之ヲ実検シ其費用ヲ鉱業人ニ負担セシメ若ハ鉱業ヲ停止セシムルコト（傍点引用者）。

傍点部分は、単なる飾りの言葉にすぎない。これによって、第一次鉱毒調査会は、予防工事を柱とする方向にすすむのである。しかし、その結論部分の討議だけでそれが決定したのではない。

完全なる予防の設備竣功まで一時、鉱業の全部もしくは一部の停止を命ずる必要があると、緊急決議案を提出した農事試験場技師坂野初次郎、農科大学助教授長岡宗好の二人の鉱業停止派にたいし、内務省土木技監工学博士古市公威、渡辺渡ら鉱山派は、農商務省主流官僚和田国次郎らとともに、討議のあらゆる過程で草案の骨抜きをはかり、中立派をまきこんでさきの決定にもちこんだのである。

三月二六日、田中正造の「公益ニ有害ノ鉱業ヲ停止セザル儀ニ付質問書」に、共同提出者として名を連ねた鉱山局長の肥塚竜すら、渡辺や古市らに同調したのであった。

だが、後にみる鉱毒予防工事命令と地租免租などの鉱毒処分は、すべて第一次鉱毒調査会の自主的決定によるものではない。速記録や報告要領および他の史料との関係において、政府の規制、圧力、干渉をみることができるのである。

たとえば、五月一八日付で坂野と長岡が、鉱業人に相当の補償を被害農民に支払うよう希望したのにたいし、鉱業人と被害農民との間における関係については政府は関与しないことに閣議決定したことが伝えられ、この問題に立ち入ることを阻んだのである。明らかに政府による調査会への掣肘であった。

また、はじめ断然鉱業を停止する外なしと主張していた後藤新平は、この段階にいたって断然この決議案に反対しますと、非停止を主張したのである。後藤の豹変は、内相の樺山資紀が薩摩閥の海軍大将で、薩摩閥の長老として、陸軍の長州にたいする海軍の薩摩の頂点に立つ西郷従道の直系であるというにとどまらない。明治政府が、至上の課題として取り組む軍備拡張を基軸とする日清戦後経営において、その実現のための鉱工業生産設備、兵器、機械類輸入の対外支払い手段として、さらに、増大する軍需原材料としての銅生産の中枢をなす足尾銅山の生産を阻害するような発言は、官僚として許されるはずもないのであった。

こうして第一次鉱毒調査会は、世論の鎮静化と被害農地の無制限な拡大への一定の枠として、鉱毒予防工事命令の発動と、被害農地にたいする最低限の行政措置として地租免租からなる鉱毒事件処分を、政府の基本的要請に沿って打ちだすのである。

そして、その後の鉱毒被害の拡大にたいして、最低限の行政措置で応ずる一方、被害農民の直接行動などにたいしては、治安問題として、弾圧政策で臨んでくるのである。

## 予防工事の欺瞞と空洞性

一八九七（明治三〇）年五月二七日、足尾銅山の鉱毒予防工事命令書が(8)、古河市兵衛に伝達された。その工事内容は、第一回（一八九六年一二月二四日）、第二回（一八九七年五月一二日）の予防工事命令とは、比較にならぬ大規模なものであった。

東京鉱山監督署長南挺三による命令書は、「亜砒酸及煤煙を凝固沈澱せしめ且硫酸製造又其他脱硫の方法を以て亜硫酸瓦斯を除却」する脱硫塔、「沈澱池濾過池」、「泥渣堆積所」、「烟道及大煙突」の建設など三七項からなり、最後に「此命令書の事項に違背するときは直に鉱業を停止すべし」と、建設期限を義務づけていた。

この命令書の欺瞞と空洞性は、予防工事の完成後、責任者の南挺三が足尾鉱業所の所長に就任した事実に象徴されるばかりではない。この予防工事がはたして実効あるものか、古河側すら危ぶんだのである。とくに脱硫塔は、どんな装置にすべきか成案を欠き、確信のもてない古河側の設計を、そのまま施工させるという馴れ合い工事であった(9)。

事実、古河側が危惧したように、その効果は薄く、脱硫塔においてはまったく機能せず、煙害はさらに激化した。製錬所上流の松木村は、一九〇一(明治三四)年一月、「煙害救助請願書」を政府に提出することになるが解決されず、同年暮に廃村・絶滅する。一方古河側は予防工事後、足尾銅山の脱硫塔は、世界稀有の装置として喧伝するのである。

また沈澱池も決して満足すべきものではなく、大隈重信も指摘するように(10)、生石灰による中和を怠ったばかりではない。冬期になると氷結し、鉱毒水はそのまま渡良瀬川にそそいだ。栃木県議会がこの問題にかんして建議したのは(11)、よくよくのことといえるであろう。

ところで、この工事費は、賃金四七万円、材料費四二万円、食糧費一五万円、総計一〇四万円といわれ(12)、その一部は第一銀行の渋沢栄一の融資を仰いだという。だが、この金額に疑問がないわけではない。田中正造は経理上支払ったように操作すればそうなるのであり、八〇万円でも、二〇万円でもできたかも知れないといっている(13)。古河は、この工事に鉱夫や人夫のほか、足尾の各家々から男子一人ずつ手弁当で動員しており(14)、無報酬の町民の帳簿上の処理にも疑問は残るのである。

いずれにしろ、予防工事の内実が明らかになるのは、少し時間がたってからである。被害農民の永島与八は、われわれの願うところは、防御でなく鉱業停止にあるとしながらも、田中正造の活躍と被害農民の命がけの運動が、これだけの予防工事命令のもとになっているといっているが、この与八の言葉からうかがわれるように(15)、多くの被害農民たちは、この予防工事命令をみずからのたたかいの成果としたのである。

## 「恩沢ナキ」免租処分

第一次鉱毒調査会による鉱毒処分は、この鉱毒予防工事命令と、地租の免租処分の二つから成っている。調査会は、五月三日、七日の集中討議において、この免租処分を決定した。だが、所有する被害田畑の税を免ずる措置は、被害補償でも救済でもない。このため、免租処分を「恩沢」なきものとして、坂野、長岡がさきに述べたように、すべての被害農民にたいして補償することを「具陳」したが、閣議決定を理由に葬り去られる。そして免租処分は、農商務、内務、大蔵三省がその内容をねり、最低限の唯一の措置として実施されるのである。

これは、公平な第三者の眼からみても、疑義あるものであった。このため、古河側に被害補償をさせるべきだとして、動いた一群の人びとがいた。衆議院議員の中嶋祐八と岩崎万次郎、それに天野為三郎らであった。

『近衛篤麿日記』(16)によれば八月三日、三人は貴族院議長の近衛篤麿邸を訪ね、鉱毒事件の被害補償について、名望家の尽力を要する、被害農民と古河側の仲裁をしてほしいと申し入れた。すでに被害農民の陳情をうけ、田中とも会ってこの問題に一応の認識をもつ近衛は、熟考を約した。

さらに八月九日、岩崎万次郎が近衛邸を訪ねて、さきの返事を求めた。近衛は暇がなくて手をつけていない、たとえ引き受けても忙しくて満足にできない恐れがあるので断りたいと答えた。これにたいして岩崎は、なお熟考して欲しいと翻意をうながして帰った。

そして八月一二日、近衛は農商務省に大石正巳次官を訪ねて、鉱毒事件の仲裁にかんして、その事情を尋ねた。大石は、被害農民全員の委任をうけ、仲裁後は一切苦情をいわぬと誓約させ、適当のところで古河と掛けあうならば、農商務省もかげながら助力する、決して成功はむづかしいことではないと答えた。近衛がこの日の『日記』に、いささか参考になったと記したのは、なかば仲裁を決意してのことであろう。

だがこの日、大石が近衛に献策したのは、新たな永久示談の策動である。免租処分の片手落ちとその不満を、近衛の声望によって、政府の意図を側面から補完するにとどまらない。それは将来にわたる生存権を僅かな金で売り渡し、鉱業停止のたたかいを放棄することであった。

それから二日後、すなわち八月一四日夜、田中正造が近衛邸を訪ねた。近衛は、鉱毒事件や被害地のことについて説明をうけた。そして仲裁などで収まるものでないことを思い知り、岩崎万次郎に謝絶する旨の書簡をしたためた。この夜、田中が近衛に仲裁問題をどのように語ったか、おぼろげながら想像できる。その一部を八月一六日の『日記』から紹介しておこう。

単に是迄の損害にのみ関して仲裁到候事とするも、後に被害者全体の苦情なき様致候事は甚た六ケ敷かるべしとは田中氏の口気より被推察候に就ては、如此事件は私人の仲裁抔致し候て後日に又々苦情の起り候よりは、寧ろ司法裁判により候方判然と決定仕様に存候（傍点引用者）。

傍点部分は、田中の話を聞いたうえでの近衛の発想であろう。ここにみる近衛の司法制度にたいする信頼は、その司法制度が被害農民を閉ざしている事実に思いおよばぬという意味で、被害農民に同情を示しつつも、その対岸に住むブルジョアジーのそれでしかなかったといえよう。

被害農民にとっての正義、鉱業を停止し、そこに住みかつ生きる権利、生存権の基盤となる渡良瀬川と田畑を蘇生させるという課題は、まさに被害農民みずからがたたかいとる以外にありえなかったのである。

このように近衛ら第三者がみても片手落ち《原文ママ》の免租処分が、実際に実施されたのは、翌一八九八（明治三一）年五月二日であった。この一年にもおよぶ遅延の原因は、被害調査の困難、大蔵省と農商務省の不一致、中央官庁と地方自治体（県）との連絡不十分、被害農民と税務所側との被害地等級判定についての紛争などであったが、最大の原因は、免租処分にともなう公民権の喪失をどう取り扱うかにあった。地租の免租処分の内容は、被害の濃度によって、特等（一五年）、一等（一〇年）、二等（八年）、三等（六年）、四等（四年）、五等（二年）の六種の免租年期を定めたものであった。免租処分の状況は、栃木県関係分の史料は未発掘で、群馬県関係分は第一〇表のとおりである。

第一回免租処分の直後、一八九八年九月、またして大洪水によって、鉱毒被害が起こた。表の大部分を占める五等免租地は、このとき免租年期明けになり、被害農民たちは、免租継年期願いを提出しつ

第10表　明治31年5月群馬県鉱毒被害免租地調

| | 等級 | 反別 町 | 反別 反 | 地価 円 | 地租 円 |
|---|---|---|---|---|---|
| 邑楽郡 | 特等 | 0 | 0 | 0 | 0 |
| | 1 | 397 | 6 | 29,401 | 735 |
| | 2 | 377 | 3 | 34,029 | 851 |
| | 3 | 1,037 | 5 | 121,190 | 3,056 |
| | 4 | 3,750 | 8 | 977,664 | 24,496 |
| | 5 | 2,739 | 5 | 778,898 | 19,476 |
| | 計 | 8,302 | 7 | 1,941,182 | 48,614 |
| 山田郡 | 特等 | 33 | 4 | 7,747 | 194 |
| | 1 | 32 | 2 | 9,201 | 230 |
| | 2 | 195 | 6 | 109,415 | 2,736 |
| | 3 | 161 | 2 | 66,402 | 1,660 |
| | 4 | 1,414 | 2 | 769,238 | 19,233 |
| | 5 | 439 | 7 | 50,862 | 1,272 |
| | 計 | 2,276 | 3 | 1,012,865 | 25,325 |
| 新田郡 | 特等 | 0 | 0 | 0 | 0 |
| | 1 | 3 | 2 | 1,238 | 31 |
| | 2 | 59 | 3 | 38,605 | 965 |
| | 3 | 144 | 6 | 90,283 | 2,257 |
| | 4 | 775 | 2 | 472,057 | 11,802 |
| | 5 | 1,339 | 2 | 752,336 | 18,810 |
| | 計 | 2,321 | 5 | 1,354,519 | 33,865 |
| 三郡総計 | 特等 | 33 | 4 | 7,747 | 194 |
| | 1 | 433 | 0 | 39,840 | 996 |
| | 2 | 632 | 2 | 182,049 | 4,552 |
| | 3 | 1,343 | 3 | 277,875 | 6,973 |
| | 4 | 5,940 | 2 | 2,218,959 | 55,531 |
| | 5 | 4,518 | 4 | 1,582,096 | 39,558 |
| | 計 | 12,900 | 5 | 4,308,566 | 107,804 |

注１・この表は明治31年１月１日調製のもので５月発令の第１次免租に適用されたもの。田、畑、宅地、山林、池沼、原野の合計。

注２・反未満、円未満を四捨五入して算出。

出典：「明治30年鉱毒書類」、「明治31～34年鉱毒書類」（『群馬県庁文書』）より。

第11表　免租高

| | 免租総反別 | 地　価 | 地　租 |
|---|---|---|---|
| | 町　反 | 円 | 円 |
| ① 第1回免租 | 24,450　2 | 6,906,218 | 172,673 |
| ② 第2回免租 | 23,287　0 | 6,853,230 | 171,350 |
| ③ 第1回免租の据置 | 2,221　4 | 323,985 | 8,099 |
| ②　＋　③ | 25,508　4 | 7,177,215 | 179,449 |

出典：『明治大正財政史』第6巻、648～9ページより作成。

つあったときである。この重なる被害にたいして、被害調査後の翌九九年七月、第一回目とほとんど同様の農地に、前回と同様の免租処分がおこなわれた。免租処分の対象となった鉱毒被害面積の合計は、約二万五〇〇〇ヘクタールであるが、被害農民の最終的な調査による実際の被害面積は、一〇万四五三ヘクタール、一府五県一市二〇郡二区二五一カ町村に達したのである。

### 町村自治の破壊

こうして実施された免租処分は、真に被害農民の救済と自立に資するものでなかったことは、すでに述べたとおりである。だがそれだけではない。被害農民が地租の納付によってえていた公民権と選挙権を喪失させたばかりでなく、地租（地価）などに依拠していた地方自治体の財源の減少、あるいは枯渇をもたらしたのである。それは救済の如く装われた行政措置（免租処分）による人権の剥奪であり、地方財政の逼迫による町村自治の破壊と圧殺をともなうものであった。

当時、選挙権は二五歳以上の男子で、衆議院議員（国税一五円以上）、県会議員・郡会議員（国税三円以上）、市町村会議員などの選挙にかかわる公民権は国税二円以上納めたものに与えられていた。これが免租処分によって、選挙権、公民権の喪失となったのである。第一二、一三表はその喪失率を示したものである。

『群馬県庁文書』によれば、被害農民は町村自治を守るために公民権の存続になみなみならぬ努力を払った。おそらくそうした努力がなかったならば、公民権喪失の該当者は、これより多いと思われる。

また町村自治の破壊は、地方財政制度とも関係していた。当時の地方税は、国（県）税にたいする附加税としてあったため、国税である地租が免除されると、同時に地方税も減少となったのである。

第 12 表　公民権喪失調（群馬県）

| 郡　別 | A<br>公民権を<br>有する者 | B<br>免租による<br>喪失者 | C<br>公民権の<br>存続する者 | C／A<br>× 100 |
|---|---|---|---|---|
| | 人 | 人 | 人 | % |
| 邑楽郡 | 7,089 | 2,170 | 4,919 | 69.4 |
| 山田郡 | 3,179 | 564 | 2,615 | 82.3 |
| 新田郡 | 3,051 | 57 | 2,994 | 98.1 |
| 計 | 13,319 | 2,791 | 10,528 | 79.0 |

出典：「31 ～ 34 鉱毒書類 」（『群馬県庁文書』）明治 31 年 4 月 14 日付県治局長の照会にたいする 4 月 30 日付回答より作成。なお原表は町村別の調査数字を掲げている。

第 13 表　衆議院議員選挙権喪失調

| 郡　別 | A<br>公民権を<br>有する者 | B<br>免租による<br>喪失者 | C<br>公民権の<br>存続する者 | C／A<br>× 100 |
|---|---|---|---|---|
| | 人 | 人 | 人 | % |
| 邑楽郡 | 946 | 763 | 183 | 19.3 |
| 山田郡 | 578 | 436 | 142 | 24.6 |
| 新田郡 | 758 | 604 | 154 | 20.3 |
| 計 | 2,282 | 1,803 | 479 | 21.0 |

出典：第 12 表と同。

このため、ほとんど全村が免租地となった群馬県邑楽郡大島村では、村の財源が皆無にひとしくなり、他方、公民権所有者も激減したため、この両面から町村自治の運営が不可能となって、邑楽郡書記が職務を管掌して村長の任務を執行した。同様の町村の例として、栃木県足利郡久野村などがある。

## 5 鉱毒反対闘争の高揚と川俣事件

### 第三回大挙東京押出しと田中の誓い

一八九七年三月一八日に設けられた四県連合鉱業停止請願事務所（以下東京事務所）は室田忠七ら六名の在京委員が常駐、翌一九日から行動を開始し、新聞社一二社を訪問して、鉱毒事件報道について被害民への協力を求めた。さらに連日、関係各省庁や政党、貴衆両議院議員などを訪ねて、鉱業停止と地租免租を請願・陳情するなど、協力を依頼した。また海軍籍をもつ小笠原長生子爵が、古河市兵衛の依頼で動いていることを知ると、海軍省にも檄文を配布したのであった。

このほか在京委員は、被害地視察の案内役を担い、第一次鉱毒調査会の被害地視察に随行し、その視察が被害農民の立場からなされるよう取り計らった。さらに第一回大挙東京押出しの帰途、野島幾太郎らへの抗議行動による永島与八らの逮捕に際し、内務省法制局長に抗議するなど、一八九七年五月の鉱毒予防工事命令の発動以後も東京にあって、鉱業停止を期して活動をつづけたのである。

室田の「鉱毒事件日誌」のつぎの文は、これらの活動記録にもまして、日頃の真摯な取り組みと、その情熱の一端をうかがわせている。

八月八日　日曜日ナルニ付空シク一同休ミ居レリ。／中食代十二銭(1)。

室田は一〇月以降帰郷して被害町村の免租請願の組織化に力をそそぎ、同九七年一二月の衆議院解散にともなう田中正造の選挙運動の一端をも担当した。さらに第一次鉱毒調査会による免租処分が決定した後は、被害調査中の納税延期請願、免租処分延期請願などの現地の運動の組織化と指導にあたった。

一八九八年二月、室田は再び在京委員となったが、この年の五月には、在京委員は当初の六名から一六名に増強されていた。そして被害町村長の請願の介添え、貴族院にたいする窮民救助、被害地土地回復、河身改良、堤防増築、損害賠償請願、衆議院にたいする被害地救済請願などの紹介者の獲得まで、在京委員が担当したのである。こうして東京事務所と被害地を集約する雲竜寺との連繋はより強固となった。

先にふれた一八九八(明治三一)年九月の大洪水による鉱毒被害は、きわめて甚大であった。三日から七日まで降りつづいた大雨が、鉱毒予防工事命令による沈澱池を決壊させたためである(2)。沈澱池の決壊は、予防工事にたいする疑惑と不信、そして怒りを駆りたてた。

九月一九日、この事態に対応して今後の方針を協議するため、室田ら出京委員も参加して開かれた雲竜寺の会議は、堤防増築と窮民救済、自治破壊の三件について大運動すること(3)、すなわち第三回大挙東京押出しを決定した。九月二一日の再度の協議をへて、九月二六日午前六時、栃木、群馬、茨城、埼玉四県下被害農民一万余が雲竜寺に結集し、午後一時東京に向けて出発したのであった。

前二回の大挙東京押出しが、帝国議会における田中正造の議会闘争と一体化し、政治闘争の意味を深めるものであると同時に、農閑期に決行されていた。だが第三回大挙東京押出しは、帝国議会の会期中でも、また農閑期でもなかった。それだけ切実な課題を秘めていたといえるが、何よりも前二回の大挙東京押出しが、第一次鉱毒調査会を設立させ、予防工事命令と免租処分を引きだしたという体験に裏うちされていた。政府のそれ以後の対応の変更にはまったく気づいていなかった。

嗚呼諸共に覚悟せよ
　山又川に罪はなし
相手は卑き稼業人
　国家の亡ぬ其内に
斯く成る事のあるべきぞ
　憲法条規に則りて
恢復請願努めなば
　此行く先は知れた事

艱難辛苦も何のその

巖をも徹さで置くべきぞ

雲竜寺を出発した押出し勢は、鉱毒悲歌を歌いながら川俣に向けて出発した。だが川俣の渡し場は、官憲側に船を隠されて渡れず、押出し勢は利根川の堤防を下った。そして埼玉県北埼玉郡利島《としま》村において、利島、川辺両村の鉱毒委員片山嘉兵衛や井田兵吉の斡旋と船頭の義俠によって(4)、利根川を渡った。船を渡るとき警官が抜刀したが、野口春蔵らの奮闘によって、押出し勢は船に乗ることができた。

これらの情報は、刻々と田中正造に伝えられた。押出し勢の大半は、弁当三日分をもち、なかには米割麦をもつだけのものもあれば、薄着の老人の姿が目についた。しかも病人が続出し、加藤兼吉、中島保二郎老、野口春蔵、室田忠七までが病いとなった。一方、各川を船で下ったものは警官に取り抑えられ、五人、一〇人と帰国を命じられているという(5)。

これらの情報が伝えられるなかで、田中正造は二七日、農商務省の水産局次官と秘書官に被害農民が激昂する根本の理由を告げ、内務省警保局に赴いて、被害農民の進行を妨害すべきでないと申し入れ、さらに夕刻、尾崎行雄文相を訪ねて、鉱毒問題が教育に与える影響について語った(6)。

そして深夜、すなわち翌二八日午前二時半、左部彦次郎《さとり》をともなって、押出し勢の進行地点、東京府下南足立郡渕江村大字保木間に向かった。押出し勢はこの頃、憲兵と警官の阻止行動に出会いながら、越谷、草加あたりに達していた。そして食事をしようとすれば、埼玉県警は村長らに厳命して、炊事用の鍋釜を貸与させず、押出し勢は空腹のまま一睡もできずに野宿していた。しかもこの押出し勢の頭上に乗馬の憲兵が闖入・蹂躙し、負傷者すらでたのである(7)。

田中正造は、同二八日正午すぎ保木間の氷川神社境内に集合した押出し勢、約二五〇〇名を前にして、およそつぎのように訴えた(8)。憲法法律はあるが政府は人民を保護せず、このためにつねに衝突は免れない。諸君が法の範囲で主務省に哀訴するのはよいが、着衣、金銭など在京中の準備もなく、すでに帰国した老人二名が死亡している。さらに多くが病臥斃死したのでは、かえって家族に困難を与える。代表を残して帰国すべきである。さらに田中は、つぎのようにいった。

去ル替リニハ田中正造ガ死ヲ決シテ此ノコトニ当リ夫シテ願意ノ徹底セザルトキハ田中正造ガ先鋒トナリ運動シマス。

押出し勢ばかりでなく、見守る憲兵や警官も涙ながら田中の話に聞き入るなかで、さらに田中はつけ加えた。こうしたことをしなくても、いまの内閣は諸君の内閣であるから、諸君の願意も貫徹するであろう。この一連の説得によって、五〇名の代表を残して押出し勢は帰国したのである。

それまでの運動における指導的役割が部分的にすぎなかった田中にとって、この帰国の説得こそは田中に鉱毒反対闘争の帰趨にかかわる全的責任と指導権を担わせたのであった。それは、憲兵を阻止行動の前面に繰りださせてきた政府の対応の変化、それに即応する被害農民側の弱点の克服、官憲の弾圧に耐えうる思想性と組織体制の強化を迫るものであった。

また、鉱毒をみずからの問題としてうけ止めえぬ二二カ町村の町村長を、被害農民の側にしっかりと抱えこみ、被害地を鉱毒反対闘争の基地として、再構築するという課題をもはらむものであった。事実、第四回大挙東京押出しは、この帰国の説得の段階から構想されていったのである。

ところで田中は、このなかで、「いまの内閣は諸君の内閣である」といった。しかし田中は、自由党と進歩党の合同による、一八九八（明治三一）年六月に成立した隈板《わいはん》内閣（首相・外相大隈重信、内務相板垣退助）に、その成立過程から強い不信と怒りを抱いていた。この言葉は、まさに帰国の説得ゆえに述べたものであったのである。

## 隈板内閣への不信と怒り

一八九八年、第一二回帝国議会（特別議会、五月一九日～六月一〇日）において、自由、進歩両党の圧倒的多数によって、軍備拡張を柱とする増税案が葬り去られると、政府は直ちに議会を解散した。これを契機に自由、進歩両党合同の気運は急速に盛りあがり、自由、進歩両党は解党し、六月二二日に憲政党を結成するにいたった。

田中も合同を推進したひとりであった。田中の基本的な立場は、「合同セヨ。正直ナル青年及院外ニテ一着ヲ付ケヨ。大隈板垣伯親近ノ士ノミヲ以テ創立者タラシムルナ」(9)というにあった。「藩閥政権の追いおとしのために政党勢力の合同を歓迎しながら、しかもその政党が私党的な色彩をもつことにつよく抵抗し、青年と大衆の意向にそうべきであることを主張し」ているのである(10)。人民を基本とする態度を確立していた田中は、隈板内閣の成立に鋭いまなざしをそそいだのは当然であった。

自由、進歩両党の合同による単一政党――憲政党の誕生、この強力な野党の登場に、政府は急遽その対応を迫られた。そして陸相の桂太郎は、元老結集内閣をつくり、憲法を中止しても、軍備拡張を達成する日清戦後経営の推進を主張した。また首相の伊藤博文は、増税を直接あるいは間接に支持する勢力を糾合して新党をつくり、みずから党主となって、解散後の総選挙において、憲政党と対決しようとした(11)。

しかし御前会議は、一致して新党組織に反対し、また強大な野党と対決する後継首班を引き受けるものもなく、伊藤は憲政党の大隈、板垣両者を後継首班に推した。蔵相の井上馨も、政権譲渡を主張した。井上の考えは、衆院以外に拠点をもたない憲政党は集権化能力に乏しく、けっきょく短命で自壊するという見通しにたち、政党内閣みずからの手で政党内閣を葬らせようとするものであった(12)。

また、陸海両大臣の就任拒否によって、政党内閣の出現を阻止する工作もあった。だが天皇の特命で前内閣の陸相桂太郎と海相西郷従道が留任することとなった。留任に際し桂と西郷はあらかじめ大隈、板垣と会見し、異分子として入閣することと、新内閣が軍縮方針をとらないことを入閣の条件として承諾した。こうして隈板内閣は、半身不随の内閣として誕生することとなるのである(13)。

これらの情報は、いち早く田中の耳にも達した。六月二六日、大竹貫一宅に神鞭知常、山田善之助、安部井磐根らと会合した田中は、「二伯(=大隈・板垣)ヲ処分スベシ」(14)と主張した。明らかに大隈、

写真　勝海舟が田中正造にあてた証文

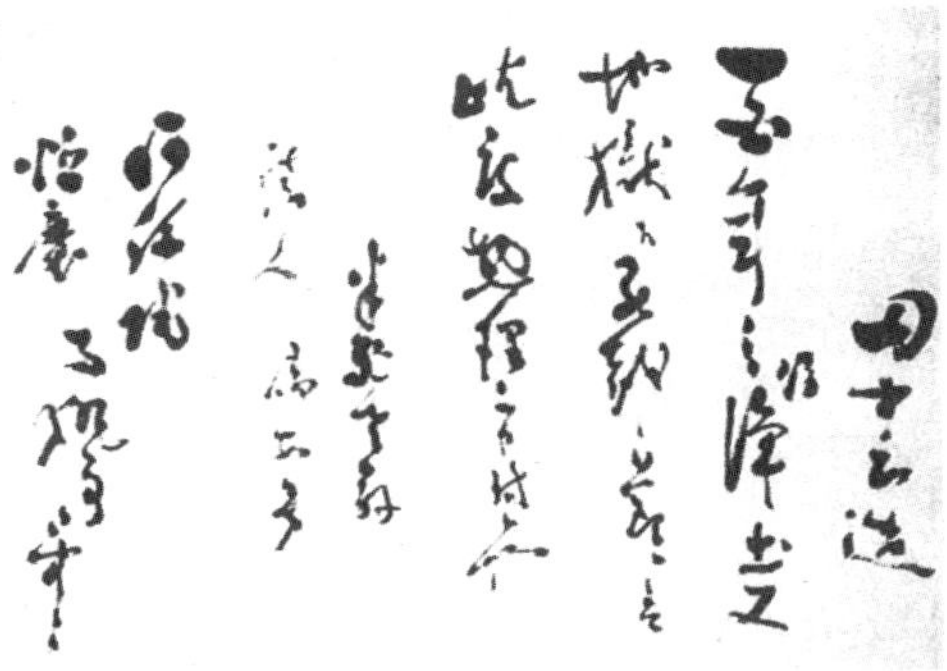

百年の後　浄土又は
地獄に罷り越し候節は
屹度物理に申付候也
半死老翁

（田村秀明氏提供）

板垣は党と人民を裏切り、みずからの内閣の成立を期したのである。

明三〇日、新内閣組閣の大命が下るという六月二九日夜、田中は鉱毒事件を解決しえぬ新内閣の限界に幻滅し、やる方ない憤懣を抱いて、氷川町の勝海舟を訪ねた。田中の日記には、これについて一行の記載もない。だが翌三〇日、海舟は巌本善治にこの日の模様を、つぎのように語っているのである。

田中が夕べ来た。『お前は何になるのだ』と云ふたら、「総理大臣」と云ふから、夫は、善い心掛だ、ワシが請判をすると云って、証文を書いてやった。名あてが、閻魔様、地蔵様、勝安芳保証としてやった。大層悦んで帰ったよ(15)。

請人　勝　安芳
阿弥陀
　　　両執事御中
閻魔

これにみるように、いままさに隈板内閣が成立しようとするそのとき、みずから総理になりたいと吐露するほど、不信と不満を表明する言葉は他にあるまい。だが海舟が、現世で実現しえぬものとして、百年後の総理を保証してくれたとき、密かに思いあたるものがあったはずである。田中がめざすものは、被害農民とともにたたかいとる以外にありえないことを。

こうして成立した隈板内閣は、藩閥勢力に追随して富国強兵政策を担ってゆく。そして成立後の総選挙で、議員定数三〇〇名中二四四名を獲得し、衆議院で絶対多数を占めるにいたった。だが、かつて自由、進歩両党を結びつけた民力休養と地租軽減のスローガンを、完全に空洞化させて、わずか五カ月後に崩壊する。この内閣に、被害農民の立場にたっての足尾銅山鉱毒事件を解決する能力など、はじめからなかったのである。

## 第四回大挙東京押出しに向けて

田中正造は第一三回帝国議会（一八九八年一二月三日〜九九年三月九日）において、鉱毒事件にかんする七通の質問書を提出し、四回にわたって政府の責任を追及した。さらに明治三二年度予算案中農商務省費目の全廃演説や、沖縄県土地整理法案にたいする質問など、演説、動議、質問は十数回におよんだ。
この議会最大の懸案は、地租増徴をふくむ増税案であった。第二次山県内閣がこの増税案の交換条件として提出した、八〇〇円から二〇〇〇円への議員歳費値上げ案に、憲政本党を代表して反対演説をおこなったのは田中であった。この値上げ案は通過するが、反対者のなかで実際に辞退したのは田中だけであった(16)。
この議会の最終日の演説で田中は、今後の鉱毒事件への取り組みの決意の一端を、つぎのように披瀝した。

私ハ是ヨリ……被害地ニ自分ノ家ヲ引移シテ、被害民ト一緒ニナッテ、是ヨリ運動スル積デゴザイマス、……法律憲法ハ独リ加害者ノ利器トナッテ、被害地一般ニハ、法律ナシ憲法ナシ政府ナシト同一ノ有様ニナッテ……被害民ハ自ラヲ守ルノ運動ヲ為スノ決心ヲシナケレバナラナイノデアリマス(17)。

田中にとって、それはあの保木間での帰国の説得以来、みずからが担った課題に取り組むことでもあった。そして翌四月、雲竜寺の集会で田中は、案内をだしても集会に参加しないような、鉱毒問題に冷淡な町村長は、選挙に際し青年と謀って打ち落してしまうこと、今後県庁に出向いたり出京することを止めて、目標を郡衙にしぼるよう指示した(18)。

すでに一月、邑楽、安蘇、足利三郡の被害農民は檄を飛ばし、約六〇〇名が三郡の郡役所に迫り、警官の警戒するなかで、処置怠慢を追及し、一定の譲歩を引きだしていた。とくに安蘇郡役所では構内にかがり火を焚き、徹夜で郡長に面会を求めて気勢をあげ、理のある請願には責任をもって処理する約束をとりつけていた(19)。

鉱毒問題に熱意ある人物を町村長に当選させることは、町村自治を本来の姿に立ち帰らせることであると同時に、鉱毒反対闘争の基地とし、町村組織の強化につながる。そしてこの町村長を先頭に、至近距離にある郡衙への攻撃（陳情・請願・申入れ）は、地域の戦闘性の高揚につながる。

それはまた、各郡・各町村の参加者の掘り起こしとその組織化をつうじて、中堅層の組織的訓練につながる。こうして各郡、各町村組織の拡充と整備、点検をおこないながら、全被害地の組織的強化がはかられてゆく。大挙東京押出しが遠心運動であるとすれば、この求心運動は、やがてその組織的エネルギーを、問題の核芯に向けて爆発させるであろう。

だが、こうしたなかで、被害農民内部の地主と小作農間の矛盾も深まっていた。地主は、所有する農地の地租免租によって、鉱毒被害の幾分かは補われる。しかし、より少ない農地に依拠する小作農にとって、被害はより直接的であり、死活にかかわる問題であった。

一八九九年一月、群馬県新田郡九合《くあい》村の鉱毒免租地における小作米割戻し要求に端を発し、同郡太田町、九合村、韮《にら》川村の小作農一〇〇余名は、地主側が小作農の要求をはねつけて提訴したため、太田町の地主数軒に押しかけるという事態が発生した(20)。

こうした例ばかりでなく前年一一月、栃木県足利郡久野村大字野田の小作農七二名が、鉱毒被害地小作料減額歎願書を差しだしたのにたいし、地主一七名は、すぐさまこれを承諾している(21)。この小作料の割引率は約一一パーセントで、群馬県山田、新田両郡では一三〜一五パーセントであった。しかし太田町では四パーセントという低率のため、さきのような紛争が生じたのである。

こうした地主と小作農の矛盾の噴出は、鉱毒反対闘争にとって、決して無視しえない問題であった。このため鉱毒処分請願事務所として、「地主ト小作人トノ和合策意見草稿」(22)を配布した。それによれば、仮に免租金三円あるとき、地主はそのうち一円を、請願・死者救護・村費・請願事務所費にあて、一円を地主の損害分として収め、一円を小作農に道義上の義務として支払うこととしていた。

ちなみに、栃木県農業統計「自作小作別農家戸数（百分比）」(23)から、一九〇〇（明治三三）年の比率を算術計算すると、自作四一・七パーセント、自作兼小作三九・一パーセント、小作一九・二パーセントとなる。この比率が被害地の実体をそのまま示すものではないが、およその判断の材料にはなるであろう。

こうした階級的矛盾をかかえながらも、一八九九年八月三〇日の雲竜寺の集会において、ついに第四回大挙東京押出しが決定されたのである。

鉱毒委員三十余名秘密集会ヲ催シ……第十四議会ノ開会ヲ待チ、被害人民総員ニシテ青年四、五十名ヲ先鋒トシ、米麦・薪炭・船等ヲ要意《ママ》シ、途中如何ナル障礙ニ遇ウモ一歩モ退ク事ナク、内務農商務両省ニ逼迫シ、素志ヲ貫徹スル事ニ決議シタリ(24)。

この決議は官憲側がえた情報であるが、後日に正式に組織決定にもちこむために前もって、指導層がおこなった決議であった。

## 「非命ノ死者」の仇を討つ

この決議のもとに、田中正造はいう。

鉱毒問題ヲ軽視スルカ若シクハ之ニ反対シテ鉱毒問題勢力ニ妨害トナルベキ行為アルモノアレハ我々ハ之ヲ以テ国家社会ノ公敵ニシテ又被害地方ノ仇讐ナリトシテ震ッテ此奴輩ヲ撲滅シ又訓誡スル事ニ勤メザルベカラズ(25)。

田中はまた、第一二回帝国議会で提起した鉱毒による乳児死亡と一般死者の増加を、「非命ノ死者」あるいは「鉱毒殺人」と呼び、その存在を明確にすることによって、さきの決議を正式な組織決定とし、さらに第四回大挙東京押出しの正当性を支えるスローガンとして掲げてゆくのである。

田中は、九月一日から一〇月一日まで被害地を巡回した。その行動は連日、「鉱毒非命死者ノ談話ヲ為シ泊ス」(26)と報告されている。しかもこの間の九月一二日には、雲竜寺の集会で第四回大挙東京押出しを、正式な組織決定にもちこんでいる。室田忠七の「鉱毒日誌」は、この日の決定をつぎのように記して、「非命ノ死者」と組織決定の関連を裏づけている。

大運動必用ヲ見留《ママ》メ就テハ各村参謀長撰任シ二十日迄ニ死亡調査表及上京スル人名等記シ事務所ニ集合スルコト(27)

第一四表は、この調査結果をまとめたリーフレットの一部である。
なおこの日、「尾行巡査の手記」は、つぎのような田中の発言を伝えている。

鉱毒事件については政府……、また帝国憲法があると思うても違うから、諸君は自分を頼みて運動し、目的を達するということが必要である。
目下は古河市兵衛に多人数が殺されておる……、政府がそのかたきをとってくれなければ、諸君が……、そのかたきをとるという考えで運動せなくてはならぬ(28)。

ここには、もはやかつてのように、帝国憲法と鉱業条例に依拠して、鉱業停止をかちとるという運動論はない。「非命ノ死者」の仇を討つ——実力行使による鉱毒被害からの解放が説かれているのである。

## 第14表　鉱毒による出生率・死亡率状況

足尾銅山　中栃木県茨城県12ヶ字生者、死者、鉱毒被害地　調査総覧表　　明治32（1899）年11月迄第２回調査結了分

| 年数 | 県別字数 | 総人口 | 生者、死者、総数 | | 歩合総計 | | 1字平均人口 | 1字ノ生者死者平均数 | | 5ヶ年人口平均 | 5ヶ年平均生者死者歩合 | |
|---|---|---|---|---|---|---|---|---|---|---|---|---|
| | | | 生者 | 死者 | 生者 | 死者 | | 生者 | 死者 | | 生者 | 死者 |
| 5ヶ年 | 2県12ヶ字 | 人 6,182 | 人 865 | 人 939 | 人 163.67 | 人 209.33 | 人 515.17 | 人 72.08 | 人 78.25 | 人 1236.4 | 人 173.0 | 人 187.8 |

備考：1．人口総計ハ明治31年度1ヶ年分ヲ合算セシモノナリ
1．表中県別及字別ハ栃木県11ケ字茨城県1ケ字ニシテ被害地中調査着手順序ニ依リ結了セシモノノミヲ掲載シ他ハ調査の結了ヲマツ
1．明治27年ヨリ統計ヲ掲ゲタルハ各村役場ニ書類ノ整備セザルヲ以テ止ムナク近ク5ヶ年ヲ掲ゲタルモノナリ

### 日本全国及無害地生者、死者比較統計表

| 人口百人ニ対スル歩合 | 生　者 | 死　者 |
|---|---|---|
| 日本全国 | 3.21人 | 2.60人 |
| 無害地 | 3.44 | 1.92 |
| 被害地 | 2.80 | 4.12 |

備考：1．日本全国ノ生者、死者ハ明治29年ノ統計ニ依ル
1．無害地ノ生者死者ハ明治31年栃木県安蘇郡植野村ノ字植野
1．被害地ノ生者、死者ハ本表中31年度1ヶ年分ニ依ル

### 栃木県安蘇郡界村大字高山前5ヶ年後5ヶ年生者、死者比較総覧表

| 前後5ヶ年年度 | 戸数平均 | 人口平均 | 出生平均 | 出生歩合平均 | 死者平均 | 死者歩合平均 |
|---|---|---|---|---|---|---|
| 自明治16年至明治20年 | 127.4 | 741.0 | 21.4 | 2.89 | 15.40 | 2.07 |
| 自明治27年至明治31年 | 126 | 726.6 | 29.4 | 4.04 | 31.20 | 3.87 |

備考：1．前5ヶ年死者平均数ト後5ヶ年死者平均数ヲ比格スレハ実ニ倍数ニ登レリ一目シテ如何ニ鉱毒ノ劇烈ナルヲ知ルニ余リアリ

出典：「足尾銅山鉱毒処分　請願東京事務所」で発行したリーフレット（東京大学経済学部蔵）。

郡長ニ説カンヨリハ寧ロ村長ニ説キ、村長ニ説カンヨリハ寧ロ村会議ニ説キ、村会ニ説カンヨリハ寧ロ有志ニ説キ、有志ニ説カンヨリハ今三十二以下即明治元年以下生レノ青年ニ説クノ得策タルヲ(29)。

指導層に宛てたこの書簡の一節は、こうした課題に耐えうる原理的なことがらである。そして一二月、田中は鉱毒反対闘争の組織的課題の一環を担うものとして、鉱毒議会を成立せしめた。この鉱毒議会は、国家による行政単位——分断統治を超えて、被害地を一丸とする解放への自治的制度化をめざそうとしたものである。その組織地域は、栃木、群馬両県の二郡一八カ町村であるが、組織機能を十分に発揮するにはいたらなかった。

ともあれ、第四回大挙東京押出しに向けて、組織的高揚がはかられるなかで、一九〇〇(明治三三)年を迎え、一月一八日、雲竜寺で僧侶一八名、鉱毒委員および青年三〇〇余名が出席して、鉱毒被害非命者の施餓鬼がとりおこなわれた。この施餓鬼の趣意は、列席者によって歌われた「鉱毒悲歌」に示されている。

人の体も毒に染み
　妊めるものは流産し
はぐくむ乳に不足なし

二つ三つまで育つるも
毒のさわりに皆たおれ
　又悪疫も流行し
………………
費用に今はつかれはて
　親子は非命にたおさるる
早く清めよ渡良瀬川

まさに施餓鬼は、「非命ノ死者」の怨念を、戦闘性に転化することをめざしたものであった。それから三日後の一月二一日、素志貫徹を誓って五〇名の青年決死隊が組織された。そしてこれら青年によるオルグ活動・演説会・宣伝活動が、組織的に低調な地域にたいして、重点的に実施された。こうして第四回大挙東京押出しに向けて、被害地は急速に盛りあがっていった。

## 川俣事件・流血の弾圧

一方、官憲側の監視、探索、取締りも強化されていた。『栃木県警察史』（上巻）(30)によれば、栃木県警部長は群馬県警部長と連絡のもとに、すでに前年九月三〇日付、「秘第一四〇七号」によって、「鉱毒被害民多衆運動取締方別紙」を管下該当警察署や駐在所に発し、大挙東京押出しに際しての県警部長への報告、各警察署間の連絡、取締り方について指示していた。

また一月三〇日には、東京見物、年賀、成田山参詣と偽装し、三々五々出発する計画、および第一次が人員不足であれば、第二次、第三次と押出すという計画を察知し、「秘第一五四号」によって、その取締りを栃木県下該当警察に指示した。さらに二月六日、栃木県警部長は、佐野、足利、御厨《みくりや》、部屋《へや》などの各警察署長と協議した。翌七日には群馬、茨城両県警部長と各県警察の取締り分担と方針を協議決定したのであった。

この方針にもとづいて栃木県警は二月八日、警部一〇名、巡査部長一一名、巡査一六二名を配置して、押出し勢の阻止体制をしいた。また群馬県警は、雲竜寺に警部三名、巡査五〇名を配置したほか、総員一八五名を動員して厳戒体制をとった。憲兵隊もすでに佐野で待期中であった。

この緊迫した状況のもとで、二月九日夕刻、雲竜寺住職の黒崎禅翁の梵鐘を合図に植野村、吾妻村、渡瀬村がそれに呼応して、警鐘や梵鐘を乱打、約三〇〇名の青年が雲竜寺に集合した。鉱毒悲歌を歌いながら翌一〇日の午前四時にかけて、各町村に勧誘活動をおこなった。官憲の監視下でのこのような示威運動は、被害農民とくに青年層の尖鋭化の一端を示すものであった。

同一〇日、室田忠七は東京事務所に出向き、田中正造および出京中の町村長らと打合せをおこない、翌一一日雲竜寺に帰着して報告した。このとき被害地の町村長は田中の指示で出京し、押出し勢と合流して陳情・請願するため待期中であった。これは、これら町村長を最後まで被害農民の側に確保する方策であった。一日留守した室田の眼に、憲兵警官が一〇〇〇名にも増強されているようにみえた(31)。

この頃官憲側の最大の関心事は、押出し勢の具体的な出発日時であった。二月一一日、約一四〇名が参加した雲竜寺の集会は、左部彦次郎、小野政吉、野口春蔵らが、「煽動的談話ヲ為シタルノミニシテ上京ノ期日ハ口ニセス」と報告され、翌一二日前半の情報でも、まだ正確な期日は不明であった。そして同日後半、「鉱毒被害民明一三日午前三時ヲ期シ雲竜寺ニ集合シ未明ニ出発スルコト確定セリ」と報告がもたらされたのである。

寺内俄然煩劇多忙ノ状ヲ呈シ、重立者ノ往復旁手織ルガ如ク、火急親展ノ封状ヲ各村ニ発シ、青年ニハ徽章ヲ付シ四名ノ医師ヲ雇入レ、騎馬ニテ指揮ヲ警戒地ニ派シ警備ノ状況ヲ偵察シ、利根ノ深浅ヲ探ル等用意頗ル周到ナリキ。斯クシテ午後七時ニ至リ雲竜寺ノ警鐘、太鼓、法螺貝ヲ鼓吹シ瞬時ニテ蓑笠草鞋ニ身ヲ固メタル被害民鉱毒悲歌ヲ高唱シツツ雲竜寺附近ニ蟻集シ喧噪ヲ極メ、カガリ火ヲタキ不穏ノ形勢益々ソノ度ヲ加エタリ(32)。

これにたいして官憲側は、一三日午前二時、集会政社法によって解散を命じ、さらに本堂に踏みこんで実力行使におよんだが、たちまち排除された。そして、同二月一三日午前八時三〇分、押出し勢は雲竜寺を出発したのである。

五万六千余町歩ノ鉱毒被害地を城郭となし、三十有余万の鉱毒被害民皆兵となり、正義の旗を渡良瀬川沿岸の毒風に黐し、一は以て社会の同胞に訴へ、一は以て非道の悪漢（＝政府）と闘（う）(33)。

これが、第四回大挙東京押出しで掲げた、かれら被害農民のたたかいの旗であった。この出発の模様を、警察側はつぎのように伝えている。

隊伍ヲ整イ野口春蔵騎馬ニテ先頭ニ立チ、左部彦次郎、山本英四郎其ノ他ノ指揮役隊伍ニ介在シ、大出喜平最後ニ副ヒ、二千五百有余名ノ大部隊ハ、雲竜寺ヲ出発前進シタリ、依テ出張ノ警部・巡査ハ早川田船橋両岸ニ退却、極力防制ニ力メタルモ、亦タ彼等ノ突貫ニ遇フテ破レ、川俣ニ向ケテ背進セリ、彼等ハ勢ニ乗ジ館林町ニ直進、郡衙ニ闖入、喧闘ヲ極メ、進ンデ警察署ニ乱入シテ、引致シタル暴民ヲ放還セシメ、午前十時ニ至リ川俣ニ向ケ進行シ、大佐貫ノ縄手ニ於テ……(34)。

地元紙記者を慄然とさせるような凄惨な流血の弾圧が、三〇〇余名の憲兵と警官によってなされたのである。地元紙記者はいう。

実にその光景酸鼻にたえざるものありき。警察権なるもの此の如き点まで及ぼし得べきものなるか……(35)。

このときの現場逮捕、および事後逮捕をふくめて一〇〇余名が逮捕されるにいたった。これが世にいう川俣事件である。この有力指導層の逮捕によって、つづく二次、三次の押出しは実現しなかった。第四回大挙東京押出しの挫折である。第一回、第二回と比較するとき、この挫折は運動体にとって、きわめて示唆と教訓をはらんでいる。

第一回、第二回は、夜陰に乗じて警戒線を突破し、数隊に分れ、ときには三々五々分散し、あらゆる経路や河川を利用して入京するなど、個々の被害農民の能力と創意を汲みあげて入京をはたした。だが第四回は、指導の強化とその高揚がはかられた反面、個々の被害農民の能力と創意が十分に活用されることなく、白昼の大部隊の直進によって、決定的な弾圧を呼びこんだのである。

第四回押出し勢の数を、出発に際し被害農民側は、「一万二千人と号し」(36)、警察側は「二千五百余名」とし、各新聞は警察側の発表をそのまま用いている。また参加者の永島与八は「三千余人」(37)、石井清蔵は「三千五百余」(38)とし、正確な数は不明である。

一方、会期中の第一四回帝国議会で田中正造は、押出しの決行を前にして、被害農民の悲惨と苦悩を血を吐くような言葉に託して、政府追及の火ぶたをきっていた。

……悲惨ナル戸口ノ死滅ヲ救フ能ハズ、死地ニアル我等窮民ノ急ナル請願ニ対シ急ギ之ヲ処置スル能ハズ、早ク水ヲ清ムル能ハズ、天産復活ノ基ヲ開ク能ハズ、憲法ヲ守ル能ハズ、非名ノ殪レタルモノ、処置ヲ為スコト能ハズ、権利ヲ全フセシムル能ハズ、生命ヲ救フ能ハズンバ、寧ロ我等被害民ヲ殺セヨ(39)。

そして、川俣の流血の弾圧が伝えられると、あらゆる角度から政府を糾弾した。「民ヲ殺スハ国家ヲ殺スナリ、法ヲ蔑ニスルハ国家ヲ蔑スルナリ」とする、「亡国に至るを知らざれば之れ即ち亡国の儀に付質問書」を提出した。第一四回帝国議会で田中が提出した質問書および演説は、『田中正造全集』(第八巻)において、一六九ページという膨大な量に達する。第四回大挙押出しにかけた田中の期待と決意、そして川俣の弾圧への怒りがうかがわれる。

しかも、この第一四回帝国議会において、殖産興業関係の主要法律のすべてが成立し終り(40)、日本帝国主義の原型としての日清戦後経営は、この年一九〇〇年を画期として新たな展開をみせてゆくのである。一方、足尾銅山鉱毒反対闘争は、川俣の弾圧によって、大きく組織的な退潮をたどっていった。

# 6　田中正造の直訴と世論の沸騰

## 法廷闘争と世論の高揚

一九〇〇（明治三三）年二月、川俣事件の逮捕者一〇〇余名のうち、六八名が兇徒聚集罪あるいは官吏抗拒罪、官吏侮辱罪などで予審に回された。そして同年七月、兇徒聚集罪が四一名、兇徒聚集罪および集会及政社法違反が六名、兇徒聚集罪および官吏抗拒罪三名、兇徒聚集罪および官吏侮辱罪一名、計五一名が前橋地方裁判所の公判（うち二三名が重罪公判、二八名が軽罪公判）に付されることとなった。

田中正造は、川俣事件による被害農民の戦闘意識の低下、組織的退潮を懸命に支え直そうとする一方、公判弁護団の編成にも心を砕いた。また入檻者にたいして法廷闘争の心構えを説いたのであった。

奮発すれば無罪なり。ちゞこまれば罪となるかも不申候(1)。

たしかにここに法廷闘争の核心がある。なぜなら法廷闘争とは、何よりも自己の立場と言動の正当性を主張し、それを根拠としてたたかうものだからである。

さらに田中は、第四回大挙東京押出しが弾圧によって挫折したため、達成しえなかった課題を担うものとして、密かに天皇への直訴を決意していた。だが田中のそれは、天皇の慈悲にすがって鉱毒事件の好転をはかろうなどというものではない。天皇への直訴という社会的な衝撃をねらい、それによって報道機関を動員し、世論の沸騰に点火し、川俣事件以後の退潮過程をたどる鉱毒反対闘争の活性化をはかるとともに、政府の譲歩、転換を引きだそうとするものであった。田中には、その社会的衝撃を最高度にたかめるために、深く心に期した計算があった。

はじめ田中は、報道機関動員の協力者として、毎日新聞の記者木下尚江をあてこんだ形跡がある。だが、直訴は決行まで厳に秘匿されなければならず、協力をえようとして外部に洩れたのでは台なしである。欲をいえば、それと語らずに、相手から協力を申しでることが望ましい。この田中に、直訴を教唆する形で協力を申しでたのが、毎日新聞主筆の石川安次郎（半山）であった。

一九〇一（明治三四）年六月八日、新橋で石川と出会った田中は、そのまま石川宅に同行した。そして夕食後、田中の話をさえぎった石川は、つぎのようにいった。

平和手段ハ君ノガラニナキ所、十年平和手段ヲ取テ尚解決スル能ハズ、今ハ唯一策アルノミ　唯君ノ之ヲ行ハサルヲ怨ムノミ
田中曰ク何事ゾ　余曰ク容易ニ語ル可ラズ　田中曰ク謹デ教ヲ受ケン　僕ク曰ク君ニシテ若シ行フ

ナラバ僕之ヲ云ハン　君唯佐倉宗五郎タルノミ　田中蹶起快之誓断行　僕乃チ其方略ヲ授ク(2)

こうして田中は、対新聞工作もふくめて直訴の最高の協力者をえたのである。一日おいて六月一〇日、石川は直訴状の執筆者に予定する幸徳伝次郎（秋水）に会い、その協力をとりつける(3)。ここに田中、石川、幸徳の謀議が成立する。それは田中の直訴の六カ月前のことである。

一方、兇徒聚集被告事件裁判と呼ばれる川俣事件の公判、前橋地方裁判所の一審判決は、一九〇〇年一二月二二日であった。判決内容は、兇徒聚集罪の成立は否定されたものの、事件後に公布された治安警察法を適用し、同法違反六名をふくむ官吏抗拒罪などによる有罪二九名、無罪二二名であった。

この判決に被告、検事側ともに控訴、一九〇一年九月、東京控訴院に舞台を移した。ここで被告たちは、鉱毒被害の実態を積極的に訴え、みずからの正当性を主張する法廷闘争を展開した。この被告たちの主張は、公判の舞台が前橋から東京に移ったことによって、傍聴した新聞記者によって逐一報道されることとなった。そして川俣事件以後、一時鳴りを潜めた中央の各紙は再び世論に訴えだしたのである。

この公判の報道が、問題の本質としての足尾銅山鉱毒事件の報道に転換するのは、公判の過程で実施された被害地臨検によってであった。被害地臨検は、公判の劈頭、弁護人一同から被告人の行為を公正に審理し、その責任を明らかにするためには、まず鉱毒被害地を臨検し、鉱毒被害の状態・程度が、はたして被告人の主張するとおりであるか否かの証拠決定する必要があると申請され、受理されたのである(4)。そして一〇月六日から一二日まで、被害農民に理解のある農科大学の農学博士横井時敬と農学士長岡宗好、同豊永真理を鑑定人として、裁判長、陪席判事、検事、書記、立会弁護士によって、被告人および有志総代を案内人としておこなわれた。毎日新聞、日本新聞、時事新報、朝日新聞、萬朝報、二六新聞、報知新聞、日の出新聞など八社、八名の記者がこれに同行した。

一行は、栃木県安蘇郡犬伏《いぬぶし》町、界村、植野村、同県足利郡吾妻村、毛野《けの》村、久野村、群馬県邑楽郡館林町、渡瀬村、大島村、西谷田村など、鉱毒激甚地の大字・字の各所を臨検した。そしてそのいたるところでこの世の地獄ともいうべき、被害地の惨状を眼にしたのである。

それは見渡すかぎり茫々たる大砂原と化し、小丘のように表土を積みあげた毒塚の点在する、かつての美田であり、原野と変らぬ枯死した桑畑であった。あるいは五、六年もたつのに、五、六寸にしか成長せずに萎縮した桑畑など、あらゆるところで、鉱毒による荒廃の凄ざまじさを見せつけられたのであった。

荒廃は、農地にかぎらなかった。竹藪という竹藪は根が腐り、誰にも容易に引き抜くことができたし、雷電神社境内の一〇〇本にもおよぶ杉の森は、赤く変色して枯死寸前であった。また茶店の老人から、鉱毒流出後の生活の変化、窮乏化の模様を聞き、さらに永久示談を拒否して村八分になり、ついに縊死した被害農民の悲劇を聞くにつけ、想像以上の深刻な悲劇に記者たちは強い衝撃をうけた。

鉱毒被害が一目瞭然のため、鑑定人が鑑定の必要なしと認定することも一再ではなかった。こうして人びとの注意は、横井博士ら鑑定人の言葉とその手許に集中していった。臨検の一日は被害農民——被告人にせきたてられるようにはじまり、鑑定人の熱心さに予定時間をすぎて終るのがつねであった(5)。

そしてこの結果は、同行記者の見聞、体験とともに報道されたのである。

全く驚いた。有り体いへば被害地人民の騒わぎ方も非道すぎはせぬかと思ったが、実地に視れば其被害が栃木群馬両県に亘り、恰《まる》で此世からの地獄の体だ。人民の騒わぐのも無理は無い。而して政府が十年も之を捨て、置いたのは全く驚いた(6)。

これに代表されるように、同行記者の記事は、論調の変化となり、鉱毒事件の報道紙面を拡大させていった。

だが、その解決策にかんしては、新聞は必ずしも、被害農民の側に立ったわけではない。とくに一八九七(明治三〇)年五月の鉱毒予防工事以降も、足尾銅山が鉱毒を排出しているという被害農民の主張には、ほとんどの新聞が疑問視し、あるものは否定的であった。そして多くの新聞は、政府が鉱毒の原因を調査することを提案するにとどまり、鉱業停止の論陣を張ることはなかったのである(7)。

中央紙のなかで、もっとも熱心にこの問題を取りあげたのが毎日新聞であった。すでにみたように毎日新聞主筆の石川は、田中正造と直訴の謀議をとげ、幸徳秋水の協力もとりつけていた。いわば毎日新聞の報道は、来るべき田中の直訴をその頂点に位置づけ、世論の沸騰に圧倒的な効果を盛りあげることを狙った布石の一環であったのである。

しかも石川は、編集責任を担う主筆であるだけでなく、経営建て直しに成功した、経営面における責任者でもあった(8)。経営、編集の頂点に立つ石川の実力は、その意図に沿った鉱毒事件の報道が可能だったのである。

田中が、国会議員を今回できりあげることを後継者、蓼沼《たでぬま》丈吉に書簡で伝えたのは、この年一九〇一年一月一九日のことで、そこにすでに直訴の決意をみることができる。それから九カ月後の一〇月二三日、田中は衆議院議長に辞表を提出し、直訴に備えて議員生活に決別した。

この田中の辞任と被害地の反応を、毎日新聞はもっとも大きく取りあげた。そこには田中がつぎにいかに動くか、読者の関心をそそる巧みな計算があった。

鉱毒事件の報道の先導的な役割を担ってきた毎日新聞は、さらに紙面を拡充し、一一月二二日から松本英子を起用して、「鉱毒地の惨状」(筆名みどり子)と題するルポルタージュを連載し、女の眼で見た被害地の実情を広く訴えた。また一一月二九日、「大隈伯の鉱毒談」および川俣事件「控訴公判」の解説を載せるなど、いっそう鉱毒世論の盛りあがりに努めた。

古河市兵衛夫人ため子(六〇歳)の一一月三〇日の神田橋下の入水自殺は、まさにこうした新聞論調、毎日新聞による足尾鉱毒窮民救助演説会の開催など、鉱毒世論の盛りあがりを示すものであった。

さらに毎日新聞は、一二月五日から、「咄々怪事とは鉱毒問題の顛末なり」と題する大胆な問題提起の論説を連載する。あと数日に迫った田中の直訴に、ぴったりと照準を合わせた石川の新聞づくりがそこにあった。

## 直訴決行——失敗せり

一九〇一（明治三四）年一二月一〇日、第一六回帝国議会の開院式に臨んだ天皇が、午前一一時四五分、貴族院をでて貴族院脇の大路を左に進みつつあった。そのとき、直訴状を手にした田中正造が、おねがいがございますと叫びながら、天皇の馬車に迫った。これを見て驚いた警護の伊知地近衛騎兵曹長が、「剣を抜て之を刺さんとし」(9)て落馬、田中もつまずいて転び、警戒中の警官に捕えられた。

天皇は、「神聖ニシテ侵スベカラズ」（帝国憲法第三条）と、神格化された天皇を相手に、田中は身の危険を賭して、衆目の前で鉱毒事件の解決をすがるという、天皇を人民の側にとらえかえす形での直訴を演じたのである。

田中の直訴は、政府を衝動させた。内海内務相は直ちに参内して、天皇に田中の経歴、性向を上奏した。大浦警視総監は麹町警察署長とともに、桂首相に上申するなど、慌しい動きをみせた。一方、捕えられた田中は、麹町警察署において、川渕検事正や羽佐間検事、村島署長、司法主任石黒警部らの取調べをうけた。取調べのあと川渕検事正は、不敬罪が成立するか否かは本人の意志にあると談話を発表した(10)。

田中の直訴決行の報せをうけた毎日新聞の石川安次郎は、すぐ幸徳秋水と協議した。幸徳は自分が執筆した直訴状の写しを、通信社をつうじて各新聞社に流したあと、素知らぬ顔で、石川と木下尚江のいる部屋を訪ねた。そして、「……実は君達に謝りにきた。田中正造が昨夜遅く直訴状の執筆の依頼にきた。僕だって直訴なんか嫌たが、仕方なく書いてやった」(11)と芝居を演じた。

こうして、幸徳の芝居を真実と信じた木下は、そのことを著書に書くなどして、直訴における田中、石川、幸徳の謀議の存在と、その真相を覆い隠す贋の証言者の役割を、一九七〇年代まで演じつづけるのである。

さて、田中は取調べのあと、奥貫医師によって身体検査がおこなわれ、精神錯乱と認むる点がないほか、身体にも異状のないことがたしかめられた(12)。また田中は取調べに際し、ひたすら天皇にすがったものとするたてまえを貫ぬき、謀議を秘匿したので、不敬罪の成立する余地もなかった。こうして田中は、逃亡の恐れもなく、また老人であることから、直訴の当日、すなわち一二月一〇日午後八時二〇分釈放され(13)、左部彦次郎につき添われて、芝区芝口二丁目の越中屋に帰った。

田中の直訴を知った東京事務所は、被害地一二カ町村にその旨打電したが、いままた釈放の旨を打電した。この頃になるとぞくぞくと被害地の町村長や有志らが駆けつけた。島地黙雷、内村鑑三、門馬尚経、肥塚竜、角田真平、安藤太郎、大村和吉、来栖壮太郎らの著名人も見舞に訪れた。

だが田中は、謹慎と称して下座敷に閉じこもり、毎日新聞の石川と会ったほかは、誰にも会わなかった。そして深夜、風邪の養生を理由に、密かに内幸町の植木屋に転宿した。この植木屋で、田中、石川、幸徳の三人によって、直訴の総括が予定されていたのである。石川の「当用日記」によれば、その模様は、およそつぎのようなものであった。

幸徳遅く来る　呵々大笑々々

木下尚江の前での芝居とはちがって、そこには、やったやったと快哉を叫ぶように入ってくる幸徳の姿がある。幸徳は師の中江兆民の病床に夜までつき添ったあと、直訴状の執筆者として取調べをうけた。だが木下に語ったように話すことで、問題にならなかったのであろう。さて、その総括である。

余田中ニ向て曰く　失敗せり〳〵〳〵一太刀受けるか殺さ（れ）ねばモノニナラヌ

田中曰く弱りました

余慰めて曰く　やらぬよりも宜しい

ここに、直訴の莫の狙いが示されている。あの第三回大挙東京押出しの帰国の説得以来、鉱毒反対闘争の帰趨にかかわる責任を担った田中は、みずから死を代償に世論の沸騰に点火し、鉱毒反対闘争の活性化と政府の政策転換へ、衝撃的な効果を狙いとしていたのである。――では、なぜ直訴が、一太刀受けるか殺されることになるのか。

いうまでもなく天皇制は、帝国憲法体制の一切によって支えられている。司法、立法、行政を貫く統治機構のすべて、暴力装置としての軍隊、警察、憲兵、その他ありとあらゆる権力機構が、この天皇制を支えて機能している。だが天皇が馬車にあったとき、天皇制――天皇を物理的に支えているのは、沿道を警備する警官を除いては、警護の近衛騎兵のみである。

この近衛騎兵が、もし天皇に近づくものの危険の有無とその行動を、もし自己の判断でなそうとすれば、けっきょく天皇の警護は全うしえない。したがって天皇警護の近衛騎兵は、司法処分とは別個に、天皇に近づくものを即物的に殺傷することを義務づけられているのである。まさに切り捨て御免によって、天皇警護ははじめてはたしおおせるのである。

田中は騎兵の槍に突かる丶覚悟にて直訴し、若し斯くて死したらば、佐倉宗五郎以上に世を動かしたるべし。彼は奇を好まずして奇を演じ、奇人と知らる丶が、奇を好むならば更に奇行を以て世を聳動したるべし。直訴は彼に於て何等奇を求むる所なく、延いて痛烈なることなく、身の安全を得たるは、普通に幸にして劇的に不幸なり(14)。

この三宅雪嶺の論評は、田中とその直訴を見据えてあますところがない。

ともあれ、直訴にこめた田中の狙いは、完璧にはたすことができなかった。だが石川が「やらぬよりも宜しい」といったように、空谷の響音の如く世間を「あっ!」と驚かし(15)、鉱毒世論の沸騰に劇的な点火をもたらしたのであった。

## 号外・新聞にみる世論の沸騰

田中の直訴は、中央紙のみならず、全国の各新聞によって即日号外で報じられ、全国の新聞は翌日からほぼ一カ月にわたって、この事件の記事と論説でもちきりであった。この世論の沸騰の模様は、先駆的研究(16)に詳述されている。これを要約しつつ、新たな史料を加えて追ってみることにしたい。

現場近くにあった貴族院議長の近衛篤麿は、「還幸十二時、途上田中正造御馬車に就き直訴せんとして捕へらる。稀有の椿事なり」と日記に書き、岩手県の中学生石川啄木は同志と号外を売り、新聞を配達し、その得た金品を足尾鉱毒被害民と八甲田山麓雪中行軍遭難者への義損金とし(17)、少年時代から新聞で田中に接していた荒畑寒村は、密かに同情と敬慕の念を寄せるなど(18)、青少年に与えた影響は、決して少なくなかった。一七歳の苦学生黒沢酉蔵は全身の熱血は沸き返り煮えくり立ち、どうしてもじっとしてはいられない衝動にかられ……矢も盾もたまらぬ気持ちで、単身田中の宿舎を探し求めて(19)、鉱毒反対闘争に参加する。黒沢のその後の人生は、田中の直訴を契機にきりひらかれたのであった。

また、高知市外潮江村では、当日の午後二時頃に号外がだされ、いつの間にか、直訴を題材にした水墨画が掲示板に貼りだされた。そしてこの前で、狂気の沙汰と嘲るもの、聖代の佐倉宗吾郎と讃えるもの、憲法違反と嘲るものなど、自説を譲らぬ論議が交わされた。その意味がよくわからぬ小学三年生の浜本浩は、気骨あるクリスチャンで、誠実な教育者として尊敬していた父に訊ねると、つぎのように答えたという。

国のために、生命を捧げる者はあっても、民家のために生命を棄てる者は、めったにおらん。まず、キリスト、佐倉宗吾郎以来の義人と見てよかろうぢゃないか(20)。

号外や新聞によって沸騰した直訴をめぐる論議は、各紙が積極的に取りあげたこともあって、ぞくぞくと紙面に登場した。

民の声きく議事堂の、中には餓鬼の声高く、木枯すさぶ門外に、君を要して十万の、民は飢渇に泣き狂ふ。光あるかな日本帝国(21)。

萬朝報の一等賞に入賞した、「田中氏の直訴」と題する新体詩である。この新体詩だけでなく、田中の直訴を賞讃する声は、帝国憲法体制――明治政府批判を、その底流に宿していた。現世を「澆季《ぎょうき》の世」、つまり末世の浮薄と断ずるつぎの投書は、田中の直訴にみずからの批判を投影させ、その健康さえ気づかう優しさを漂わせていた。

田中正造翁は澆季の世、得難き真士なり。今回の直訴事件恰も佐倉宗五郎の事件に髣髴たり。吾人其熱誠慷慨の真士たるを喜ぶ。今や時漸く厳寒に向ふ。翁幸に自愛せよ(22)。

だが投書は、田中を讃えるだけでなく、露骨な嫌悪を示すものもあって、読者の活発な論戦が展開された。日本新聞を舞台とする論戦は、読者「鬼山」の投書にはじまった。

田中正造の直訴は憲政に向って大侮辱なり。断じて恕す可からず。既に憲法ありて志を天聴に達するの道を開らく。之を蔑視して、敢て圧制時代に於てのみ已むを得ざるの行為に出ず。……徳川時代に宗吾ありしは怪むに足らず。明治時代に正造の如きものを出せるは、誠に之れ昭代の大恥辱なり(23)。

この投書にたいして、「言何ぞ没理なる」と全面的な反論が寄せられた。

鬼山子は憲政を崇拝するの余り、憲政の大本を忘れたるによる。……仮令政府之を聴かざるも、之より以外の手段に出ず可らざるなりと。咄、何ぞ其言の専制的なる。憲政の美名の下、非立憲の行動をなして憚らざる政府に其言容られざれば、国民は終に黙して止ざる可らずといふか。吾人は此に至って疑ふ。鬼山子なる者が果して憲政を口にするの資格あるや否や(24)。

たてまえの憲政尊重にもとづく直訴批判にたいし、憲政の実体を踏まえての直訴擁護は、「立憲政体の行はるゝ今日、直訴にまで及ばねばならぬと云ふ事夫れ自身が、実に〳〵明治政府の醜体を如実に曝露した」(25)、とする被害農民の永島与八のそれと重なる体制批判をはらんで展開されたのであった。

かねて鉱毒世論の先導を担った毎日新聞が、主催する演説会においても、鋭意力をそそいだのは当然であった。そしてこの演説会で田中の直訴批判をはね返し、直訴がより積極的な意義をもって説かれたのである。

余は先夜横浜に鉱毒地救済演説会を傍聴せり。各弁士の熱誠なる論証により、如何に鉱毒の激甚なるかを知ると同時に、亦田中翁の直訴に及べる所以の真相をも知り得たり。法治国たる我帝国憲法の存在は、単に正条の形式に止まるなきか噫(26)。

ここに観念的な立憲制論から、具体的な憲政の在り方を課題として、鉱毒事件を理解してゆく過程をみることができる。まさに鉱毒世論は、田中の直訴を支持・容認しつつ、政府への異議申立てと批判をはらんで沸騰しえたのである。

毎日新聞とともに、直訴を支持する立場からこの問題にかかわってきた萬朝報は、田中正造の直訴について、堺利彦(枯川)がつぎのように論じて、その見解を明確にした。

この月十日午前十一時、天皇陛下、帝国議会開院式より還幸あらせらる、途中、貴族院の傍に於て一老夫の御車に近づきて書を上《たてまつ》らんとする者あり、巡査之を捕へて去る。鹵簿事なく過ぐ。老夫は田中正造なり。正造は渡良瀬川沿岸の人民に代りて足尾鉱毒の被害を訴ふる者なり。議会聞かず、政府顧みず、社会助けず、正造終に此に及べり(27)。

こうして田中の直訴は、全国的な規模で鉱毒事件への理解を深めつつ、世論の沸騰に点火したのである。その背景に、田中と被害農民の長年のたたかい、そしてこれを励まし、支援し、世論の土壌を耕し、種を蒔いた人びとがいた。

その広範な指導的知識人——キリスト教徒、仏教徒、政党人、ジャーナリスト、社会主義者、社会事業家、教育家、学生に加えて、農本主義者や国家主義者まで積極的な関心を寄せ、実践的活動に繰りだしたのである。足尾銅山鉱毒事件が、明治期後半の最大の社会運動といわれるゆえんである。

### 救済演説会の盛況

鉱毒世論の沸騰がより直接的にみられたのは、聴衆の圧倒的な支持と熱狂で迎えられた演説会であった。鉱毒事件にかんする中央での演説会は、栗原彦三郎の発起によって一八九七（明治三〇）年二月二八日、神田の青年会館で開催されたのが初回で、栗原はその後、谷干城、山口弾正、片山潜などの協力をとりつけ、「鉱業停止・地租免租」を目標とする協同親和会を組織し、数回にわたって演説会を開催した。しかし、協同親和会による演説会は、この年で立消えていた。

それから三年八カ月後の一九〇一年一一月一日、すなわち田中の直訴四〇日前、毎日新聞の主唱によって、鉱毒調査有志会の名で社会問題足尾鉱毒演説会が、神田の青年会館で開催されたのである。復活したこの演説会もまた、直訴による世論の沸騰に照準を合わせた石川安次郎の発起によるものであった。

この演説会の開催に先だつ一〇月五日、石川は、「早すぎた男女同権論」といわれる『日本の花嫁』

(*The Japanese Bride*)の執筆で、日本基督教大会で教職を剥奪され、隠棲にひとしい孤立の生活を送っていた(28)、「巣鴨の田村直臣の自営館を訪(ね)……囲碁と鯉釣りに一日」(29)をともにし、弁士の承諾をとりつけていた。

一一月一日の演説は、矢島揖子の司会で、潮田千勢子、巌本善治、安部磯雄、木下尚江、三輪田真佐子、島田三郎、田村直臣らが熱弁をふるい、当時として巨額の一〇〇円以上の義損金が集まった。この日の演説会を石川は、「木下・田村・安部・島田演説／田村直臣の演説最も妙」(30)と、田村の起用を満足げに評価している。

この演説会で感動したキリスト教徒を中心とする社会事業団体婦人矯風会の矢島揖子、潮田千勢子、島田信子らは木下尚江とともに、一一月一六、一七日の両日、田中正造の案内で海老瀬村、谷中村などを視察したが、鉱毒被害のあまりの悲惨な状況に驚き、その帰途、鉱毒地救済婦人会の組織を協議した(31)。また一一月二九日、矯風会は窮民救済演説会を開催した。潮田、島田、木下、巌本、安部らが熱弁をふるい、聴衆の圧倒的な支持をえて一〇〇円以上の献金があるなど、その後の鉱毒世論の沸騰に大きく作用した。

つづいて一二月六日、日本橋教育青年会主催の救済演説会が開催された。ここでも田村直臣の救済金要請の演説は、聴衆の熱狂的な支持をえた。田村の演説に感激した聴衆のひとりが、「十円だします」と応ずるような異常な興奮が会場にみなぎった(32)。なおこの日、矯風会を中心とする鉱毒地救済婦人会が正式に発足した。

そして一二月一一日、すなわち田中正造の直訴決行の衝撃のなかで、鉱毒地救済婦人会主催の演説会が開催されたのである。この演説会に、さきの弁士のほか、立教中学校長の元田作之進が新たに登場した。石川安次郎は一一月五日、「元田作之進を訪問……演説を協議」(33)しており、その後の元田のはたす役割からみて、二人は演説会の発展に向けて、深い合意に達したものとみられる。

鉱毒地救済婦人会による演説会は、さらに一二日、一五日とつづき、「聴衆堂に溢れ喝采又喝采」(34)の盛況であった。加藤熊一郎、高木政勝、中井喜太郎、内村鑑三、黒岩周六、矢野政治、佐治実然、三宅雄二郎、十文字信介らも、弁士としてこれに参加した。

また一二月一六日には、東京講談師有志者神田伯山、桃川実ほか数十名の講談師によって、鉱毒地救済慈善講談大会が開催され、あふれんばかりの聴衆がつめかけた。その日の収益は、救済金として被害地に送られた。

さらに、鉱毒地救済婦人会に加えて、青年同志鉱毒調査会、鉱毒処分期成同盟、ユニテリアン協会などの主催による演説会が、ぞくぞくと開催された。そして松本隆海、梅原薫山、大庭善治、野田市郎兵衛、石原保太郎も弁士として登場したのであった。

後年、「この悲劇に義人田中正造翁の登場を見るに至ったことは、我が日本の誇りとするに価するであろう」(35)と評した河上肇も、こうした演説会の聴衆のひとりであった。

一九〇一年末、河上は本郷の中央会堂の鉱毒地救済婦人会主催の演説会で、木下尚江、田中正造、島田三郎、田村直臣らの演説を聴いた。とくに田村直臣の演説に強く刺激され、友人の岩田博蔵（後年山口高等学校長）は、財布の底をはたいて募金に応じた。持ち合わせのなかった河上は、その帰り、着ていた二重外套と羽織、襟巻を係りの婦人に差しだし、翌朝さらに、身につけている以外のほとんどの衣類を行李につめ、人力車夫に頼んで送り届けたのである(36)。

そして、これが「特志の大学生」として、毎日新聞によって報道され、田中の直訴による世論沸騰のなかで、鉱毒地救済のうねりの一環をなしたのである。

### 被害地視察旅行と学生運動の生起

こうした演説会の盛況は、沸騰する鉱毒世論の組織化をうながした。鉱毒地救済婦人会は、学生が冬休みを利用して鉱毒地を視察することは、大きな意義ある修学旅行であると提起し、学生もこれに賛成して鉱毒視察修学旅行が、毎日新聞によって広く呼びかけられた(37)。

呼びかけ人は、田村直臣（委員長）、安部磯雄（監督委員）、和田剣之助（衛生委員）、小林大治郎（会計委員）であった。この計画に、立教中学校長元田作之進の支持表明と、同校生徒前田多門らによる、これを歓迎する言葉が、毎日新聞によって広く報じられた。この呼びかけ人、および賛成者のすべてがキリスト教徒であり、キリスト教徒の鉱毒事件にたいする関心の強さをみることができる(38)。そして鉱毒視察修学旅行には、国立大学に加えて、キリスト教系私学の学生や生徒、さらに仏教系私学の学生も多数参加したのである。

当日の一二月二七日には、予定人員を三〇〇名も上回る約四〇の大学や専門学校、中学の学生、生徒八〇〇余名が参加した。ほかに有志新聞記者五八名、僧侶一二名を加え、総数千百余名に達した。そして田村直臣、安部磯雄、木下尚江、内村鑑三、巌本善治、加藤弘之らの引率で、「学生鉱毒地大挙視察」の旗を先頭に、「鉱毒地を訪ふの歌」を歌いながら被害地に向かったのである。

一行は、流亡・離散した廃屋……。魚影の絶えた渡良瀬川、かつての肥沃な美田が、満目荒涼たる葦原と化したのを見、葦を燃やすと、硫黄を燃やすように紫色の焰をあげるのを見た。シカゴ・トリュビユーン通信員のクレメントは、「此の一事で優に鉱毒問題の確信を得た」(39)と声をあげた。

また、国民新聞英文寄書欄に載った、同行した「外人の眼に映る鉱毒地」(40)は、訳出されて毎日新聞に掲載された。この外人(名不詳)は、「茫漠たる原野荒廃せる村舎一の魚も存せぬ毒流及塗炭の苦に陥れる人民の惨状何れも深く余の頭脳に印されて苦悶の念去る能はず、又禁ずる能はざるなり」として、つぎのように論じていた。

……余が献すべきの策は他なし、即ち agitate! agitate! agitate! 即ち煽動せよ！ 煽動せよ！ 煽動せよ！ 是れ単に輿論を喚起し実行を推進しむるの一手段のみ、各新聞をして此悲惨なる人民無告の民の状況を写して止まざらしめよ、筆は社会改善の動機なり、彼の奴隷解放に対せる合衆国人心の喚起に付て「アンクル、タムス、キャビン」の威勢は疑はざる処なり。

外人の眼にこのように映った事態は、また学生たちの心を強く揺り動かした。そして一二月三〇日、神田の青年会館で鉱毒被害地学生大挙視察報告演説会が開催された。帝国大学布施源之助、早稲田専門学校内田益三、慶応義塾竹内恒吉、明治法律学校大亦楠太郎、立教中学前田多門などの学生や生徒のほか、木下尚江、安部磯雄、和田剣之助、田中弘之、加藤咄堂、巌本善治、内村鑑三らが演壇に立ち、満場の熱狂と昂奮のうちに、演説会は日没までつづけられたのである。

さらにこの日、大亦楠太郎から、鉱毒被害民救済のための学生の路傍演説会が提起され、圧倒的な賛成をえて、東京の一般市民に鉱毒地の窮状を訴え、救済募金を呼びかける学生路傍演説隊が組織された。そして当時の東京一五区を、各大学など二、三〇人ずつで分担し(41)、一九〇二年元旦から、いっせいに街頭に進出したのであった。わが国学生運動の嚆矢である。

なお、この日の演説会の終了後、路傍演説などを統一しておしすすめるため、会長に加藤咄堂(仏教)、幹事に木下尚江と田村直臣(キリスト教)を選んだ(42)。この二大宗教の連合による協力と支援のもとに、その後の路傍演説会、救済演説会などが展開されたのである。

こうして、いままでキリスト教徒が主であった演説会に、すでに参加していた加藤咄堂、加藤弘之、島地黙雷に加えて、大山青巒、南修文雄、安藤鉄腸、村上専精、安藤嶺丸、脇田堯惇、道原信教などの著名な仏教徒がぞくぞくと登場したのであった。そして哲学館や曹洞宗大学林(現駒沢大学)など、仏教系私学学生の参加する演説会や路傍演説会は、その回数、人数ともに他の大学を上回ったのである。

## 7　日本帝国主義と第二次鉱毒調査会

### 学生運動と仏教界への弾圧

学生の路傍演説にたいして政府は、きわめて素早い対応を示した。東京府は文部省の圧力で一月五日以降、各学校の代表者を呼びつけ、みだりに社会問題に容喙するは不可なり、と警告した。さらに路傍演説厳禁の旨を校内に掲示させ、取締りを強化した(1)。合法主義に立つ当時の学生運動は、屋外政治集会を禁止する治安警察法を考慮し、屋外から救済演説会に移行したのである。

運動が国家権力の弾圧で困難な状況におちいりつつあった一月二六日、第二回大挙鉱毒視察修学旅行が、二〇〇名以上の学生が参加して実施された。一月二九日これに追いうちをかけ、文部省は団体であれ個人であれ、被害地を視察することを全面的に禁止した(2)。

この時期、田口掬汀と高須梅渓は被害地を視察し、それぞれルポルタージュ、「毒原跋渉記」(3)、「嗚呼蕭条の沙漠」(4)を発表している。このなかで両者とも、被害激甚地の出入り口が、関所のように警官の詰所で固められ、出入りのものを誰何《すいか》したと伝えている。政府はより以上の鉱毒世論の沸騰を恐れ、被害地を政治の恥部として、学生ばかりか衆人の眼から閉ざそうとしたのである。

一九〇二年五月、学生運動への政府の締めつけ、弾圧が強化されるなかで、帝国大学、早稲田専門学校、明治法律学校、法学院、哲学館、宗洞宗大学林、正則英語学校、開成中学、学習院、慶応義塾、早稲田実業、京北中学、麻布中学などによって、各自の品性を修養し、正義人道を以て進路とする青年修養会が結成された(5)。

そして田中正造、島田三郎、田村直臣、木下尚江、西川光二郎、加藤咄堂、安部磯雄、高木正年らに加えて、学生の大亦楠太郎、菊地茂、黒沢酉蔵、永井柳太郎などが弁士となって、一九〇二年一一月半ばまで、執拗に鉱毒事件とそれに関連する演説会を開催したのであった。学生時代に鉱毒事件に取り組んだ黒沢酉蔵とともに、菊地茂(6)にとってもその生涯に重要な意味をもつこととなった。

なお、一九〇一年一二月、支援活動の一環として、有志六〇名による在京鉱毒死亡調査会が発足し、これまでの協力者のほか、高田早苗、楠木正隆、田口卯吉、陸実（陸羯南《くがかつなん》）、三浦悟楼、秋山定輔、山脇房子、曽我祐準、新井奥邃に加えて、花井卓蔵、今村力三郎など、川俣事件の著名な弁護士たちも名を連ねていた。

田中正造の直訴を頂点とする世論の沸騰と、救済活動の盛りあがりは、すでにみたように指導的知識人、宗教家、ジャーナリスト、学生、社会運動家などが大きく寄与していた。そしてキリスト教徒の場合、必ずしも統一的組織を形成して運動を展開したわけではなかったが、仏教界ではそれぞれの宗派が、比較的まとまった対応を示していたのである。

仏教徒の被害農民にたいする支援は、雲竜寺の黒崎禅翁は別格として、中央では第一回大挙東京押出しに際し、築地本願寺の島地黙雷が多数の押出し勢に本堂を解放して宿泊させたことに、その端緒をみることができる。仏教界の鉱毒事件への関心に質的な変化をきりひらいたのは、臨済宗建長寺派が一九〇一年一一月に打ちだした、つぎの告諭であった(7)。

……農産年毎に収量を減じ麟介河川に絶え、……全村挙げて公民の資格を消滅し自治体の機関総て活動を失ひ、……冠婚葬祭の如きも僅に其形式を行ふに止り、一族離散老幼飢に泣き怠租法に問われ、其悲惨の情況は能く禿筆の名状し得べきにあらずと云ふ。……請ふ、一派の僧侶及檀信徒各位よ。苟も吾世尊の大慈悲を以て体とする仏教は豈袖手傍観の秋ならんや(8)。

さらに翌一二月の田中の直訴による世論の沸騰は、仏教界の動きを一挙に活性化させた。そして演説会に登場するだけでなく、浄土真宗本願寺派、真宗大谷派、真言宗新義豊山派、臨済宗建長寺派、黄檗宗、浄土宗、日蓮宗などが、『仏教』『新仏教』『加持世界』『和融』『浄土教報』『智嶺新報』『禅宗』『中央公論』『教学報知』『中外日報』『日宗新報』『三宝叢誌』などによって、鉱毒事件にかんする活発な言論を展開したのである。

なかでも、真宗大谷派の大日本仏教同盟会の安藤正純らによる「鉱毒地救済法」(『政教時報』一九〇二年一月一五日）、浄土真宗本願寺の島地黙雷の観察記、「虎の話に因んで遂に鉱毒の惨状に及ぶ」（『三宝叢誌』一九〇二年一月二三日）、あるいは真宗豊山派の宗務所派遣現地慰問使の小林正盛による、「鉱毒被害地跋渉記」（『加持世界』一九〇二年三月一日）は、この事態を仏教徒として放置できぬものと訴えた論文であった。

とくに安藤らの「鉱毒被害民救済法」は、(1) 被害民の医療のため病院を建てること、(2) 養育院を設けて貧困老人を収容すること、(3) 移住の奨励、(4) 渡良瀬川の堤防改修、(5) 教育振興、(6) 足尾製錬所の海岸移転などの具体策をあげ、費用を国庫と企業主の負担に求めるなど、被害者保護と鉱毒発生源にたいする注目すべき論であった。

仏教界のこうした言論の高揚、指導者の救済演説会への参加、そして仏教系私学学生の路傍演説への参加にたいして、政府はとくに神経をとがらせた。そして一九〇二年一月一一日、早くもつぎのような禁忌・弾圧の措置をとったのである。

……僧侶及宗派学校学生中屋外又ハ屋内ニ於テ公衆ノ合同シ政治演説類似ノ言説ヲ為ス物有之哉ノ聞有之候処右ハ僧侶又ハ学生ノ本分ニ対シ甚タ不都合ノ儀ト被認候条貴宗派内之僧侶又ハ学生中右等心得違ノ者無之様篤ク戒飾ヲ加ヘ相当取締ラレ候様致度依命此段申進候也(9)。

この文脈には、僧侶を学生同等に取り扱いながら、その政治的影響への過敏なまでの警戒心がある。

実は、仏教界の鉱毒事件をめぐる言論と社会的行動の高揚は、その後に訪れるのであるが、けっきょく、権力側の強硬な姿勢に抗しえず、浄土真宗本願寺は、これに沿って東京教区管事に告諭を発し、他の各宗本山もほぼ同様の措置をとり、仏教界に盛りあがった鉱毒事件への取り組みと関心も、鎮静化してゆくのである。

### 先駆的施療活動の展開

鉱毒被害地の救済活動は、一九〇一年一二月、鉱毒地救済婦人会が組織されるなど、キリスト教系団体が仏教徒に先んじた形で展開された。だが、被害家族にたいする施療活動は、仏教徒が先んじていた。すなわち一九〇一年一二月二八日、浄土真宗本願寺派東京別院（築地本願寺）を中心とする青年仏教徒は、第一回鉱毒視察修学旅行が実施された翌日、鉱毒激甚地に医師および看護婦、薬局員など七名を派遣し、つぎの三ヵ所に施療所を設置して、それぞれ施療地区をきめて巡回診療を開始していたのである。

第一施療所
位置　群馬県邑楽郡海老瀬村大字頼母子隔離病舎及松本英一方。
区域　茨城県猿島郡新郷村。栃木県下都賀郡谷中村、藤岡町。埼玉県北埼玉郡川辺村、利島村。
群馬県邑楽郡海老瀬村。

第二施療所

位置　栃木県安蘇郡界村大字馬門永島礼七方。
区域　栃木県安蘇郡界村、犬伏町、植野村。同県下都賀郡三鴨村。群馬県邑楽郡西谷田村、大島村。

第三施療所
位置　群馬県邑楽郡渡瀬村大字下早川田雲竜寺。
区域　栃木県足利郡毛野村、久野村、吾妻村、富田村。群馬県邑楽郡郷谷村、渡瀬村、多々良村。

この施療活動による一カ月間（一二月二九日〜一月三〇日）の受診患者は、内科二三二五人、眼科三三七二人の計五六九七人（全期間不明）で、一九〇二（明治三五）年五月末日までつづけられた。これに要した費用一一三六円一一銭九厘は、全額一般募金でまかなわれた。なお、この拠点となった第一施療所が松本英一宅および隔離病舎から、途中で同村松安寺に移された。

一方、鉱毒地救済婦人会は、一九〇二年六月、救済施療院を設けて患者を収容することを決定し、翌七月一日から施療を開始した。もともと救済婦人会は矯風会を母体とし、またこの治療にあたった医師和田劒之助はキリスト教徒であり、その意味でこの施療活動はキリスト教徒による施療活動であった。

この施療院は、芝口から移転した芝区愛宕下町の鉱業停止期成同盟事務所を半分に仕切って設置された。そして貧窮の重症患者を、被害各町村をつうじて均一に選んで収容し、翌一九〇三年八月まで、一三カ月にわたって施療をおこなった。収容した患者数は、結核患者一一名、痙攣性脊髄麻痺二名をふくむ延べ三〇四人におよんだ。入院施療だけに費用もかさみ、総額一九八二円一六銭四厘に達した(10)。この費用も募金でまかなわれたとみられている。

なお、鉱毒地救済婦人会は、これより先、一九〇一年一二月から翌年一月まで、被害地の貧窮家庭の子女一六名を、大久保の慈愛館に収容して養育した実績をもっている(11)。

このように仏教徒とキリスト教徒による施療活動が、限られた期間で閉鎖に追いこまれた背景には、政府による弾圧政策と、後述する第二次鉱毒調査会の設置など、一連の鎮静化政策による世論の退潮という限界があったといえよう。だが、これらの施療活動は、わが国の民間施療活動の先駆として、いまなお輝きを放っているのである。

## 第二次鉱毒調査会とその動向

ところで、田中正造の直訴にもっとも衝撃をうけたのは政府であったが、世論の沸騰に神経をいらだたせつつも、その対応はきわめて計算されたものであった。すなわち桂内閣は、一九〇二年一月一七日に早くも第二次鉱毒調査会の設置を閣議決定して、内務、農商務、大蔵三省に通牒し、その公布時期を冷静にさぐっていたのである。

第一六回帝国議会貴族院の予算委員会で、谷干城が政府を追及したのが一月二七日、衆議院で大滝伝十郎が調査促進を求めたのが二月一五日である(12)。政府の対応の素早さがうかがえよう。そして、すでにみた一連の弾圧政策の効果を見守りながら、三月一五日、東京控訴院における川俣事件の二審判決

写真　芝増浄寺前の川俣事件の被告たち

（東京控訴院二審判決翌日の３月 15 日撮影。室田忠七の「鉱毒事件日誌」による。家富貞治氏蔵）

に合わせて、いっそうの世論の鎮静化と操作を狙い、勅令四五号によって鉱毒調査委員会官制（第二次鉱毒調査会）を裁可公布したのである。

この二審判決は、兇徒聚集罪の成立を否定し、起訴五〇名（一名死亡による）のうち、治安警察法などによる有罪三名、それ以外の四七名は無罪であった。これを被告、検事側ともに大審院に上告する。だが有罪二九名の一審判決にくらべて有罪三名の二審判決は、体制への世論の信頼をつなぎ、それがそのまま第二次鉱毒調査会への期待となったのである。

こうして設置された第二次鉱毒調査会は、第一次のそれの体験を踏まえた政府の意図を、とくにその委員の人選に明確にうかがわせるものであった。

なるほど、第一次の鉱業停止派の坂野初次郎や、かつて農民側の被害調査に協力した古在由直も新たに加わっていた。しかしその中心メンバーは、法制局長官の奥田義人委員長をはじめとし、調査委員会発足以前から、鉱業停止などありえぬと放言してはばからぬ鉱山局長の田中隆三、内務書記官の井上友一、大蔵書記官の若槻礼次郎ら新進官僚に加えて、第一次のそれを牛耳った古河のお抱え学者渡辺渡、および御用学者の河喜田能達であった。

このメンバーからみて、鉱業停止はおろか、被害農民の立場がどこまで汲みあげられるものか、きわめて疑問であった。しかも、委員一六名中七名を数える帝国大学の教授や助教授の存在は、第二次鉱毒調査会を権威あるものとして映しだし、その処分案に正当性を与えつつ、世論の収束に向かわせるであろうことを、予想させるものであった。

三月一八日、第二次鉱毒調査会の初会合に先だって、桂首相の趣旨説明の演説があった。そのなかで桂首相は、「政府ニ於テモ諸君ノ調査ノ結果ハ審議ノ末採用スベキモノハ実行ス考テアリマス」(13)と、当然のことながら、調査結果の採否は、あくまで政府の手中にあることを明言したのである。

委員会は、二回の会合をへて四月三日から一一日まで、足尾銅山と被害地を二隊に分れて視察した。三回目の委員会で、一〇項にわたる調査事項の要領と委員の分担を決定した。これらの調査事項は、担当委員の指示のもとに、大学助手と関係各省の技師二一名に委嘱して調査にあたらせた。この調査結果をもとに、つぎの委員会が開かれたのは、九月の台風による洪水などの影響で遅れ、一〇月二九日のことであった。以下、「明治三十五年鉱毒調査委員会議事筆記〈抄〉」によって、とくに重要な問題にあたってみることにしたい。

一一月二五日の委員会の冒頭、土木監督署技師日下部弁二郎から、治水対策として渡良瀬川の沿岸に水溜を作ることが提起された。そしてその規模などについては、担当の日下部、中山秀三郎帝国大学工科大学教授工学博士に加えて、古在も参画し、この遊水池(水溜)化計画は、第二次鉱毒調査会の重要な柱のひとつとして推進されてゆく。しかし、この遊水池化計画は、その伏線をなす政府の工作が隠されていたのである。

渡良瀬川は利根川にそそぎ、利根川から関宿において江戸川が分流する。このため、一八九六（明治二九）年秋の渡良瀬川の大洪水は東京府下にまで鉱毒被害を発生させ、政府は膝元における鉱毒世論の盛りあがりをいたく警戒した。そして内務省は一八九八年、関宿の江戸川河口を石材とセメントで埋め、明治初期には二六～三〇間あった河口を九間あまりに狭める一方、渡良瀬川の河口（利根川への合流点）を拡幅し、利根川の水が渡良瀬川に逆流しやすくしたのである(14)。

この工事によって、合流点付近の低地に氾濫が起こりやすくなり、水源地帯の荒廃と渡良瀬川の河床の上昇と相まって、報告書が天然の遊水池と呼んだ鉱毒激甚地と化していたのである。この関宿の河口の狭溢化と、渡良瀬、利根両川の合流点の拡幅の事実は、ごく少数の官僚委員しか知らなかったものとみられる。

このため、それの全面的な復元ではなく、天然の遊水池を土地回復の到底見こみなき場所として、治水のため政府が買収して、遊水池とするよう主張するなど、古在や坂野らも政府側の遊水池化計画に誘導されていったのである。ただ古在らの主張が他の委員と異なる点は、その買収にあたって、費用の許すかぎり救済の意味をもたせるべきだとするもので、一反歩当たりの買収費を、古在は六〇円ぐらいを主張し、坂野は平均八〇円を主張したのであった。これにたいして、若槻や井上らが猛然と反駁した。賠償問題は法律上政府および鉱業人に責任はなく、政府がこれを買収する責任もない。そして、治水の必要性からいうのであれば、遊水池として、土地収用法を適用して強制買収する以外にない旨を主張した。こうして遊水池化計画は、政府の思惑どおり全委員によって承認され、あとは買収にかんする問題が残されたのである。

第二次鉱毒調査会において、この遊水池化計画にもまして、政府と古河側が重要な課題としたのは、一九〇〇年五月の予防工事命令による対策の評価、すなわち政府と古河の鉱毒対策は適切であり、それ以後の鉱毒被害に古河に責任はないとする論理をうちたてることにあった。あらゆる討議の過程で、その先陣を担ったのが河喜田能達と渡辺渡であり、鉱山局長の田中隆三であった。

坂野が、前年の調査時の銅山の捨石その他の始末の暴状をあげ、細密に調査すれば新事実も発見できるであろうと発言すれば、それは旧幕時代の捨石が埋もれたもので、鉱山の設備以外のことであり、銅山に責任はないと渡辺が弁護した。また古在が、高原木の堆積所は不完全であり、相当の命令をされたいと発言すれば、鉱山局長の田中は、それは命令したが、途中で延期を許したものであると言葉を左右するなど、古河を追及する発言は、悉く退けられたのである。とくに、山元の設備、装置部門を担当した河喜田の報告は、これらの設備、装置はほとんど問題はなく、河川中の土砂は、九月八日、九月二八日の二度の雨で堆積所が決壊したためであると、堆積所の決壊を不可抗力の自然災害とみなしていることにみられるように、古河の企業責任の一切を免罪しつつ、その後の予防工事を最少限にとどめ、補修工事を主とする方向を決定づけるものであった。

また一木喜徳郎委員長（一〇月二九日奥田は病気により辞任）が、治水費の一部を古河に負担させることを提案、五〇万円を五カ年賦とし、年一〇万は適当でないかと問えば、渡辺は無理と思うと、古河への配慮を示したのである。ちなみにこの時期足尾銅山は毎年一〇〇万円以上の利益を計上しており、一〇万円は、決して無理な金額ではなかったのである。

一二月二三日、委員会は前回につづいて、遊水池の土地買収にかんして討議され、古在と坂野があくまで救済の意味をふくめて買収することを主張し、若槻と井上の反対はあったが、他の委員も賛成し、いちおう土地を買収することにまとまった。このあと、井上が提出した鉱毒被害民救済法の審議に入り、その網羅的な内容にもかかわらず、僅かの削除で審議を終えた。こうして第二次鉱毒調査会は全般の審議を終え、官僚による報告書の作成に移ってゆくのである。

## 政治裁判・川俣事件裁判の終結

さて、その二日後の一二月二五日、さきの上告による五月の大審院判決によって、宮城控訴院に移送された兇徒聚集被告事件裁判――川俣事件の移送審判決は、まさに劇的な展開をとげたのであった。

判決は、福鎌検事の控訴申立書および松木検事と小林検事の各予審請求書は、署名が検事の自署でなく、刑事訴訟法第二〇条第一項の規定に違背する無効の書類であり、したがって公訴は適法に成立しない、右の理由によって本件検事の控訴はすべて理由がなく、刑事訴訟法第二六一条第一項に従って棄却する。また被告の控訴にかかわる原判決（有罪判決）は不法であって、その控訴は理由がある。よって同条第二項に従いこれを取消すというものであった(15)。

つまり、検事の署名が自署でないというきわめて異例の理由によって、二年五カ月にわたる川俣事件裁判は棄却され、被告全員が法の桎梏から解放されたのである。

この判決について、宮城控訴院と公訴手続き上の問題にその理由を限定し、宮城控訴院だからこそできたとする見解もある(16)。だが、この控訴棄却をそれらの理由に限定すると、力で被害農民を制圧してきた明治政府の存在とその意図を、見失った感をさけえない。

すでにみたように、一九〇〇年二月の第四回大挙東京押出しにたいする流血の弾圧、一〇〇余名の逮捕、そしてその後の予審にはじまる兇徒聚集被告事件裁判は、鉱毒反対闘争の組織的退潮を決定的にする一方、田中の直訴による鉱毒世論の沸騰を準備した、もうひとつの世論の震源地であった。直訴後の世論の沸騰が鎮静化しつつあった宮城控訴院の移送審もまた、田中の積極的な工作によって、世論の震源地の機能をはたしていたのである。

しかもこの時期、第二次鉱毒調査会は、報告書の作成にさしかかっていた。鉱毒事件の「終局ヲ期スル積リ」だという桂首相の決意は、川俣事件裁判が結審してこそ、それに価する真の終局を迎えうるのである。まさに宮城控訴院の移送審判決は、それら手続上の契機を内包しつつ、最終的な鉱毒処分を期す政府の動向と、深くかかわる政治裁判の構造を、みごとに浮彫りにしたものといえよう。

### 軍事的国内世論の統一に向けて——遊水池化計画の真の意図

一九〇三(明治三六)年三月三日、第二次鉱毒調査会の報告書は桂首相に提出され、五月の第一八回帝国議会に、「足尾銅山ニ関スル鉱毒調査会報告書」(17)として提出されたのである。報告書は、その討議の過程に明らかなように、企業責任の免罪を貫くものであった。すなわち報告書は、第一に鉱毒被害の原因となる農作地の銅分は、渡良瀬河水の氾濫と灌漑によるもので、この銅分の根源について探究するに、各支流の河川みな多少の銅分をふくむが、その量きわめて微量である、第二に渡良瀬川本流河床の土砂および足尾銅山付近の諸渓流の水に多くの銅分が含有するのをみることができるが、足尾銅山現業より排出する水中の銅分は微少である、第三にゆえに銅分の根源は明治三〇年予防工事以前における鉱業上の排出物が、足尾銅山一帯の地域および渡良瀬河床に残留するものが大部分を占め、足尾銅山現業に起因するものは比較的小部分にすぎない、としていた。

こうして報告書は、現実の鉱毒被害は過去の鉱山に根源があり、現業には原因がないとして、足尾銅山の企業責任を免罪し、鉱業の存続を保障したのである。この規定のもとに、さらに農作物の被害は、残留する多量の銅分と洪水による農地の冠水に原因があるという、鉱毒洪水両因説によって、鉱毒処分の根拠としたのである。

ここから導きだされる処分案は、基本的な足尾銅山の鉱毒規制をなおざりにし、洪水の原因が、製錬にともなう煙害と山林乱伐による水源地帯の荒廃にあることをまったく無視し、もっぱら土木工事を中心とする洪水対策が中心となる。まさに鉱毒問題の治水問題へのすりかえであった。そして、これにもとづく被害農民に直接影響する鉱毒処分の方法は、きわめて限定された、つぎの六項目であった。

(1) 足尾銅山ニ於ケル除害
(2) 林野ノ経営
(3) 治水事業
(4) 灌漑水ノ除害
(5) 被害農地ノ改良
(6) 渡良瀬川沿岸被害地地価修正

このうち(1)、(3)、(6)が重要なものであるが、(1)、(6)、(3)の順にその概略についてふれることにしたい。

(1) 足尾銅山における除害は、一八九七年の予防工事の不十分な部分の補修を主とし、煙害にかんしては、「いまだ適実なる方法を発見するに至らず」として対策を放棄していた。鉱毒の流出防止については、新たに一九〇三年七月、一五項目よりなる除害工事命令（通算五回目）を古河鉱業に下した。

(6) 渡良瀬川沿岸被害地地価修正は、被害農民の要求のひとつである地価減額要求に、立法措置によって応じたもので、同年一〇月に閣議決定し、翌一九〇四（明治三七）年三月、衆議院（第二〇回帝国議会）に提出し可決され、法律一六号として四月一日に公布された。第二次鉱毒調査会が発足してから、実に二年後のことであった。

地価修正の内容は、被害程度に応じて、田畑を一等（地価八割減）から一〇等（地価一割五分減）に分類し、免租の年期明けになった土地にたいして一九〇四年度から適用された。これによる地租の減額は

### 第15表　地価及び地租減額表

| 県別 | 地目 | 反別 | | 地価減額 | 地租減額 | 筆数 |
|---|---|---|---|---|---|---|
| | | 町 | 反 | 円 | 円 | |
| 栃木 | 田 | 3,944 | 9 | 270,147 | 6,753 | 53,961 |
| | 畑 | 3,382 | 1 | 84,252 | 2,106 | 47,465 |
| | 計 | 7,327 | 0 | 354,399 | 8,859 | 101,426 |
| 群馬 | 田 | 6,876 | 4 | 515,566 | 12,889 | 92,574 |
| | 畑 | 1,310 | 0 | 28,625 | 715 | 19,807 |
| | 計 | 8,186 | 4 | 544,191 | 13,604 | 112,381 |
| 茨城 | 田 | 140 | 0 | 4,043 | 101 | 2,511 |
| | 畑 | 119 | 3 | 1,436 | 35 | 2,016 |
| | 計 | 259 | 3 | 5,479 | 136 | 4,527 |
| 埼玉 | 田 | 298 | 0 | 17,023 | 425 | 6,673 |
| | 畑 | 263 | 2 | 5,912 | 147 | 4,212 |
| | 計 | 561 | 2 | 22,935 | 572 | 10,885 |
| 四県合計 | 田 | 11,259 | 5 | 806,780 | 20,169 | 155,723 |
| | 畑 | 5,074 | 7 | 120,227 | 3,005 | 73,496 |
| | 計 | 16,334 | 2 | 927,007 | 23,174 | 229,219 |

備考：1．地価はもとの地価より修正地価を減じたる差額を掲げ、地租は之に定率を乗じたるものを掲ぐ。
2．反別は反位、金額は円位に止め以下切捨てたるを以て合計に符合せず。

出典：『明治大正財政史』第6巻、651～2ページ。

ほぼ二万三〇〇〇円であった。さきの地租免租につづく地価修正は、最低限の行政措置にすぎなかった。こうして政府は最後まで田中や被害農民の主張する所有権の侵害を認定せず、古河の補償責任を追及することはなかったのである。

(3)　治水事業は、利根川と渡良瀬川およびその支流の大改修工事をおこない、加えて利根川と渡良瀬川の合流点付近に、大遊水池を建設しようとするものであった。渡良瀬川下流の被害は、利根川の逆流水によるものであり、しかも、この鉱毒激甚地の堤外無堤地は、出水のたびに氾濫し天然の遊水池の作用をもっている。したがって、この激甚地に渡良瀬川の流量を一時遊水させ、本川の減水をまっておもむろに排出する遊水池にするのが得策であるというものであった。

委員会の討議では、その予定地に谷中村をあげていたが、報告書は、遊水池の深さを平均一〇尺（約三メートル）とするときは、これに要する全面積は二八〇〇町歩（約二八平方キロ）から三八〇〇町歩（約三八平方キロ）とするとしたにとどまり、その公開をはばかった。また古在や坂野らが主張した救済の意味をこめての土地買収については言及されなかった。

ところで、さきに一木委員長から桂首相に報告書が提出されたとき、「鉱毒調査会被害民生業及衛生状況ニ関スル意見書」(18)が、同時に提出されていた。これに盛られた生業善後処分は、(1)農民に鉱毒被害を軽減する方法を講習すること、(2)農事や諸般の生産事業を振興させるよう努力し、善後基金として国庫から補助金をだすこと、(3)被害民の北海道移住をはかることの三点であった。

しかし、この報告書は、委員の希望を述べて当局施政の参考に資せんとするもので、なんら拘束力をもつものではなかった。とはいえ(3)の北海道移住案こそは、報告書に盛られた遊水池化計画と一体のものとして、強権的に推進されてゆくのである。遊水池化計画は公表されるが、北海道移住案は公表されず、秘密保持を指令されていた事実にも、そのこめた狙いをみることができよう。しかも、この遊水池化計画は、第二次鉱毒調査会がはじめて打ちだしたものではない。

すでに内務省は、第二次鉱毒調査会設置以前から秘密裡に、栃木県では谷中村、埼玉県では利島《としま》、川辺両村をあてこんで、それぞれ遊水池化計画を推しすすめようとしたのである。一九〇二（明治三五）

年一月、このことを利島、川辺両村の鉱毒委員が聞きこみ、すぐさまこれまでの鉱毒反対闘争に接続する廃村、遊水池化反対闘争を展開した。両村合同村民大会で納税と徴兵の拒否を決議して一年近くたたかい抜き、ついに遊水池化計画を排除していた(19)。一方、栃木県では翌一九〇三年一月の臨時県議会に、遊水池化のための谷中村買収案を提出し、否決し去られていたのである(20)。

この栃木、埼玉両県が放棄した遊水池化計画が、第二次鉱毒調査会によって権威づけられ、国家の計画として正当化されて、再登場してきたのである。

明治政府は、至上の課題として取り組む軍備拡張計画推進のため、足尾銅山の生産阻害の排除とともに、日露戦争に向けての軍事的国内世論の統一を課題として、最終的な鉱毒処分を期したのである。このため、もうひとつの鉱毒世論の震源地であった川俣事件裁判をみずから葬り去り、鉱毒問題を治水問題にすりかえつつ、鉱毒激甚地を遊水池に集中埋没させ、そこに住む被害農民を遠くは北海道にまで移住させるという棄民政策によって、鉱毒事件そのものの抹殺の総仕上げを意図したのである。

政府は、この年の一二月三〇日、ロシアとの開戦にあたって、清国には中立を維持させながら韓国を支配下におくことを閣議決定した(21)。翌三一日には、小村外相が林駐英公使に、対露開戦前の財政的援助を英政府に要請するよう訓令するなど(22)、日本は早熟的な帝国主義政策の展開過程にあった。

植民地と資源や海外市場の獲得をめざす帝国主義は、人民の収奪と差別構造を強化しながら推進される。その意味で被害農民の北海道移住案などとワン・セットの遊水池化計画を柱とする鉱毒処分は、日本帝国主義の国内政策の展開というべきものでもあったのである。

# 8　田中正造のたたかいの思想

## 平等福祉国家の理想

田中正造のたたかいの思想、その在りようを探ぐろうとするとき、一八五七（安政四）年、わずか一七歳で名主となり、一八六二（文久二）年二二歳のおりには、商品経済の進展による藩財政の破綻を村落支配の再編・強化によって解決しようとした領主権力と[1]、ほぼ一〇年にわたるたたかいに身を投じている事実を見逃すことはできない。田中は後年、これを自治的好慣例を守るたたかいであったとしている。ここに田中にとっての自治が、人民の権利意識の発揚と分ちがたい課題としてあることが示されている。つまり田中にとっての自治は、公としての自治とそこに属する人民の権利発揚という背理関係にある課題を、公にたいする私、私にたいする公の相互依存の関係としてとらえるという、実践的課題であった。

田中の不屈の戦闘者としての資質は、檻のような三尺立方の獄に捕えられた際に、毒殺を予期して鰹節二本で三〇日以上も耐え抜いた体験と、さらに新政府樹立後、陸中江刺県花輪支庁（現秋田県鹿角市）の役人として上役斬殺の嫌疑による石責めの拷問にも屈せぬ三年あまりの入獄体験など、肉体的極限状況のもとにあっても、なおみずからの思想的節操と正義を貫きとおしたことにはっきりと示されている。

田中の思想と行動の基盤には、つねに人民自治の理念が息づいており、それは生涯をつうじて、自治にかんするおびただしい断片的な記録を生みだすことにつながっている。田中のこの自治にかんする思索――思想が、もっともまとまった形で展開されているのは、一八七九（明治一二）年九月、栃木自由民権運動の指導と同盟をめざして、みずから創刊した栃木新聞(2)に発表した署名論稿、「国会ヲ開設スルハ目下ノ急務」(3)においてである。

田中はここで、「福祉災害倶ニ共ニ」保障される抑圧と搾取のない、小国としての平等福祉国家を構想し、その主権者を「偏僻田間《ヘンヘキデンカン》（ニ）耡犂《ショレイ》ヲ把《ト》ルノ農夫」としている。「耡」が孟子の井田制を意味することから知られるように、共同体原理をその国家の基礎に据えたのである。孟子の井田制とは、農民に農地を平等に配分するという古代の共同耕作制を復活し、農村共同体を再建して、小国の藤《トウ》国を理想国家に仕上げようとした政策である。

藤国における孟子の井田制は実現しなかった。だがその後の中国の歴史をつうじて、農地制度改革運動にひとつの理想を与え、漢代の限田制、中世の均田制などさまざまな改革案や、為政者の政治思想に大きな影響を与えた(4)。自由平等、人民の権利を主張する自由民権運動が日本の政治状況を揺り動かした自由民権運動期、田中も井田制の思想の影響のもとに理想の国家を構想したのである。

この国家構想と自治思想に、いささか理想主義の傾きをみるかも知れない。だが田中は、思想は切実に実践的な課題を担うものととらえていた戦闘者であった。この国家構想の基礎に、人民自治を規定したことは、そのまま理想とみずからの日常、身辺をむすぶ各層のレベルにおいて、つねに新たな課題とたたかいをはらんでいったのである。

## 思想的実践をかけて

一八八〇（明治一三）年二月、県会議員選挙に初当選した田中は全国の民権家と親交を深め、全国の府県会議員とともに、「国会開設建白書」を元老院に提出した(5)。一方、全栃木国会開設運動の統一的同盟をめざし、政社安蘇団結会をへて、中節社を結成した。みずから創刊した栃木新聞は、その有力な武器であった。県議としての田中の地方政務の取り組みは、「地方政務ノ改良トハ地方ニ自治ノ制度ヲ立ツルヲ許シ、地方ハ中央政府ノ干渉ヲ受ケズニ自由ニ地方ノ政治ヲ為サシムル」(6)ものとする、自治思想にたつものであった。

田中の地方自治のとらえ方は、中央集権か地方自治か、……資本主義化のコースをめぐって国の富（国家資本・政商資本）か民の富かを争点とする法案(7)、とくに備荒儲蓄法の審議において、明治政府のそれと鋭く対立した。あらゆる弁論技術を駆使して相手の譲歩をねじとってゆく田中の取り組みは、栃木自由民権運動の指導者として認知させた。

田中のたたかいは、弾圧立法——集会条例のもとにおける国会開設運動への取り組み、具体的には政談演説会への取り組みがあり、政府との対決の場としての県議会への取り組みがあった。さらに讒《ざん》謗律と新聞紙条例のもとにおける栃木新聞発行と、言論の自由を守るたたかいがあった。

栃木新聞は、その発行の目的はどうであれ、一般商業紙として多数の読者を獲得して、経営基盤を安定させなければならない。商業紙としての自立と、全栃木自由民権運動、国会開設運動の組織化、およびその指導と同盟をめざすという目的との背理をどのように埋めてゆくべきか。

これを田中は、言論の違反を罰金五円（讒謗律五条違反）の範囲にとどめつつ、文章上の方便工夫を凝らして(8)、政府批判を展開することとする。だが文章上の方便工夫が、つねに有効だとはかぎらない。創刊の目的からして、強権の弾圧によるのっぴきならぬ状況が、いつ発生するか予断を許さない状況にあったからである。そして、まさにそのような状況が現出した。

一八八一年一〇月、栃木新聞は北海道官有物払下げ事件の一連の報道によって、発行停止、第三三八号以後の発売禁止処分をうけたのである(9)。この弾圧に少しもひるまず、再刊が許されると、つぎのように論じたのであった。

庸人腐儒ノ輩若シ誤ッテ邪説ヲ稱へ、妖言ヲ伝稱シ自由公道ヲ妨害セントスルカコトキ者アル時ハ、余儕ハ仮令ヒ之レカ弁論排撃ノ為メ、誤ッテ罪戻刑僻ニ陥ルコトアルモ、百方之レヲ弁難シ、邪説妖言ヲ掃蕩シ、以テ自由公道ノ光輝ヲ煥発セシメサル可カラス、之レ余儕人民ノ職分ナリ何ソ厳罸《ママ》ヲ顧ルニ遑アラン……(10)。

ここには、商業主義に優先する新聞発行の目的、すなわち人民の正義と言論の自由を守るたたかいにおいて、一歩も退かぬ決意と覚悟が表明されているのである。

栃木新聞において、こうした編集姿勢を持続しようとする田中にとって、経営を安定させるために、つねに大衆の興味をそそる編集を要請する資本家の経営方針は、讒謗律や新聞紙条例と同じく、新聞の良心と責任を阻害する要因であった。それゆえ田中は、真に人民的要請に応える編集者の在りようを、みずからに問いつめることによって、資本家から編集権を独立させるという、きわめて先駆的な編集権確立の思想にたどりついていった(11)。

田中は、これに先だつ自由党の創立と改進党の創立による民権派の分裂のなかで、栃木新聞を基盤に、栃木県内において両党の協調の時代をつくった。そして福島事件で知られる藩閥官僚の典型三島通庸が栃木県令として赴任し、強権を発動しての寄付や夫役などによる巨額の土木工事と、それにまつわる不正に抗して、壮絶なたたかいを展開した。このため、群馬事件につづく加波山事件の勃発に際し、田中は累犯者として逮捕される。この間、秩父事件、名古屋事件、飯田事件などが相ついで激発した。しかし、田中らのたたかいは三島県令の転任をうながし、県民の歓呼に迎えられて山中は出獄した。田中は出獄祝賀会の答辞に、つぎの一節を盛った。

凡天下何物カ目的ト共ニ主義ノ伴ハザルハナシ。若シ夫レ目的ヲシテ主義ニ伴ハザレバ天下一事一物モ為ス能ハザルナリ。故ニ之ヲ為サント欲スルヤ、宜敷先目的ト主義トヲ確定セザルベカラザルナリ(12)。

ここに思想の確立と実践にかんする田中の確信がある。中央集権強化にたいする地方自治の、強権にたいする人民の自由をかけた、思想的実践のたたかいであったのである。だが一方、相つぐ激化事件の勃発と、政府の武力弾圧と司法弾圧の強化、そしてその渦中での自由党の解党にみられるように、ブルジョア民主主義革命運動としての自由民権運動は、急速に退潮過程をたどった。

### 帝国憲法批判から、人民民主制自治へ

一八八九(明治二二)年二月、帝国憲法が公布され、その記念式典に田中は県会議長として参列した。そのおり田中は、板橋六郎ら郷里の支持者や同志たちに宛て、つぎの書簡(ハガキ)を発している。

拝啓　昨日ハ御礼とシテ参内首尾よく相済シ、夜総理大臣の邸ニ宴シ　后十二時四十分頃帰寓せり
放免者ハ勿論、市民等狂喜不止
二月十三日　　　　田中　正造(13)

ここで注目されるのは、特赦されたものの喜びと、狂喜する市民の姿を描いているとはいえ、帝国憲

法について慎重に言及を避けていることである。二日後の大隈重信宛の書簡でも、帝国憲法については、「其是非の如き八今日ハ不申上候。又容易ニ云ふべきものニあらざるを以」(14)て、といかにも慎重である。

田中がこのように、帝国憲法批判をさし控えていたことは、すでに民権期、「国議院ハ二院ヲ要セズ」(15)という、一院制を主張していたことと無関係ではあるまい。田中が確信をもって、帝国憲法批判を展開するのは、もう少し先のことである。

翌九〇年、田中は栃木県第三区(足利、梁田、安蘇三郡)から立候補し、衆議院議員に当選する。そして九一年、第二回帝国議会の憲法論議、さらにみずからの問答形式の「憲法解義の独得」(16)などの論証をとおして、「憲法死法にして国家の活潑を得んとす、木に魚を得るより危し」(17)と、重大な疑義を提起するのである。

さらに一八九三(明治二六)年、かつて記念式典に参列した日を想起しながら、「憲法発布ニ喜、其実ヲ怒らず」(18)と、慎重にさし控えていた帝国憲法批判を、無念の思いをこめて日記に記すようになる。

こうした田中の帝国憲法観が、永く曲解されてきた背景について、ここでふれておくことにしたい。その原因は栗原彦三郎が、記念式典に参列した折の田中の栗原喜蔵宛の書簡として、『義人全集 自叙伝書簡集』(第四編)に収録した、偽作の書簡である。この偽作の書簡には、「至上陛下には憲法発布の式を挙行し給ふ、御同慶至極に候、昨夜は余りの嬉しさに眠れ不申候」などとしたあと、つぎの三首の和歌が添えられている。

あゝ嬉しあゝありがたし大君は
　かぎりなき宝民に賜ひぬ
憲法は帝国無二の国宝ぞ
　守れよまもれ萬代までも
憲法に違ふ奴等は不忠不義
　乱臣賊子なりと知れ人

この和歌をふくむ書簡は、さきの板橋六郎、大隈重信宛の書簡と比較すれば、直ちに信憑性について、疑問がもたれるであろう。

栗原彦三郎編集による『義人全集』の信憑性について、学問的な一定の見解を提示したのは、『田中正造全集』の刊行においてであった。同『全集』は、『義人全集』所収の栗原喜十郎（彦三郎の曽祖父）、同喜蔵ならびに彦三郎宛の田中の書簡二六通のうち、原本のたしかめられた二通のみを本文に盛り、残り二四通を参考資料として別扱いにしている。この二四通に、ここにあげた書簡もふくまれていることはいうまでもない。

こうした書簡の取り扱いについて、『田中正造全集』編纂会はその考えを明確にし(19)、さらに、栗原彦三郎による『義人全集』再録の論稿について、栗原の田中正造理解を示すとともに、栗原の当面の政治的主張を田中正造に仮託していると(20)、的確に指摘している。栗原のこうした性向と、他の書簡との比較において、和歌を添えた旧中の書簡が偽作であることは、誰しも容易に断定しうるであろう。だが、『田中正造全集』の刊行によって、曲解された田中の帝国憲法観が、まったく払拭されたわけではない。同全集刊行以後の著作でありながら、その学問的成果を敢えて無視し、さきの偽作の和歌を引用しつつ、中江兆民の憲法観をひいて、「この憲法に歓喜する田中は『愚にして狂なる』者ということになる。あたっているかも知れない」(21)、などと学問的成果を無視し、俗説に追随する著作もあとを絶っていない。

一八九〇年八月、すでに足尾銅山の鉱毒によって一六五〇ヘクタールの農地に鉱毒被害が顕在化し、田中はよりきびしい政治的対応が迫られると同時に、自治に根ざすたたかいの思想が問われることとなった。

九一年、田中は第二回帝国議会において、鉱毒被害の基本的な解決をめざして、政府に足尾銅山の鉱業停止を要求した。このとき、政府の拠って立つ帝国憲法に、その法的根拠を求めることが、もっとも力あるはずであった。こうして田中は、鉱業停止要求の武器として、その後も帝国憲法を掲げてゆく。だが、田中が掲げる憲法は、帝国憲法そのものではない。たしかに、田中は鉱業停止を要求するにあたって、「日本臣民ハ其所有権ヲ侵サル、コトナシ」(帝国憲法第二七条)を根拠としたが、決して、その条文のみに依拠したのではない。田中はみずからの憲法観――法理念にもとづき、憲法とはかく在るべきものとして、新たな生命をそそぎつつ、帝国憲法に依拠したのである。

此川ノ沿岸ニ居ル人民ハモウ……数千年……茲ニ住家ヲ為シテ居ル、人民ハ……此山ノ害毒ノタメニ其土地ニ居ルコトガ出来ヌ場合が出来テ来タ、之ヲ憲法上カラ申シマスト法律ノ定メル所ニ依ッテ納税ノ義務（＝帝国憲法第二一条）ヲ負担スル人民ハ此ノ納税モ納メルコトガ出来ナクナッテ来タ……、箇様ナ場合……政府ハ之ヲ処分シナケレバナラヌノデアル(22)。

ここには人民の生存権は、国家以前の権利だとする主張が横たわっているだけではない。人民の権利を保障するために憲法と政府があるのだから、納税の義務をはたしている人民の保護のために、政府は鉱業停止処分にすべきだという主張がある。これはきわめてあたりまえのことである。だが、一見さりげないこの主張のなかに、人民の抵抗権の主張が潜められている。

一九〇〇（明治三三）年二月、川俣の凄惨な弾圧によって、鉱毒反対闘争はおしとどめがたい退潮をたどった。田中は人民の請願行動にたいする国家権力の暴力が、公然とまかりとおる背景に、これを黙認し既成事実として追認する社会の無気力をみる。そして、この「国民無気力ノ原因ハ種〻アレドモ、自治ノ気象ヲ侵害セシヨリ有力ハアラザルナリ」(23)と確信する。人民の生得の権利の発揚、その権利意識の拠って立つ基盤として、中央集権国家にたいする人民の、自治思想を構築するのである。

自治ハ自治ノ内ニ自由安全ヲ得テ、決シテ心ニモナキ他人ノタメニ苦役セラル丶モノニアラズ。若シ夫長年月、他人ノ苦役、長上ノ命令ノ下ニ服従セシメラレテ、自家自由ノ発動、発見、発心、自由等ノ働キヲ滅滅セバ自治ノ死滅セルト同一ナリ(24)。

ここでは、すべての人民が個人として尊重され、自由と安全が約束されている。個人は、あくまで個人の顔と表情をもち、あらゆる創意の発動と可能性の探求をとおして、自治体の発展を支えてゆく。ここに人民自治における公と私をつなぐ統一の原理がある。

仮にこれを人民共和制自治と呼べば、このような人民共和制自治は、一人は万人のために、万人は一人のためにという共生の論理と、自治体を構成する個々の人民の可能性への確信のもとに成立するであろう。

この前年の一八九九年、田中は第四回大挙東京押出しに向けて、国家の統治単位としての県・郡・町村を超え、鉱毒被害地自治体の結合をめざす鉱毒議会を成立させた。だが川俣事件による組織的退潮とともに、有効に機能しえないまま潰え去った。この鉱毒議会の経験を踏まえて、より原理的なものを追究し、帝国憲法体制――中央集権国家を否定する人民共和制自治を、思想として結晶させたものといえるであろう。

### 非戦論の構築から谷中村へ

一九〇一(明治三四)年三月、第一五回帝国議会で田中は、鉱毒事件にかんしあらゆる角度から政府の対策不備、その不当性を衝いて鉱業停止を要求し、「是ダケ申上ゲテモ政府ガソレヲヤラナケレバ、政府ハ人民ニ軍《イク》サヲ起セト云フコトノ権利ヲ――軍サヲ起ス権利ヲ与ヘルノデアル」(25)と、被害農民の抵抗権を明確に主張し、一〇月衆議院議員を辞して帝国議会を去った。

そして一二月一〇日、田中は天皇に直訴を決行した。田中の直訴は、帝国憲法体制の頂点に立つ天皇にすがるという形態をとりながら、天皇制における暴力装置の発動を惹きだし、みずからの流血――死をもって、鉱毒世論の沸騰に点火し、退潮過程にある鉱毒反対闘争の活性化をはかりつつ、政府の政策転換を求めようとするものであった。

田中の直訴によって、まさに世論は沸騰した。だが田中は死なず、政府の政策転換も、ついにありえなかった。こうした過程をへて、一九〇三年二月、田中は静岡県掛川町において、みずから構築した非戦論の叫びをあげたのである(26)。日露戦争を前にして、社会民主党結成に関わった木下尚江のそれより(27)、ほぼ一〇カ月前のことであった。しかも田中のそれは、陸海軍全廃(28)と不可分のものとして成立していたのである。

さてこの時期、世界史はすでに帝国主義段階に突入し、帝国主義列強が世界的な領土獲得、市場再分割競争を繰り広げていたが、日本はこれに呼応し、朝鮮半島の権益を守り、さらには満州にも商圏を拡大するために、ロシアとの軍事的な対決の準備に総力をあげていたのである。田中は、こうした満州問題を煽動するものとして(29)、大倉、三井、三菱、浅野、古河など(30)の名をあげているように、これら特権資本の特質を明確に把握していた。しかも、彼らは帝国主義政策を煽動するばかりでなく、国内にあっては古河のように、あたかも鉱毒被害地を治外法権同然に取り扱い、収奪のかぎりを尽して、自国の弱き人民を侮る存在でもあった。そして軍備こそは、帝国主義政策をおしすすめる権力と資本の化身にほかならなかった。田中の非戦論が、世界の陸海軍の全廃と不可分のものとして成立していた理由であった。

一方、この年（一九〇三年）一月、栃木県の臨時県会に遊水池化計画にともなう谷中村買収案が提出され、否決された。だが田中は、この遊水池化計画にこめた政府の狙いを見通し、「日露の事、大事ニあらず、内地の自滅を大なりとす」(31)ととらえ、「政府にて此激甚地を捨れバ、予等ハ之を拾て一ツノ天国ヲ新造すべし」(32)と、来るべき谷中村入りを喜言したのである。

日露戦争を前にしての谷中村の遊水池化計画は、すでにみたように、早熟的な日本帝国主義の国内政策の展開としてとらえられるのであるが、田中もほぼこれを理解していた。そして、日に日に日露戦争への足音のたかまるなかで、「露ハ我敵ニあらず」(33)と、社会主義への確信を深めてゆく。

今ノ社会主義ハ時勢ノ正義ナリ。当世ノ人道ヲ発揚スルニアリ。其方法ノ寛全ナラザルト寛全ナルトニ論（ナク）、其主義ニ於テ此堕落国ニ於テハ尤貴重ノ主義ナリ(34)。

ついに一九〇四年二月、日本はロシアに宣戦布告をした。これを田中は、「今ヤ海外交戦ノ日ニ当テ、尚国民ヲ蔑視シ侮蔑シ虐待シ貧苦疾病毒ヲ以テ人ヲ殺ス」(35)と、歯ぎしりするような怒りをもって迎える。そして、「谷中村問題ハ日露問題より大問題」(36)と規定し、黒沢酉蔵ら学生に宛てた書簡に、つぎの和歌を添えたのである。

戦わで勝ちほこりたる瑞西《スイス》を
　たどりて見よや日本民族(37)

さらに、「正造ハ今日ト雖非戦論者ナリ。倍〻非戦争論ノ絶対なるものなり」と、政府の戦争政策と鉱毒対策にみずからを対置させて、この年の七月、予告どおり谷中村に入ったのである。

## 非戦・反帝国主義をかかげて

ときの国家によって、破壊・滅亡させられようとする谷中村に、みずから移り住むことは、相手の国家を否定し返し、国家以前の権利としての人民の生存権を主張してたたかうことである。このたたかいのなかで、谷中村に残留する人民とともに、理想の自治をうちたてることが、田中にとって、天国を新造することであったといえよう。

すでに田中は、日露戦争勃発の翌月、自筆のコンニャク版のチラシを作り、各町村役場吏員、町村会議員、町村老若男女に宛て、日清戦争下の鉱毒問題の例を引きながら戦争で儲けをたくらむものとこれに協力する悪魔とのたたかいを呼びかけていた。

名を軍国ニ藉リテ社会ヲ蹂躙シ私欲ヲ逞フセントスル悪魔ヲ撲滅シ、国民ハ国民ノ権利ヲ保全スル事ニ勤メヨ(38)

そして一九〇四（明治三七）年一二月、日露戦争下の栃木県議会は、秘密会において堤防修築費名目による谷中村買収費を可決し、第二一回帝国議会において衆議院もまた、災害土木補助費（谷中村買収費）を可決した。谷中村のほぼ四〇名といわれる出征兵士と、その家庭にあっては、まさに留守中の老幼子女を掠めて、家を奪い、村を奪うに等しい所業であった。このような国家権力の暴虐は、戦争の相手国ロシヤ人民との連帯の視野をきり拓くものであった。

谷中村民ハ今死したり。蹴らるも奪わる丶も殺さる丶も為す処をしらず。此死者に対する暴勢ハ恰も露都の暴政ニ同じ。露政府の暴挙ニして請願人を虐殺す。之決して露都の事として見るべからざるなり。我国も亦将ニ相同じ。予ハ泣て日露両国の貧民ニ代りて両国の義人に訴ふるものなり。就中谷中村の惨ハ其最たるものなり(39)。

一九〇五年八月、日露戦争に勝利した日本は、さらに鉱毒被害地の抹殺——遊水池化計画をおしすすめていった。そして同年一一月、土地買収にかかわる「谷中村堤内土地物件補償に関する告示」によって、大多数の村民は買収に応じて移住していった。鉱毒反対闘争——遊水池化計画反対のたたかいからの離脱は、買収に応じた谷中村村民にかぎらなかった。

いまや、かつて渡良瀬川流域の被害地をむすぶ鉱毒反対闘争は、谷中村一村の犠牲を承認し、見殺しにする他町村被害農民の離脱によって解体し、田中正造と谷中村残留民、他町村有志の少数のたたかいとなったのである。

だが、離脱した他町村被害農民は、単に鉱毒反対闘争から離脱したのではない。彼らは、人民の収奪強化によって日露戦争を遂行・勝利し、さらに近隣アジア諸国侵略に乗りだす日本帝国主義に、みずからの家と町村の維持・発展を求め、そして、支配者のイデオロギーによる農村秩序に組みこまれ、それを維持・再生産しつつ、日本帝国主義を下から支えていったのである。また、かつて田中のもとで、鉱毒反対闘争の組織的中枢を担った左部彦次郎のように、栃木県土木吏となり、谷中村残留民の切り崩し、買収の手先きになるなど、行政側に寝返ったものもあった。

翌一九〇六(明治三九)年三月、栃木県は谷中村内官有地の借用者にたいし、四月一七日までに退去するよう通告した。また、谷中村村会に諮ることなく第一、第二尋常小学校を廃止し、さらに村長職務管掌の郡吏鈴木豊三は、四月の村会で藤岡町との合併を否決したにもかかわらず、七月に藤岡町との合併を強行した。こうして戸数約四五〇、人口約二七〇〇の谷中村は、滅亡への途をたどったのである。

この間、農耕の妨害、漁具の掠奪、用水路の破壊、警官の婦女拘禁のいやがらせ、不当逮捕などの職権の濫用、買収強要など醜官俗吏が日夜暗躍したのであった(40)。それもこれもすべて遊水池化の地ならしであった。

一九〇七年一月、西園寺内閣は内務相原敬のもとで、谷中村に土地収用法の適用認定の公告をおこなった。田中と谷中村残留民は、それが不当であることの意見書を提出して却下され、再度意見書を提出した。しかし五月、栃木県はその受領を拒否して、買収金を供託し、事実上買収は不可避となった。さらに六月、栃木県は堤内残留一六戸にたいし、六月二二日を期日として、強制執行の戒告書を手渡した。そして六月二二日、再戒告書を手渡し、六月二九日から七月五日にかけて、谷中村堤内残留民家一六戸にたいし、強制破壊を執行したのである。

しかし残留民たちは、耐えがたい怒りと憤りを抑えながら、自分たちの手で破壊された屋敷跡に、仮小屋を建てて住んだ。雨露をしのぐどころか、ひどく雨洩りのする家々であった。残留民たちはこの仮小屋に住んで、いつ襲ってくるとも知れぬ浸水の危険のなかで、畑仕事やわずかな魚獲などで生活を支えた(41)。こうした残留民の生活は、そのまま権力とのたたかいを、日常のなかで持続してゆくことであった。

## 自治・治水思想から国家を照射

この背水の陣にもひとしい残留民とのたたかいのなかで、田中は請願書や陳情、意見書、質問書の提出に、さらに谷中村への理解と支援の輪を広げるために、寧日なく努力を重ねた。それは官憲の監視のもとでの、帝国憲法体制下の権利行使に加えて、思想の領域にわたるみずからのすべてをかけたたたかいであった。そして、これまでのたたかいを田中は、「形ちよりみれば殆んど人道の大敗軍です。……

特に谷中村ハ三十七年旅順攻繫《ママ》の中ニある露兵の如くですから、正造も其露（＝旅）順籠城の一兵卒」(42)、すなわち、日本軍の攻撃に身をさらすロシア兵とみずからをなぞる。このっぴきならぬたたかい、強権に対峙する仮小屋の生活を、「辛酸亦入佳境」(43)と、密かな自足をもって表白するのである。田中は、こうした谷中村のたたかいを、自治回復のたたかいと規定し、「自治ヲ以テセシハ……人民ノ権利ヲ重ンズル」(44)ことであるとした。領主権力とのたたかい以来、人民自治はいまなおたたかいの主題でありつづけたのである。この自治論は、遊水池化計画と対立する治水論、「水ハ行政権ノ濫用ニ服セズ」(45)となり、さらに国家を照射してゆく。

政治ハ万民の希望ニ従ふ能わず。然れども治水と自治町村とハ人民の希望ニ従ふを得るものなり。只朝顔ニ手（＝支柱）をやる如くせばかなり(46)。

このきわめて楽天的な田中の自治論は、遊水池化計画と、低水堤防から高水堤防による土木工事の大型化の背後に、権力と資本と官僚の構造的癒着をみるからにほかならない。また、国家の法による統治──法治の対立概念としての自治を、明確に摑みだして、「地方県会は勿論帝国議会と雖も、已に議したる町村の決議を蹂躪する権利なし」(47)と、中央集権にたいして、町村自治の優先を主張する。さらに、「国を収むるハ水を収むる如し。……四面皆堤防を以て脩めんとせ（ば）却て壊烈せん」(48)と、強権の統治に人民自治と抵抗権を対置し、主張するのである。

田中は晩年にいたって、より国家批判を強めてゆく。そして日本を、「君主専制の如く、又立憲の如く、盗賊国の如」(49)きものとし、ついに立憲国にあらざる君主専制国家と断ずる。

君主専制は汽車の如し。人民もしレールの上に居らば殺さるべし。立憲政治も汽車の如し。然れどもレールの上に人居ると云ふ事を告ぐれば、汽車の止るの規定あり。然るに古への聖人は汽車の如くなりとも人を殺さず、必ず救への網を汽車に設けたり。今は之に反して、人を汽車に殺す事を自業とし、又自得とす。今の法律は矢玉の如し。遮らざれば必ず人を射殺す。民声叫べ(50)。

いまや、人民を圧殺する法はあるが、人民の権利を守り、保障する、真正の法も憲法もない。これは、「日本ハ立憲の実力」(51)がないからである。むしろ、「方今国家なし、無政府なりとせば、却て安心ならん。生活も亦安心ならん。人の子の枕する処あらん」(52)とは、強権に圧殺された谷中村残留民とともに生きる田中の、偽らざる感慨にちがいなかった。

このことを田中は、「日本人の気風ハ下より起らず上よりす。民権も官よりす。……憲法すら上よりせり」(53)と、人民の主権意識の欠除を、その理由にあげる。そのうえで、「忠と云はゞ、君の専有の害」(54)、「日本魂ナルモノ大庇物」(55)とし、「国家ノ根本ヨリ腐敗セシムルモノハ之レ却テ勤王ナリ」(56)と、支配者の掲げる忠君愛国のイデオロギーを真っ向から批判の俎上に載せる。そして、「ソレデ国家を背負。けんぽふの抜けがら、へびのぬけがら、蛙を呑む不可思議」(57)と、帝国憲法体制の全面的な否定に向かってゆくのである。

このような天皇制・帝国憲法体制批判から、全面的否認にいたる過程で、革命への希求がおしとどめがたいものとなるのは、むしろ当然であった。田中の意識に、つねに国際的な困難な課題を担った国として、親近感をこめて見守りつつあった国がある。ロシアと日本、中国の干渉を余儀なくされた朝鮮である。かつての小国としての平等福祉国家の理想を、朝鮮に見出したいという願望を潜めていたからかも知れない。

## 晩年の希求――人民の武装権

一九〇七（明治四〇）年七月、ハーグ密使事件を契機に日本は、朝鮮侵略政策をさらにおしすすめ、その行政権を剝奪した。ここから朝鮮人民の反日武装闘争――義兵闘争が発生する。この先駆的朝鮮人民の武装蜂起を、田中は、「朝鮮の今日ハ未来の安全を得る所以」(58)であると、明確にその意義を把握することができた。朝鮮にそそぐ親近感によるものである。

この義兵闘争は、また田中の意識を大きく触発した。すなわち、この年の一〇月、田中は矯風会での演説において、つぎのように呼びかけたのである。


茲ニ至って一般人民ハ世の矯風ニ呼ぶの急なる事恰モ水火ニ投ずるのつとめなかるべからず。社会人類の基礎（二）立ツて国家の革新改革革　命を為すべきなり(59)。

写真　大正元年の田中正造

（佐野町関口写真館にて10月撮影）

さらに、それから一年後、田中が日記に、「渡良瀬川独立論」(60)と記している事実も、朝鮮の義兵闘争に触発された思索の一端を、かい間みることができるであろう。「谷中村蘇生せバ国亦蘇生せん」(61)という確信も、行政的な谷中村の復活とは無縁である。まさに谷中村復活は革命的展望の彼岸にしか、望見することが不可能なのである。

こうして田中は、たたかいの宣言を日記に盛りこむ。

戦ふべし。政府の存在せる間は政府と戦ふべし。敵国襲へ来らば戦ふべし。人侵さば戦ふべし(62)。

この宣言は、政府とのたたかいを第一義とするものである。しかも、政府の存在せる間とは、現にいま存在する明治政府のみをさすのではなく、中央集権国家としての政府が存在する間はという意味である。いわば国家の消滅をかけた、たたかいの宣言というべきものである。そしてこの宣言は、侵略する国家があればそれとたたかい、また人民のレベルにおける、民主化のたたかいと並行してすすめられるたたかいの宣言なのである。

田中の日記は、一九一二（大正元）年八月二日（八月一日の誤記）まで記されている(63)。その一〇日前の条りに、「只今や死したる児の年／焼跡との火の用心」(64)とある。ここ当面、谷中村復活の見込みはなく、いくら谷中村問題を叫んでも、死んだ子の年を数えると同じではないかという思いが、胸をよぎる。だが、そうではない、そうではない。このたたかいは谷中村以外の地に、別の谷中村の悲劇をつくらぬ、火の用心のたたかいだと、密かにその意義を再確認する田中の内面が、そこに映しだされている。

この不屈の闘士田中正造は、それから五日後の日記に、「あい木森之助」(65)と題した、きわめて寓意に富んだ物語を、書き記している。その物語は、つぎのようにはじまる。

渡良瀬川沿岸ハあい木氏の妻の如シ。天下ノ美人絶世ノ佳良ナル土地、忽ち猛悪の災ニかゝりて沃野茫〻の中ニ辱メラル。土民之ヲ見テ走セテあい木ニ告グ。あいき鎗ヲ振テ猛悪数名ヲ斃シテ之ヲ救ヘタリ……。

恵みに満ちた渡良瀬川沿岸を絶世の美女にたとえつつ、その豊饒な土地と、その恵みとともにある生存権は、あい木氏が鎗を振って、妻を凌辱した暴漢を殺して救ったように、武器をもってでも守るべきものであった。田中はこれを、「天下道アルトキ……人道ノ盛ンナルトキ」のことだという。

だが、「今ヲ見ヨ」、妻を守るべき「あい木氏ハ夫ナルニ之ヲ救ヘ助ケズ、却テ此告ゲタル土民及妻ヲ殺シテ、猛悪強奸ノ徒ト放蕩無礼ヲ以テ爽快ト」するように、人民を守るべきあい木氏とその鎗は人民を裏切り、人民が訴えても、逆にその矛先を人民に向けてくる。

当路多数警官憲兵馬乗若シクハ抜刀ヲ以テ赫シ切リ殴ツ縛ス。負傷ヲ医ニ示サズ治療ヲ為サズシテ檻獄ニ投ジテ、附スルニ極悪ノ暴動凶徒ノ名ヲ以（テ）ス。救フベキあい木ハ却テ其妻渡良瀬川、訴人、其土民ヲ斃シテ倍〻強悪ヲ恣シ、終ニ自ラ従五位ニ登リ（＝古河）タリ。

ここには怨念につながる隠喩がこめてある。つまり渡良瀬川沿岸人民にたいして国家は、憲兵警官を動員して暴逆のかぎりをつくし、負傷者を治療せずに獄につなぎ、暴動兇徒と呼んだ。この川俣の弾圧に重ね合わせつつ、人民がみずからを守るという思想とたたかいの比喩としてのあい木氏とその鎗が、従五位古河市兵衛に象徴される資本と国家権力の暴力装置と一体化した姿を描きだしているのである。

そしてこのことが、「日本ノ亡国」につながっているとして、物語はつぎのようにしめくくられる。

日本ノ亡国ハ自ラ為セルノミ。夫レ敵ハ露ニアラズ、米ニアラズ、独ニアラズ。敵ハ其住メル家ノ内ニアリ。日本ノ維持回復名誉ヲ思フモノハ、宜シク先ツあい木森之助ヲ殺スベシ。あい木森之助ヲ助ケテ其妻ヲ助ケントセバ、之レ木ニヨリ魚ヲ類ノミナラザルナリ。

すなわち、日本の亡国を救い、その維持回復をめざすならば、暴力装置としてのあい木森之助を殺し、人民の側に助け迎えること、つまり国家権力に奪われた人民の権利を奪還するしかない。そして、もしほんとうにその奪還をめざすならば、それは決して不可能ではない。田中の寓話は、こうした予言をもって終る。

この物語は、絶世の美女にたとえられる、豊饒な恵みに満ちた渡良瀬川沿岸、そしてそこに住む人民が、真の主人公である。

田中は、すでに前の年から胃の異状を感じていたが、一九一三（大正二）年八月二日、佐野から谷中村への帰途、病勢にわかに悪化し、栃木県足利郡吾妻村の庭田清四郎方で床についた。そして九月四日、七三年のたたかいの生涯を閉じた。遺言ともいうべき「最後の語」に、つぎのような一節がある。

同情と云ふ事にも二つある。此の田中正造への同情と正造の問題への同情とハ分けて見なければならぬ。皆さんのは正造への同情で、問題への同情ではない。問題から言ふ時にハ此処も敵地だ(66)。

田中は死を前にして、谷中村のたたかいの正義のゆるがぬ確信とともに、そのたたかいを貫いた密かな矜持を全身に感じることができる。いま田中を案じて集まったかつての仲間たちは、人民の連帯と共生問題の論理、鉱毒事件の本質を見失い、正義と人情のけじめもつかず、帝国主義国家という巨大な敵を支える側にまきこまれている。ぜひ最後にいっておかなければならない。

問題の本質からいえば、ここも敵地だ。

## 9　鉱毒問題の治水問題へのすりかえ

### 谷中村廃村と遊水池化

田中正造の直訴を引き金として、再び首都の鉱毒世論はたかまった。そして学生や都市知識人が鉱毒被害地を大挙して視察するなど、鉱毒問題は政治問題化の様相を強めた。こうした新たな事態に対処するために政府は、一九〇二（明治三五）年三月一七日第二次鉱毒調査会を発足させ、鉱毒事件を体制の枠内で処理する方法について諮問した。この第二次鉱毒調査会は鉱業継続を前提とした事件処理を目的としていたので、一八九七年に設置された第一次鉱毒調査会とは異なって、被害民側が要求する「鉱業停止」は、もはや最初から問題にはならなかったのである。そうした背景には、この時期満州・朝鮮をめぐる日本とロシアとの対立の激化という国際情勢があった。日露戦争の準備に力をそそぐ政府にとって、戦略物資としての銅の増産は重要な政策のひとつであり、とりわけ足尾銅山はその政策の中心となるべきはずの銅山だったのである。

第二次鉱毒調査会の政府への答申は、この年九月に大洪水が発生したために予定よりかなり遅れて提出された。鉱毒事件の処理のために、利根川と渡良瀬川の改修工事に合わせて、両川の合流点地域に広大な遊水池を設置するという方策は、第二次鉱毒調査会発足時からすでにうわさとして住民の間に流されていた。しかし遊水池予定地の地域の特定や設置計画の実施時期については、明確にされてはいなかった。

渡良瀬川が利根川と合流する渡良瀬川の最下流地域は、栃木、群馬、茨城、埼玉、千葉の五県にまたがる一大低湿地を形成し、洪水の発生率の高い地帯であった。それゆえに足尾銅山の発展によって鉱毒が流される以前は、洪水のもたらす肥料分のおかげで豊かな農業生産を享受していた地域でもあった。遊水池の設置のために最初に廃村計画が持ちあがったのは、利根川と渡良瀬川にはさまれた埼玉県北埼玉郡の利島、川辺両村（現在は合併して北川辺町となっている）であった。この両村では上流地域にくらべて鉱毒反対運動への取り組みが若干遅れた。しかし両村の鉱毒反対運動は、鉱毒・洪水被害がしだいに渡良瀬川の下流地域におよび、いっそう深刻さを増していったために、上流地域の運動が権力の弾圧と運動の疲れから急速に弱体化していくなかにあって、逆にますます強化されていったのである。

利島村では一九〇二年一月、前年一二月の田中正造の直訴に触発されて「渡良瀬川の流水を清浄ならしむる唯一の方針を変することなく、此の目的を達するに非んば其組織を解かず」(1)との決意をもって利島村相愛会を結成した。この年の八月、中央の鉱毒調査会や内務省の意を受けた埼玉県当局による利島、川辺両村の買収、廃村計画案が表面化したのであるが、両村では利島村相愛会員を中心にこの計画案にたいして激しい反対運動を展開し、一〇月一六日には利島、川辺両村民大会を開くなど、一致団結して抗議行動をおこなった。そして埼玉県当局にたいして、「県庁にして堤防を築かずば我等村民の手に依て築かん。従って国家に対し、断然納税兵役の二大義務を負はず」(2)という決議をもって、両村の買収、廃村計画の撤回をせまった。埼玉県当局は、利島、川辺両村の強力な遊水池設置反対運動に押されて、ついにこの計画を断念するにいたったのである。

翌一九〇三年一月の栃木県の臨時県議会でも、栃木県当局が下都賀郡谷中村を対象とした買収費を堤防修築費の名目で提出した。幸いにも同案は反対多数によって否決されたのであるが、その時点になっても遊水池の予定地や規模、工事概要などの具体的内容はおろか、遊水池設置計画自体さえ未だに公表されていなかった。計画が正式に発表されたのは六月の第一八回帝国議会においてであった。それと前後して谷中村民は、隣接する利島、川辺両村民の物心両面にわたる支援を受けて、谷中村廃村反対運動を強めていった。田中正造は一九〇二年から三年春にかけて利島、川辺両村の買収反対運動に奔走していたが、両村の買収、遊水池化が農民の運動によって撤回されたので、一九〇三年夏以降は谷中村の買収、廃村反対運動を指導するために、ついには同村に住みついたのであった。

遊水池設置計画にたいする農民の抵抗はきわめて根強く、予定地の一部をもつ群馬県と茨城県では、遊水池設置計画が具体化されるにいたらず立ち消えになった。しかし県内に鉱毒、洪水の元凶である足尾銅山を抱える栃木県当局は、一九〇四年一二月の県議会に、再び谷中村買収費を提案した。折しも日本はロシアとの交戦中であり、世論はこのことでもちきりであった。そのために首都の世論は一村が買収、廃村になることに、ほとんど目を向けることがなかった。ここに谷中村の不運があった。

一二月九日夜、白仁《しらに》武県知事は突如一九〇四年度の土木治水費の追加予算として、七八万五三九〇円を提案した。この提案にかんする審議は翌一〇日におこなわれたが、それは当時の年間の経常予算に匹敵するほどのあまりに多額の追加予算であったために、心ある議員は、臨時議会を開いて充分な審議をつくすよう要求した。だがそれは賛成少数で否決されてしまった。少数派議員の質問により、治水堤防費の内、四八万五〇〇〇余円が下都賀郡谷中村の堤防修築費、すなわち谷中村買収費であることが明らかにされた。大久保源吾県議、鯉沼九八郎県議などが次々に反対演説に立った。船田三四郎県議は「谷中村の買収と云ふものの性質から見まするると、治水の方法を変更するに過ぎない、治水の方法を以て其治水の目的たる処の人民をまるで滅亡することは道理上なすべきことであるか」(3)と述べ、谷中村の買収ではなく、谷中村の堤防の修復こそが先決問題である、と県当局の遊水池設置案の反人民的性格を難じたのであった。県当局の方針、すなわちそれは第二次鉱毒調査会、および政府当局の方針でもあったが、谷中村の買収、廃村の理由は、利根川の逆流洪水によって谷中村の堤防が頻繁に破れ、そのたびに多額の堤防修築費を県費で支出しなければならなかったので、これを避けるために谷中村を遊水池にしてしまおうというものであった。ところが実際には県当局は一九〇二年八月の大洪水による破堤箇所も修復せず、それればかりか県当局が修復工事をしないので村民が貧しい生活を切りつめて自主的に修復した堤防を、県当局は乱暴にも破壊し、あまつさえ破壊費用まで農民に要求してきたほどであった。県当局は堤防を破れたままにしておくことによって、農民の生活を奪い農民たちが村をすてでていくことを期待したのである。

一二月一〇日の深夜、栃木県会は秘密会を開き賛成一八、反対一二でこの治水堤防費という名目の谷中村買収案を強行採決してしまった。すでに前夜までに県当局によって議員にたいする買収工作は完了していた。かつて一九〇三年一月の臨時議会では反対に回った議員たちの多くも、今度は賛成票を投じたのである。だが谷中村の買収費を治水堤防費から支出することは、予算執行の目的や手続きからいってまったく法律を無視したものであった。白仁武知事は、この不当な谷中村買収費を提案し、議員を買収して強行採決をおこなった「功績」によって、一九〇五年三月政府から二〇〇円の賞与金までもらっている。こうした事実からも、われわれは、谷中村の遊水池化政策にたいしていかに農民の反対が強かったかをうかがい知ることができる。

谷中村買収費四八万円のうち一二万円は災害土木費国庫補助金で、三六万円は県費でまかなわれた。しかし四八万余円がすべて谷中村の買収費として村民にわたったわけではない。五万円はかつて下都賀郡長であった安生順四郎が、巧妙な手口を使って村債を発行させ、私腹を肥やしたときに銀行から借り入れた資金の返済にあてられた。二万五〇〇〇円は告訴問題にまで発展した県会議員の賄賂に使われたが、使途不明金として処理された。残りの約四〇万円が谷中村の買収費ということになるが、そのうちおそらく三~四割が遊水池設置に反対する村民の切り崩し工作に使われたといわれている。したがって実際に村民が手にしたのは、二〇数万円ということになるが実際の買収総額ははっきりしない。一部の富裕な村民を除いて、村民の大部分の土地は買収以前に借金の抵当に入っていたので、ごくわずかな移転料を受けとっただけであった。買収価格は、いずれも一〇アール当たり、畑三〇円、田二〇円、宅地一〇〇円、家屋一坪移転料共八円、墓地一円にすぎなかった。

栃木県当局は一九〇五（明治三八）年に入るやただちに谷中村買収の準備作業を開始した。当時の谷中村は、戸数約四五〇戸（堤内が約三九〇戸）、人口約二七〇〇人（堤内約二〇〇〇人）、面積約一二〇〇ヘクタール（堤内約一〇〇〇ヘクタール）であった(4)。

四〇〇年の歴史をもつ天産豊かな谷中村の農民にたいして、栃木県知事白仁武は、一九〇五年三月国有地を貸付けるから移転せよ、との告諭を送付した。しかし農民にとっては先祖伝来の土地を離れることには大きな抵抗があったし、移転先で新たに開墾して農用地とするまでの苦労を考えれば、いかに県当局が移転地のすばらしさを説いてもだれも移転したくはなかった。県の役人たちは、抵抗する谷中村民にたいしてあらゆる手段を用いて勧誘、切り崩しをはかった。県当局は遊水池とすることが決った谷中村にたいしては、そこに多数の村民が現に農業を営み住んでいるにもかかわらず、もはや堤防修復費を支出しようとはしなかった。それゆえ、農民は自らの生活と生命を洪水から守るために前年に引きつづき自力で堤防の修復をおこない、移転反対の決意を示した。農民のしたたかな抵抗の精神がそうさせたのである。

こうした谷中村民の廃村反対運動にたいして、一九〇二年に埼玉県当局の買収・廃村計画をはね返した利島、川辺の両村民は、かぎりない支援を送った。一九〇五年一月両村民は貴衆両院議長にたいして「谷中村買収廃止請願書」を提出した。また谷中村民と共に栃木県知事にたいして繰り返し抗議行動をおこなった。この抗議行動のなかで両村の活動家が逮捕されたこともあった。また両村では一九〇五年の春、谷中村民が決壊した堤防を自力で修復し急水留と称する仮堤防をつくった際に、数百人の応援人夫を送って谷中村民を助けたのであった。

だが利島、川辺両村民と谷中村周辺の有志を除くと、大部分の農民活動家たちは谷中村廃村反対運動から遠ざかっていた。今や谷中村民の味方は谷中村周辺の農民と東京の言論人、宗教人、社会主義者、それと田中正造の国会議員時代の同志の一部になってしまったのである。この数年前までは、渡良瀬川沿岸町村から数千人から一万人を越す農民が結集し、多数のすぐれた活動家たちを生みだした鉱毒反対運動は、いったいどうなってしまったのであろうか。

大部分の活動家たちは打ちつづく鉱毒・洪水被害のために生活困窮に陥り、運動する余力を失ってしまっていた。そうした状態にあるとき、一九〇二年夏の大洪水が鉱毒に侵されていない大量の山土を鉱毒被害地に運んできた結果、鉱毒被害は稀釈拡散され一九〇二年の秋作、翌〇三年の夏作については、ある程度まで農業生産の回復を見るところとなり、農民の間には鉱業停止要求よりも農業生産を安定化するための治水を求める声がたかまった。そこに政府から利根、渡良瀬両川の大改修と洪水を防止するための遊水池の設置計画が発表され、あたかも実効あるもののように宣伝されたことから、遊水池設置の犠牲になる谷中村とその周辺地域以外の農民は、政府の治水計画に乗ぜられていったのだった。まさに鉱毒問題の治水問題へのすりかえ、あるいは転換ともいうべき事態となったのである。だが政府の治水計画をやむなく承認した農民たちも、谷中村とその周辺を遊水池化することによってほんとうに洪水が防止されるか否かについてまでは深く検討しなかった。彼らは自分たちが洪水から救われるならば、谷中村民の犠牲も仕方のないことと思うようになったのだった。こうした農民の意識は、単に農民のエゴイズムだとして片付けてしまうわけにはいかない。先述したように、この谷中村廃村にいたる過程はまさに日露戦争の真最中であり、国家権力を握る者たちは、社会のあらゆる局面で日露戦争に向けて国民的な統合をはかっていた時期だったのである。農民活動家たちの全体的な変節も、こうした時代的背景を考慮してはじめて解明しうるのである。このように考えると、農民の鉱毒反対運動を挫折させ、谷中村を滅亡させたのは日露戦争であった、さらにいえば日露戦争を起こしたものたちであった、ということができよう。田中正造は後に、政府は「日露戦争中に谷中村を占領」したのだと述べている(5)。

さて再び元に戻り、谷中村の廃村・滅亡の過程を見ることにしよう。栃木県当局は一九〇五（明治三八）年夏以降、役人たちを谷中村に送りこみ勧誘と恫喝によって農民たちを移転させていった。谷中村では一九〇二年以降かつてからあった村内の対立と洪水被害による財政の欠乏から、村長が不在であり下都賀郡の書記が村長の職務を管掌していた。県知事はこの管掌村長に命じて、一九〇六年四月村会で谷中村を廃止し、隣の藤岡町に合併する決議をおこなわせようとしたが、村会はこれを否決した。ところが県知事はこの決議をまったく無視して、七月一日市制町村制のもとに成立していた谷中村を廃村にし、藤岡町に合併することを発表したのであった。しかし行政村としての谷中村は廃止されても、未だ一四〇世帯一〇〇〇人近い人びとが残っていた。

不当な廃村措置にたいして、田中正造は抵抗の意志の固い村民三八名を説いて、「共同行為公正契約」を結ばせるとともに、七月一九日「村税不当賦課取消の訴願」を提出させた。同じ頃田中は、村外の有力者や東京の知識人たちにたいして、谷中村の土地所有者となって、栃木県当局によって強引に進められている土地買収に歯止めをかけ、来るべき土地収用を阻止する力となるよう、呼びかけた。田中の要請に応えて、『新紀元』を発行する安部磯雄・石川三四郎・福田英子などのキリスト教社会主義者たち、幸徳秋水の妻の師岡千代子、宮崎滔天の妻の宮崎ツチ、逸見斧吉など三〇余名から協力の申し出があり、新たな谷中村の地権者となった(6)。

これは現在三里塚空港反対闘争や沖縄の反戦地主たちのたたかいなど、全国各地の開発反対闘争や基地闘争で用いられている一坪地主運動、土地の共有化運動の先駆と見なされる。いつの時代も「公共」の名のもとに土地収奪がおこなわれてきたが、収奪される側は、つねにそのたたかいの一環としてブルジョア民主主義成立の基本条件である個人の人権と所有権を楯にした抵抗を、おこなってきたことがわかる。

栃木県当局の移転反対派農民にたいする切り崩しは、なりふりかまわぬものであった。当局は田中正造の右腕ともいわれた左部彦次郎を抱きこみ、左部をつうじて有力な農民活動家を次々に県側に寝返らせた。移転反対派農民は、一九〇七年はじめには約七〇戸四〇〇人にまで減少したのである。

一九〇七年一月二六日、政府は谷中村の残留民にたいして、ついに土地収用法の適用の認定公告をだした。これにより、谷中村の土地所有者となる準備を進めていた島田三郎・三宅雪嶺・大竹貫一などは、地権者となることができなくなったのである。田中正造と谷中残留民たちは、埼玉県北埼玉郡の利島、川辺両村の農民と、前述したような支援者の協力をもって、土地収用法の適用を撤回させようとしたが、政府も土地収用法の執行にあたる県当局も農民たちの要求を一蹴し、移転をあくまで拒否していた堤内一六戸にたいして強制破壊を実施したのであった。同時に堤外地に残留していた三戸は土地収用法によることなく、やはり強制的に破壊されたのであった。田中正造や木下尚江などの支援者の見守るなかで、県の役人は官憲を配置し多数の日雇い人夫を使って、自分の家のなかに座りこんでいる残留民を引きずりだし、次々に家屋を破壊した。病人が居ようと乳飲み児や老人が居ようとも、役人たちは文字どおり強権的に追い立てたのだった。こうして一一六人の農民は、住む家がないまま外に放りだされたのである。農民たちは非暴力主義を貫き、最後まで抵抗の意志を示した。彼らは役人や官憲が引きあげると、再び元の住居跡に雨露をしのぐだけの仮小屋をつくり、以後一〇年の長きにわたって谷中村復活を目標として住みつづけるのである。

四〇〇年の歴史をもつ谷中村の滅亡は、徹頭徹尾権力の手にかかってなされた。土地収用法の適用を決定した責任者は、第一次西園寺政友会内閣の原敬内務大臣であった。原は一九一八（大正七）年に日本ではじめての政党内閣を組閣し、「平民宰相」と称されている政治家であるが、決して平民の代表であったわけではない。彼は足尾銅山主古河市兵衛が、その子を養嗣子にした陸奥宗光（田中正造の国会質問によって鉱毒問題がはじめて社会問題化した一八九一年当時の農商務大臣）の秘書官であり、谷中村が廃村に追いやられる一九〇五年から〇六年にかけては、古河鉱業会社の副社長を勤めた人物であった。それゆえに若き日の社会主義者荒畑寒村が、強制破壊の直後に一気に書き下した『谷中村滅亡史』において、谷中村事件は「資本家と、政府と、県庁との、結託共謀せる組織的罪悪」であると断言し、「嗚呼悪虐なる政府と、暴虐なる資本家階級とを絶滅せよ、平民の膏血を以て彩られたる、彼等の主権者の冠を破砕せよ。而して復讐の冠を以て、その頭を飾らしめよ」(7)としめくくったのも、単なるアジテーションではなく、事実にもとづいたことだったのである。

## 谷中村復活運動の挫折

旧谷中村残留民は、家を破壊された後も仮小屋をたてて住み、移転しようとはしなかった。谷中村民の抵抗を見守り、その闘争を支援してきた東京の有志たちは、強制破壊中には交代で残留民の見舞に訪れた。彼らはそこで強制破壊の実態や残留民の生活に直接触れて残留民に同情し、谷中村救済会を結成した。救済会には、島田三郎・三宅雄二郎・高木正年・高橋秀臣・田中弘之・今村力三郎・花井卓蔵・卜部喜太郎・塩谷恒太郎・安部磯雄・逸見斧吉など著名な政治家、弁護士、ジャーナリストが集まっていた。ただし木下尚江だけは救済会に加わらなかった。救済会の会員たち

写真　仮小屋に住む人びと

(田中霊祠蔵)

は少しでも残留民の役に立ちたいと願い、県当局の用地買収価格が不当に安かった点に着目して、土地収用法の規定にもとづいて不服申立ての訴訟を起こすことを残留民に提案した。しかし残留民たちは、買収価格が安いことに不満だったのではなく、谷中村の買収・廃村そのものに反対だったので、買収価格の問題に収斂させてしまうような訴訟には消極的であった。もとより田中正造は強制収用にかかわる補償金額を争うことには否定的であった(8)。それにもかかわらず残留民や田中正造がこの提案に同意することにしたのは、日頃の救済会の人びとの善意と熱意とを敢えて無視することに抵抗を感じたからであった。

こうして谷中残留民と、強制収用に備えて残留民から若干の土地を買い受けて新しく谷中村の土地所有者となっていた田中正造や東京の支援者たちは、一九〇七（明治四〇）年七月二九日宇都宮地方裁判所栃木支部にたいして「土地収用補償金額裁決不服の訴」を起こした。これが「不当廉価買収訴訟」と称されているものである。この訴訟が残留民の谷中村復活闘争のなかでいかなる位置を占めていたかということについては、充分検討してみなければならない。結果的にみれば、この訴訟が残留民のたたかいのひとつの大きな柱になっていたのは事実であるが、少なくとも当初は残留民にとっては積極的な意味をもっていなかったし、最後まで彼らにとっては負担であった。しかし一面では、この裁判の継続と谷中村民を支援する広範な首都の世論があったがゆえに、残留民が強制的に立ち退かされることなく、そのまま住みつづけることができたのだとすれば、この裁判もそれなりの意義はあったということになる。田中正造と残留民が控訴を決意したのも、そうした理由からであった(9)。

裁判は一〇月七日に第一回公判が開かれたが、その後この訴訟を提唱した谷中村救済会が内部の方針の違いから消滅してしまい、田中正造以下三二人の原告と地元栃木の弁護士だけで裁判をおこなうことになった。四年後の一九一一年六月、原告、被告（栃木県当局）双方の代理人の和解申立てにより裁判長は和解を勧告したが、むろん田中正造や残留民は和解を拒否し、弁護団を立てなおして訴訟を続行した。一九一二年四月二〇日第一審の判決が下された。それはまったく「申し訳け」程度の勝利で、実質的には何の得るところもなかった。残留民と田中正造は控訴するかどうかについて控訴期限のぎりぎりまで検討し、六月一二日東京控訴院に控訴した。控訴審では中村秋三郎が主任弁護士を無報酬で引き受けた。彼は谷中村救済会の高名な弁護士たちとは違って、残留民のさまざまな法的問題にも助力を惜しまなかった。控訴審では七年間に二二回の公判が開かれた。この間一九一三年九月四日に田中正造が波乱に富んだ生涯を終え、訴訟は正造の未亡人である田中カツが引き継ぐなどの事態も生じた。控訴院は一九一八（大正七）年八月一八日きわめて不十分ながらも原告側の請求を認めて、強制収用時の県の買収価格の約一・五倍を公正な価格と認定し、県にその差額と利子分を支払えとの判決を下したのであった。

一二年にわたる不当廉価買収訴訟が終結したとき、すでに残留民たちの谷中村復活闘争も終りを遂げていた。それゆえこの裁判が鉱毒反対運動の最後の幕を閉じたのだといってもよい。次にわれわれは谷中村復活に賭けた田中正造と残留民の現実のたたかいと、その挫折を余儀なくさせた渡良瀬川改修計画について、見ておくことにしよう。

## 渡良瀬川の改修

### (1) 河川法の適用

ところで先述したように政府は谷中残留民を立ち退かせるために、官憲を使って日常的にさまざまな嫌がらせをおこなったが、これに動じるような残留民たちではなかった。そこで政府は谷中村残留民を立ち退かせるひとつの手段として一九〇八（明治四一）年七月二五日、旧谷中村に河川法を適用したのである。しかしこれも田中正造と残留民の抵抗によって目的を達することができず、かえって残留民や旧谷中村民が、耕作や漁業のために旧谷中村跡へ立ち入ることを認める結果になった。というのも河川法では耕作や漁業のための占用願が認められるならば、河川敷を合法的に利用できると規定していたことと、先に谷中村民の移転に際して栃木県当局が元の農地での耕作を認めるとの口約束をしていたことから、河川法の適用は事実上村民の旧谷中村跡への立ち入りを追認する結果になったのである。

とはいえ河川法の適用は、そのなかに住みつづける残留民にとっては非常にきびしいものであった。現に住んでいる仮小屋やその他の工作物一切も県当局の許可を得なければならなかった。田中正造と残留民は内務大臣に河川法適用の不当を訴える請願書をだしたり、知事や県議会にたいして河川法適用を取消すよう要請した。これに応えて県議会は、一九〇八年一二月一四日「河川法の適用告示を取消すべし」との意見書を採択すると同時に、田中正造の草案になる利根、渡良瀬両川の治水にかんする意見書を全会一致で決議している。しかし県議会の決議にもかかわらず、栃木県当局と官憲による残留民追いだし方針は変らず、残留民が耕作をするためにわずかな仮堤防をつくっても妨害・破壊をおこなった。また実際に仮小屋をたてかえた二人の残留民と、田中正造の死後、彼を祀る田中霊祠を設置した三人の残留民らが河川法違反で逮捕され、それぞれ二〇円の罰金刑に処せられたのである。

### (2) 渡良瀬川改修のねらい

残留民と田中正造は、旧谷中村に河川法が適用された翌一九〇九年、彼らの目標とする谷中村の復活を根底から掘り崩すような渡良瀬川改修計画に直面することになった。政府はこの十数年前から、利根、渡良瀬両川の洪水を予防するための改修工事を計画していたが、日露の対立の激化、日露戦争への突入という状況のなかで、財政的に困窮していたために両川の改修はなかなか進展しなかった。渡良瀬川改修案は第二次鉱毒調査会の鉱毒事件処分案の中心部分をなすものであったが、日露戦争中に谷中村を廃村にし、そこに住む農民をなかば強制的に追いだしただけであった。だが、もともと治水の根本思想を欠いていた谷中村の遊水池化が洪水を防ぐのに役立つはずがなかった。それに計画では利根、渡良瀬両川の大改修と旧谷中村の三~四倍の広さの遊水池がセットになって、はじめて洪水予防に役立つという見込みだったのだが、谷中村を廃村にしただけであったから洪水はかえってひどくなったのである。とくに谷中村残留民の家屋と土地が強制収用された直後の一九〇七年八月の洪水は、利根、渡良瀬両川の下流一帯に大被害を与え、谷中村の遊水池化がまったく無効であることを実証したのだった。

政府は利根、渡良瀬両川の大改修なくして洪水を防止できないことを痛感し、かねてより計画してきた両川の大改修を実施に移すことにした。利根川の改修は下流から着手され、その第一期工事は、鉱毒被害民が第四回目の大挙東京押出しを決行し、官憲の大弾圧（川俣事件）で挫折を余儀なくされた一九〇〇年に着手されていた。日本ではこの年以降河川改修の方法が、低水工法から高水工法に全面的に転換された(10)。高水工法というのは、堤防を高くすることによって洪水時の最大流量を河川のなかに押しこめて洪水を防ぐ工法であり、これにたいして低水工法というのは、一定の流量以上に増水した場合は、堤防を越えさせ低湿地一帯に水をためて遊水地帯とし、それによって下流の流量を調節する工法である。いわば遊水地帯の犠牲において下流の洪水被害を最小限にするやり方といってよい。高水工法は土木技術上から難しいというだけでなく、工事費の点からきわめてたかくついた。低水工法の場合は、広大な水害常習地帯を前提としてはいるが、大規模な土木工事は必要としなかった。

明治政府は当初舟運を重視する立場から、オランダから低水工法の技術を導入して運河や低水路の開削をおこなったが、内陸鉄道が発達するにしたがって、舟運の重要性が小さくなったので一九〇〇年以降は、もっぱら洪水対策上から全国的に高水工法を採用したのであった。渡良瀬川が利根川に合流する地域は、江戸時代から水害常習地帯であったが、それは徳川幕府の利根川にたいする治水方針が、左岸（下流に向かって左側）の堤防を低く、右岸を高くすることにより、舟運に必要な利根川の流量を維持すると同時に、右岸の水害を防ごうとするものであったからである。前述したように明治政府も基本的にこの方針を受け継いだといえるが、鉱毒被害さえなかったならば、また煙害によって渡良瀬川源流地帯が荒廃して降雨から出水にいたる時間が短縮されたり、多量の土砂による河床の上昇がなかったならば、渡良瀬川下流地帯を無人地帯にする必要はなかったのである。なぜなら江戸時代から利根川左岸の渡良瀬川下流地域の人びとは、徳川幕府の治水対策の被害者であったために、利根川の逆流洪水に備えた生活様式を工夫していたからである。したがって足尾銅山の鉱毒被害さえなければ、利根川の治水対策を完全にすることによって、この渡良瀬川下流地域は、きわめて肥沃な農耕地帯として存続しえたのである。

問題は利根川からの逆流洪水にあった。その原因は、東京府内を貫流して東京湾にそそいでいる江戸川の流域を、洪水と足尾銅山の鉱毒の被害から守るために、利根川から江戸川への分流口である関宿の石堤を狭めたことにあった。谷中村廃村事件以降の田中正造が何よりも強調したのはこの点であったし、彼の晩年の約一〇年間の活動は、谷中村復活を実現するために関宿の石堤を取り払って、利根川の水を江戸川に流しこむという治水方針の実現に向けられていたのであった(11)。

かつては渡良瀬川と利根川は別々に東京湾に流れこんでいたが、その当時の渡良瀬川の本流は現在の江戸川筋にあった。徳川幕府は現在の利根川の下流部にあたる河川の舟運を維持するために、人工的に利根川を少しずつ東へつけかえついに渡良瀬川に結び、赤堀川を人工的に開削して常陸川に落し、さらに鬼怒川、小貝川を合流して銚子から太平洋へ流れこませたのであった。これが利根川の瀬替、東遷と呼ばれるものであるが(12)、注意しておかねばならないのは、この利根川の東遷は、江戸時代にあっては治水対策というよりも舟運のための流量維持を主目的になされたという点である。したがって銚子方面に流れる水は、利根川の分流にすぎず、江戸時代末期までその本流は、渡良瀬川の下流部となっていた江戸川をつうじて東京湾にそそいでいたのである。江戸川をつうじて東京湾へそそぐ流路延長は、現在の利根川をつうじて銚子から太平洋へそそぐ場合の半分であり、逆に川の勾配は二倍となるから、それだけ水捌けがよくなるのは自然の理であった。したがって田中正造が、江戸川の流頭呑口（関宿の分流口）を狭めることを前提としてたてられた政府の利根、渡良瀬両川にたいする治水方針を全面的に批判したのは当然のことであったといえる。政府は明治時代の初期から江戸川の洪水対策を重視し、一貫して江戸川の流頭呑口を狭めてきたが、とくに鉱毒問題がいっきょに一大社会問題化した一八九六年夏の大洪水以降、いちじるしく狭めたのである。そのために渡良瀬川下流地帯の逆流洪水は、いっそうひどいものになってしまったのである。

そこで政府は、洪水対策と鉱毒問題の鎮静化の一石二鳥の効果をねらって、利根川と渡良瀬川の両岸について高水工法を施し、それまでの不特定の広大な遊水地帯をなくし、谷中村などの特定地域のみを遊水池（政府の計画案では遊水池であるが、県や地元では瀦水地と称していた）として堤防で囲み、利根川が減水するまでそこに増水した渡良瀬川の水を一時的に溜めておくという計画をたてたのであった。そうすることによって政府は、江戸川と利根川下流地域の洪水を防ぐとともに、渡良瀬川下流地域の逆流洪水被害を減少させようとしたのである。また同時に洪水によって押し流されてくる鉱毒を広大な遊水地帯に拡散、堆積させずに、旧谷中村一帯の遊水池に沈澱させようとしたものといえる。ここに荒畑寒村のいう「鉱毒問題の治水問題への埋没」の真の原因があった。

政府は日露戦争の過程で国民的統合を実現し、農村の指導者たちにも広く国家意識を植えつけることに成功したことから、それに乗じて鉱毒と洪水の被害によって疲弊した農民たちを分断し、彼らを体制内に取りこむ方針をたてたのである。そして弾圧と巧みな宣伝や説得活動により、農民側の連帯を急速に破壊していった。こうして旧谷中村の上流の農民たちは、利根川と渡良瀬川の高水工事が完成することによって、洪水のもたらす鉱毒被害が減少するのであれば、下流の一部の農民が犠牲になるのも止むを得ない措置である、と考えるようになっていった。かつて田中正造の支援を受けて当選した群馬県選出の武藤金吉議員や、鉱毒反対運動の活動家の幹部であった岩崎佐十・野口春蔵・大出喜平などといった人びとが、今度は渡良瀬川改修促進運動の先頭に立ったのである。もはや上流と下流の被害農民たちの利害は完全に相容れないものになってしまっていた。

(3) 渡良瀬川改修工事計画とその実施

一九〇九（明治四二）年政府は、利根川の第二期、第三期の改修工事と合わせて、渡良瀬川の改修工事計画を発表した。これを受けて、栃木、群馬、茨城、埼玉の四県は、渡良瀬川改修諮問案を可決し内務省の計画に同意したのである。翌一九一〇年三月政府は、第二六回帝国議会に渡良瀬川改修案を提出した。これにたいして田中正造をはじめ旧谷中村残留民や周辺町村農民は、各県会にたいする渡良瀬川改修反対運動を起こすとともに、首都における世論対策、議会内においては、長年にわたって田中正造や被害民の運動を支援してきた島田三郎などをとおしての質問、追及をおこなった。しかしながら、彼らの反対運動は効を奏さず、議会は総工費七五〇万円、一四カ年継続事業による渡良瀬川改修案を可決成立させたのであった。

この改修計画は(13)、渡良瀬川にそそぐ思川などの各支川も対象としていた。その全流域面積は合計約三七〇〇平方キロメートル、流路延長約八三〇キロメートル、航路延長約一四〇キロメートル、灌漑反別は約一万九六〇〇ヘクタールにのぼっていた。またこの改修計画では、渡良瀬川の水害区域は沿岸四県六郡にわたり、その面積は約四万五九〇〇ヘクタールにおよぶものと想定している。改修計画のなかでもっとも重要なものは、旧谷中村の西側を流れる渡良瀬川の河道（海老瀬の七曲りといわれる渡良瀬川の曲りくねった部分）を廃止して埋め立て、代りに藤岡町の高台を開削して新川を疏通させ、渡良瀬川を旧谷中村のなかに導く工事であった。この工事は旧谷中村を中心にして、その周辺の土地と赤麻沼とを合わせて周囲約二七キロメートル、面積約三〇〇〇ヘクタールという広大な遊水池をつくるための一環であった。遊水池の周囲には、堤塘が築かれることになっていた。その他渡良瀬川とその支川の堤防工事、付帯工事として数多くの水門、水路工事が計画されていた。

改修工事は一九一〇年度に着手されるが、この年の八月に発生した稀にみる大水害によって、一八九六年の洪水を基準にして策定されたこの計画は、早くも大幅な変更を余儀なくされた。改修は予定より四年遅れて一九二七（昭和二）年三月にようやく完工した。総工費は当初予算より増加し、一九二六年三月末の段階で一一四〇万円の巨額に達した。その内訳は国庫支出金が七九三万五〇〇〇円、関係四県負担金三四六万五〇〇〇円（栃木県一九二万六〇〇〇円、群馬県五四万円、埼玉県四六万八〇〇〇円、茨城県五三万一〇〇〇円）であった。工事対象地域は四県二町二一カ村にわたり、買収用地面積は二六六七ヘクタールにのぼった。第一次用地買収は一九一一年から一二年にかけておこなわれたが、これに反対する農民も多く、なかなか進展しなかった。この事情を『渡良瀬川改修工事概要』は、「協議開始後或ル一部ニ於テハ買収価格ノ低廉ニ失セリト称へ、或ハ郷党離散ノ苦衷ヲ訴ヘシモノアリシモ、国家永遠ノ大事業ニシテ、将来ノ水害ノ除却ニ想到セバ、一部ノ犠牲又止ムヲ得ザルヲ覚リ、以後漸ク応諾ヲ得テ三月末日（＝一九一二年）ニハ九割ノ契約締結ヲ見タリ」(14)と記している。第二次用地買収は一九一二年から一三年にかけておこなわれたが、このときは買収対象地域に旧谷中村の堤外地が含まれていたために、旧谷中村残留民一八名が最後まで用地買収を拒否し、その部分は買収されなかった。第三次用地買収は一九一三年から一四年にかけておこなわれた。

これら三回の用地買収において、価格が低廉すぎるとして民事訴訟を起こした人びともいたが、工事担当者にとっての困難は、旧谷中村残留民の存在であった。残留民たちは田中正造の死後も谷中村の復活をかけて、すでに遊水池化工事のはじまったその地に住みつづけていた。内務省はこうした旧谷中村残留民にたいして、繰り返し立ち退きを強要した。そして一九一五（大正四）年一一月ついに彼らの所有する堤外地についても土地収用法を適用した。その一方一九一六年五月以降になると、内務省当局は残留民の支援者たちをとおして立ち退き問題の解決を求めて、しきりに接触してきたのである。残留民はそれも拒否したが、結局同年一一月に県当局が立ち退き命令をだし、強制執行の構えを見せたために、翌一九一七年一月一九日止むなく県当局との間に移住覚書きを取り交わし、二月末日までに県当局が用意した土地に移転したのであった。なお移転の条件として、現在の耕作地と不用堤を貸付けること、および就業費、物件取払費などとして一戸当たり六〇円から一二〇円を支給することを認めさせた。こうして残留民が旧谷中村から藤岡町などの周辺にあがった翌一九一八年八月、渡良瀬川改修工事の最難関である藤岡町の高台を開削する新川築造工事が完成し、「上流被害民の万歳の声のうちに疏水式が行なわれた」(15)のであった。

一九〇五年以降谷中村を追われて他郷に移転した人びとのなかには、オホーツク海に近い極寒の北海道佐呂間町に移住した人びともあった。彼らがその後六〇余年にわたっておこなった帰郷運動については、後でふれることにしよう。また栃木県北部の那須高原の荒野にも、多くの旧村民が移住した。開拓に成功した人もいるが、失敗し旧谷中村に戻って残留民と同じように、仮小屋に住んだ人びと(復帰者)もいた。大部分の人びとは旧谷中村周辺に移転したのであるが、遊水池のなかのかつての自分の土地を耕作したり、共有地で萱を刈ったり、赤麻沼で漁をしたりして生活をたてた。そうしたなかで旧谷中村残留民たちは、廃村となり遊水池とされた土地に一〇年以上にわたって住みつづけ、身をもって谷中村遊水池化の無効性を訴えるとともに、政府の治水方針の誤りと鉱毒問題の忘却とを糾弾しつづけたのであった。

# 10　鉱毒問題の潜在化

## 洪水、旱害、鉱毒被害に苦しむ農民

利根川と渡良瀬川の改修は内務省の直轄事業としておこなわれたが、その工事はきわめて大規模であったので、国民の負担も大きかった。利根川の改修は、一九〇〇（明治三三）年に下流の第一期工事に着手してから三〇年の歳月と六三二四万円という巨費を投じて、一九三〇（昭和五）年に一応の完成を見た。また渡良瀬川の改修工事は、前述したように一九一〇年から一一三七万円の工費をかけて、一七年後の一九二七年に竣工した。これらの巨額の工事費のうち、渡良瀬川と利根川下流にかんする改修費のかなりの部分は、足尾銅山の操業にともなう鉱毒、洪水被害の対策のために支出されたものと考えられるが(1)、足尾銅山に起因する工事費の増加分が、どれくらいの額にのぼっていたのかを算定することはきわめて難しい。しかしこのとき策定された治水の基本方針が、現在にいたるまで継承されてきたことを考えれば、足尾銅山の操業は巨額の治水費の累積という形で、直接国民全体に大きな負担を強いてきたのだということができる。今日の利根川と渡良瀬川の治水方針を見るとき、鉱毒問題は未だに終ってはいないと考えざるをえない。

たしかに利根川と渡良瀬川の改修後は、平水時において農作物が全滅するというような激甚な被害はなくなった。しかしそれは農民たちが用水の管理に特別の注意を払ったからでもある。農民たちは足尾地方で大雨が降るとすぐさま用水の取入口を閉じたし、また日常的には田圃の水の取入口に鉱毒溜と称する鉱毒泥の沈澱池を設置したり、取り入れた用水を田圃の周囲にめぐらしたりして、鉱毒被害を軽減する工夫をしていた。農民にとって用水管理は一日たりとも怠ることができなかった。鉱毒溜の鉱毒泥は少なくとも一年に一回以上、場合によっては数回もさらわねばならなかった。用水の取入口の田圃には必ず鉱毒溜がつくられていたから、その数はきわめて多く、鉱毒泥の浚渫はたいへんな労力を必要とした。この浚渫された鉱毒泥はどこにも捨てることができなかったので、田圃のあちらこちらに積みあげられた。農民はそれを毒塚と呼んだ。この毒塚もつい最近まで、被害地の田圃ではよくみられた。なお鉱毒溜や鉱毒泥沈澱用の水路は現在でも残っており、被害地ではもっとも上流地域に属し、今も鉱毒被害を受けている群馬県太田市の毛里田地区で見ることができる。

日常的な水の管理以外にも、農民たちは鉱毒被害のはなはだしい田圃については天地返しをおこなったり、新しい山土を入れたりした。さらに土壌を改良するために石灰を投入し、鉱毒被害に強い品種を選ぶとともに大量の肥料を使用して農業生産の回復に努力した。農民たちの無償の労力と多額の自己資金の投下によって、農業生産は少しずつ回復していったが、鉱毒被害を受けない地域とくらべれば生産性は依然として低かった。そうした事態にたいして農民たちはあきらめて傍観していたわけではない。渡良瀬川の改修のために谷中村の遊水池化もやむをえない、と思っていた谷中村より上流地域の人びとにしても、灌漑用水を取水している渡良瀬川の汚濁には激しく抗議し、古河鉱業はもとより、関係各官庁にたいして水源涵養を繰り返し訴えたのである。というのも渡良瀬川と利根川にはさまれた両毛地方の農地の灌漑用水は、ほとんど渡良瀬川に依存していたので、渡良瀬川の汚染は、この地方の農民にとって死活問題だったからである。灌漑用水の取水口には堰と水門が設置され、用水はそこから水路で遠くまで導水されていた。水利施設の主要なものは渡良瀬川の改修にともなってつくりかえられたが、各水利組合や個々の農民の負担による工事も多かった。渡良瀬川には、上流から岡登堰、待堰、矢場堰、三栗谷堰などの取水用の堰があり、それらの管理は各水利組合がおこなっていた。農民たちは古河鉱業や関係官庁にたいする抗議行動や交渉などは、ほとんどこの水利組合をとおしておこなった。

かつて農民たちは足尾銅山の鉱業停止を目標に鉱毒反対運動をおこなったが、谷中村の廃村と遊水池化、渡良瀬川改修工事の開始という状況のなかで、その目標を一歩後退させて治水と灌漑用水の整備においたのだった。現実に足尾銅山が発展すればそれだけ下流に流出する鉱毒は増えるし、また製錬ガスによる森林の荒廃も進むことになった。足尾山地は関東地方でも有数の多雨地帯であったので、かつては樹木の成育はきわめてよかったが、しかしそれだけに煙害による森林の荒廃によって、表土の流出は加速度的に進み、容易に岩盤が露出してしまったのである。その結果足尾山地の保水力はいちじるしく低下してしまった。そこに洪水と旱魃被害が激化する必然性があったのである。一九〇〇年から一九五〇年までの間で、洪水被害の大きかった年だけを挙げてみても一九〇二年、一〇年、一四年、一九年、二二年、二五年、三五年、三八年、四七年、四八年、四九年の一一回もある。そしてこの間ほとんど毎年のように台風による大雨の被害が発生している。一方降雨量が少なくて旱魃による被害が大きかったのは、一九一三年、二四年、二九年、三三年などであった(2)。とくに田植えの時期に旱魃に見舞われると田植えができなくなり、その被害は甚大であった。そのようなとき、農民たちは番水制（順番にある一定時間を区切って用水を使用するやり方）を施行して少ない水を農民的規律に従って配分し、被害を最小限におさえようとしたのだった。

　ところで谷中村の遊水池計画が表面化した頃から、待矢場両堰普通水利組合と三栗谷普通水利組合では、灌漑用水の鉱毒汚染と異常渇水にたいする対策をたてるために、それぞれほぼ年一回の割合で足尾地域の現地視察をおこない、足尾銅山における鉱毒予防工事の実態や山林の荒廃状況などについて調査した。かつて日清戦争の前後には、古河鉱業は渡良瀬川から取水する水利組合に寄付金や見舞金の名目で、鉱毒沈澱池の浚渫費用などの一部を支払っていた。しかし日露戦争がはじまる一九〇四年二月、古河鉱業は一八九七年に待矢場両堰普通水利組合と締結した示談契約が満期になるや、「内外全体ノ形勢ハ勿論小家ノ之レニ対スル位地《ママ》責任等ニ至ル迄該契約締結ノ当時即チ三〇年二月ト今日トハ全ク変化致居候」(3)と、前回の契約後に鉱毒予防工事を実施したという理由をもって、示談契約の更新を拒否したのであった。それまで各水利組合は、田中正造や大多数の農民たちのように鉱業停止要求を第一目標とせずに、彼らの批判する示談金契約による事件の収拾をおこなっていたのであるが、古河側からの示談金打ち切りの一方的通告に接することにより、水利組合は自らの利害関係を明らかにする必要に迫られ、水源地の視察をはじめたものであろう。

第一次大戦勃発から三年目の一九一六（大正五）年になると、銅価は急上昇し一九一四年には一トン当たり五五四円であったものが一〇四六円となった。それにともなって各地の銅山では増産対策がとられたが、足尾銅山の産銅量は一九一四年当時の一万八一一トンから一九一六年には一万四二〇七トンへと増大した(4)。このような急速な産銅量の増加が、下流の鉱毒被害をひどいものにしたことは十分推察しうることである。

この年の一一月下旬、待矢場両堰普通水利組合の一一人の委員は四日間にわたって水源地調査をおこない、鉱毒予防工事の実態や煙害状況について報告書を作成した。そしてそれにもとづいて、翌一九一七年二月に群馬県知事にたいして次のような意見書を提出した。

意見書(5)

当待矢場両堰普通水利組合ノ水源渡良瀬川ノ発源地ナル足尾銅山古河鉱業所ニ対シ鉱毒予防ニ関シ明治三〇年政府命令ニヨリ鉱業主ハ夫々相当ノ施設ヲナシ下流人民ノ危害ヲ防除シタル筈ニ候処未タ洪水ト共ニ土砂ノ浸《ママ》入少カラサルノミナラス用水期節ニ於テ比《ママ》年渇水ヲ告クルニヨリ其状況視察候処鉱毒予防工事中不備ト思料スルモノ左ノ実況ニ有之候

一、坑水並選鉱用廢水ハ沈澱池濾過池ヲ増設シタルニヨリ常時ハ毒分ノ減少セシモ一朝豪雨ノ際ハ

雨覆等ノ設備ナキ為メ若干ノ泥渣粉鉱ハ雨水ト共ニ溢出スルヲ防止シ得サルモノトス

一、砂防工事ノ網状工事ハ豪雨ニ際シ山岳崩落ノ砂礫ト共ニ流出シテ山骨ヲ露ハシ其効果ナキモノヽ如シ

一、亜硫酸瓦斯ハ脱硫塔ヲ改造シ噴烟ヲ一ケ所ニ蒐集スルヲ以テ一見有効ナルカ如キモ亜硫酸瓦斯ハ未タ脱却シ尽サー《ママ》ルカ故ニ烟燵ヨリ吐出セル烟毒ニヨリ足尾銅山連亘ノ山脈ニハ青色ヲ帯ヘルモノナク尚猛烟ハ日光山中ヲ惨害シツヽアリテ数年ノ後ハ足尾銅山ハ勿論日光山ニ連亘セル山脈ハ必ス兀山ト化シテ我水源ハ一層涸渇スヘキ状態ナリトス

以上ノ状況ナルヲ以テ適応ノ御措置相成候様御賢慮相仰度本会ノ議決ヲ以テ謹テ意見及上申候也

大正六年二月一〇日

待矢場両堰普通水利組合議長

上原栄三郎

群馬県知事三宅源之助殿

この意見書では、足尾銅山の鉱毒予防工事が不完全であること、脱硫塔の効果はなく亜硫酸ガスによる煙害はますますひどくなり、その被害は日光連山にまでおよび、そのため渡良瀬川の水源はいっそう涸渇する状態であると憂慮している。というのも一九一五年七月に早魃で水源が涸渇し、稲作の灌漑ができずにいたところへ八月二日に豪雨があったため農民たちは急いで灌漑したのだが、渡良瀬川の水は

鉱毒が流出したときと同様に濁り、大騒ぎをしたばかりであったからである(6)。旱魃の後の豪雨は鉱毒を大量に流出させるので、灌漑用水としては最悪であったが、枯死寸前の農作物には一刻も早く水をかけねばならなかったのである。

水源地の足尾山地の荒廃によって渡良瀬川の流量は、洪水のときはますます増大して、渇水のときにはますます減少したので、農民たちはその両方にたいする対策が必要となった。洪水対策は渡良瀬川の改修工事に付随しておこなわれたが、渇水時の対策や用水の取入口に沈澱池を設置するなどの鉱毒対策は、水利組合自らの手でおこなわねばならなかった。一九二四年夏の大旱魃による被害はきわめて大きく、農民たちの水源涵養にたいする要求をいっそうたかめた。一九二五年二月群馬県の新田、山田、邑楽の東毛三郡の農民数千人は足尾銅山煙害防止問題にかんする農民大会を開き、貴衆両院、内務、農商務大臣にたいする請願書を可決した。農民たちは水源涵養を政府当局に求めるとともに、「速ニ鉱業法ヲ改正シ同法中ニ鉱業ニ依ル損害賠償ニ関スル規定ヲ設ケラレ候様」請願したのだった(7)。というのは当時の損害賠償法規は、民法上の規定しかなく、そこでは原告側すなわち被害者側に立証責任が課せられていたため、鉱毒被害などのような場合は、裁判所に訴えてもほとんど勝つ見込はなかったからであった。鉱業法の改正については、住友財閥の経営する別子銅山四阪島製錬所の煙害に反対する農民たちが、すでに一九〇七年頃から強く要求していたものであるが、結局一九三九（昭和一四）年になってようやく実現したのであった。

農民たちの水源涵養、鉱毒流出防止の願いも空しく、足尾銅山の鉱毒予防施設の不備から、突然鉱毒が流下してくることもしばしばあった。とくに被害が甚大であった年は、一九二九年、三四年、三五年、三九年であった。とくに三四年の鉱毒流下事件の場合は、古河鉱業が選鉱処理施設の能力以上の操業をつづけたために廃石と鉱滓の捨て場に困り、渡良瀬川に故意に流したのが原因であった。監視活動をしていた待矢場堰の組合員がその現場を目撃したことから、各水利組合は古河鉱業にたいして厳重な抗議をおこなった(8)。鉱毒流下事件が相次いだり、渇水年がつづいたりしたことから、三栗谷水利組合では一九三三年に三栗谷用水の改良事業をおこなうことを決定した。それは、鉱毒の被害を最小限にするために伏流水取水用の集水暗渠を設置するなど、いろいろの工夫がこらされていた。また用水路からの漏水を防ぐために三面をコンクリート舗装とした。この改良事業が県営事業としての認定を受けたのは一九三五年であった。しかし第一期工事分の総工費三三万円のうち地元負担分が九万九〇〇〇円もの多額にのぼったために、着工が危まれたのであるが、水利組合ではこの地元負担金を古河鉱業に負担させるべくねばり強く交渉し、一九三六年に古河鉱業に八万五〇〇〇円を寄贈させることに成功したのであった。これにより第一次改良事業は一九三六年三月に開始され、一九三九年に完成した。その後第二次大戦中に第二次、第三次の改良事業をおこない、戦後になって第四次改良事業(一九四八～五〇年)、第五次改良事業(一九五〇～六七年)を実施した。この五次にわたる三栗谷用水の改良事業には、集水暗渠や独特の構造の沈砂池など、農民たちの鉱毒除害にかけた熱意がこめられている(9)。

## 古河鉱業の発展

われわれはこれまで、足尾銅山の操業にともなう煙害と鉱毒被害によって、人びとが経済的にのみならず、肉体的にも精神的にもいかに苦痛を強いられていたか、その一端をかいま見てきた。足尾銅山から排出される砒素や鉛などの有毒金属をたっぷり含んだ亜硫酸ガスは、渡良瀬川源流の数千ヘクタールもの森林地帯をハゲ山に変え、松木村を廃村に追いやった。そして渡良瀬川の最下流地域では、鉱毒、洪水合成被害対策のために三〇〇〇ヘクタール以上の農地や原野・沼沢地がつぶされ、巨大な鉱毒溜の機能をもった遊水池に変えられた。そのために人口二七〇〇人、四五〇戸の谷中村は、強権的に消滅させられたのであった。このように渡良瀬川の源流の村と最下流の村とが、いずれも足尾銅山の発展の犠牲になって滅亡したという事実を見るだけでも、その経営者である古河鉱業会社の責任がいかに重大なものであったかを指摘しうるのである。

古河鉱業会社は、日本の明治初期の政商として著名な小野組の番頭であった古河市兵衛が、小野組の没落後、足尾銅山の成功を足がかりにして発展の基礎を築いたもので、しだいに東北地方の金属鉱山や九州地方の炭鉱開発にも手をのばしていった。同社は古河市兵衛の生存中はまだ個人経営の形態をとっていたが、彼の死後経営を引き継いだ古河潤吉によって一九〇五（明治三八）年に会社形態に改組された。設立時の古河鉱業会社の資本金は五〇〇万円であった。しかし同社の設立後まもなくして社長の古河潤吉は病死し、また設立に際して副社長に迎えられた政友会の実務上の第一人者である原敬も、一九〇六年一月西園寺公望内閣の成立にともなって、その内務大臣に就任するために退社したのであった。同社の社長は市兵衛の実子である虎之助が継いだ。原敬は古河鉱業会社退社後も同社の顧問として名を連ね、鉱毒問題と暴動事件とで揺れる同社を擁護しつづけたのだった。

日露戦争後の長期慢性不況から第一次世界大戦ブーム期までの日本の産業構造は、依然として繊維産業が主体であったが、それまでほとんど見るべきものがなかった造船をはじめ鉄鋼や肥料、染料などといった重化学工業部門の産業も、この時期めざましい発展を遂げた。重化学工業の展開と並んで特徴的だったのは、動力源としての電力が普及したことである。第一次大戦中に本格化した工場内の電化と、それを支えた電気事業の急速な発達は、電線の需要を大幅に拡大した。それゆえに古河鉱業会社は日露戦後の銅価の低迷のなかでも拡大しつづけ、第一次世界大戦のブーム期にいたって古河コンツェルンを形成しえたのである。そうした古河鉱業会社の発展を可能にしたのは、谷中村問題を最後に鉱毒問題が社会的には潜在化したことと、それに加えて渡良瀬川改修工事が国営事業としておこなわれたために、莫大な鉱毒被害にたいする損害賠償責任を負わないですませえたからであった。

ところで日露戦後の日本経済は一時的な戦後ブームはあったが、世界的な経済不況の影響を受けて一九〇七年には恐慌が発生した。それ以降は慢性的な不況となり、日本経済は低迷状態がつづいたが、第一次世界大戦の勃発した一九一四年末になってようやく好転しはじめた。そして戦争が長期化するにつれて船舶をはじめ日本商品にたいする欧米諸国の需要がたかまる一方で、欧米諸国からの工業製品の輸入が大幅に減少したことから、日本国内の工業生産は急激に拡大して、一九一六年から一九二〇年の反動恐慌にいたる間は、未曽有の戦争景気が訪れた。

一九一四（大正三）年を基準として一九一九（大正八）年の経済規模をみると、工業生産額は三・四倍、労働者数は一・九倍、事業計画資本は一六倍にも膨張した。また日本からの輸出額は、一九一三年には一三億六二〇〇万円であったものが、一九二〇年には四二億八五〇〇万円となり、約三倍の増加を見たのであった。その結果、産業資本が確立してまだまもないひ弱な日本資本主義は、それまでの貿易の不均衡と莫大な外債の利払による恒常的な正貨準備の不足状態から脱却し、国際収支のうえで約二八億円もの黒字を計上して、債務国からはじめて債権国に変ったのであった。もっともその黒字も一九二〇年恐慌とそれにつづく不況のなかで急速に消滅してしまったが、この時期の各企業の拡大ぶりはあまりにも急テンポであったので、戦後恐慌はそれだけ深刻になったのであった。新興コンツェルンの鈴木商店は、老舗の三井や三菱の独壇場であった商事部門で急成長を遂げ、売上高で一時三井をしのいだこともあったが、経営形態の近代化が遅れ、戦後恐慌とそれにつづく一九二三年の関東大震災、さらに一九二七年の金融恐慌の過程で没落した。その後商事部門のみが再建されて現在の日商岩井株式会社に引き継がれているが、この鈴木商店の例はきわめて典型的なもので、そのほかにも第一次大戦のブーム期に繁栄しながらも、戦後恐慌の過程で没落した例は数限りなくあった。そして古河鉱業会社もそうした社会的・経済的環境に大きく影響されたのである。

ここで古河鉱業会社の設立時点に再び立ち戻って、日露戦後の同社の拡大、発展の状況を同社の『創業一〇〇年史』などを参考にしながら概観しておこう。

一九〇五年、古河本店は古河鉱業会社に改組された。古河鉱業会社が経営上第一に実施したことは、その主力鉱山である足尾銅山の操業近代化であった。経営陣はそれまでの飯場制度の下での自由採掘制を廃止して階段掘りを採用することにより、生産性の上昇と乱掘の防止をはかろうとしたのである。それは坑夫を切羽に拘束する一方、採鉱請負から飯場頭を排除し、経営側が坑内作業の全体について直接管理しうる機構に変えるものであった。だがこのような飯場制度の改革は、既得権益を奪われることになった飯場頭や、この改革で実質賃金を切り下げられた労働者の強い反発を買った。しかし経営者側が労働者の要求を無視したことから、一九〇七年二月、労働者の怒りはついに鉱山施設のほとんどを破壊、もしくは焼失させた。これが足尾銅山暴動事件といわれるもので(10)、軍隊の出動によってようやく鎮圧されたのであった。先に見たようにこの暴動事件が発生したちょうどそのとき、下流の旧谷中村では、土地収用法の適用に反対して農民たちが執拗な反対闘争を展開していたのである。

暴動事件が経営者側に与えた影響は、下流の鉱毒問題よりははるかに大きいものであった。それは労働者の闘争が直接生産過程を危機に陥らせるものであったのにたいして、鉱毒被害農民の運動は行政にたいしておこなわれ、生産過程には直接関与しなかったからであろう。暴動事件以後古河鉱業の経営首脳は労務管理対策を重視し、労働争議の発生を未然に防ぐことに力をそそぐとともに、暴動で破壊された諸施設の再建と坑内外設備の近代化を急いだ。

古河鉱業会社は、足尾銅山の経営上の最大のネックであった輸送問題を解決するために、一九〇七(明治四〇)年足尾鉄道株式会社を設立した。同鉄道は一九一二年に全線が開通した。また一九〇六年に完成した日光電気精銅所は毎年拡張されたが、一九一二年には新たに七工場が建設され、市場の銅需要の多様化に応じた製品の生産を可能にした。こうした生産面での改革に加えて販売部門の充実も進められた。一八九六年に勝野炭鉱門司出張所が設置されたのを皮切りに、一九〇四年大阪出張所、一九〇六年上海派出店などが設置された。いずれも取引の増大にしたがって一九一一年から一二年にかけて支店に昇格し、その他、国内外の販売網もいっそう拡充されていった。さらに一九一五年には香港出張所と、後に古河コンツェルンを揺がす大事件を引き起した大連出張所が設置され、一九一六年には京城とロンドンに、一九一八年にはニューヨークにも出張所が開設された。

さらに古河鉱業会社では、以前からの銅山と炭鉱経営に加えて電線製造部門への進出をはかり、一九〇八年に横浜電線製造株式会社の経営権を獲得したのをはじめ、日本電線株式会社、九州電線株式会社の経営権も手に入れ、原料の供給から製品の販売までをおこなった。そして一九一三年には林業部を開設して、一五年にはマレー半島でゴム園の経営をはじめたり、朝鮮で鉱山の操業を手がけたりした。また国策会社である満鉄（南満州鉄道会社、一九〇六年設立）や中日実業株式会社（一九一三年設立）にも資本参加をおこなった。この間一九一一年に商法の改正にともない、古河鉱業会社は古河合名会社に商号を変更した。

第一次世界大戦前の古河は銅を主力商品として、しだいに関連分野にも進出していったが、経営の基礎は足尾銅山であった。古河の経営陣は日露戦後第一次大戦にいたるまで足尾銅山にたいして巨額の近代化投資をおこなった。暴動による損害も大きく、その再建費も含めて、一九〇六年から一九一四年までの足尾銅山の起業費総額は約二六九万円にのぼった。これに日光精銅所と日光水力発電所の建設費を加えると五七三万円となり、足尾関係だけでも古河鉱業の全起業費の七〇%にもおよんだのである[11]。このような巨額の資本投下により一九〇八年以降の足尾産銅高は第一六表にみるように増加し、一三年には年産一万トン台に達した。翌一四年に第一次世界大戦が勃発したために、戦略物資である金属市価はそれまでの低迷状態を脱し、一五年以降急騰しはじめた(第一七表参照)。古河鉱業は生産能力の最大限まで増産をおこない、一九一七年には一万七三八七トンを生産し、自山産出の鉱石による産銅高としては、足尾銅山史上の最大を記録したのである。だが増産のための投資額は利潤をはるかに上回り、古

### 第16表　足尾産銅高と対全国比

| 年　次 | 足尾産銅高（A） | 全国総産銅高（B） | A／B×100 |
|---|---|---|---|
| 1908（明治41）年 | 7,084 | 40,653 | 17.4 |
| 09（〃 42）年 | 6,886 | 45,841 | 15.0 |
| 10（〃 43）年 | 7,034 | 49,324 | 14.3 |
| 11（〃 44）年 | 7,634 | 53,402 | 14.3 |
| 12（〃 45）年 | 9,474 | 62,422 | 15.2 |
| 13（大正 2）年 | 10,434 | 66,501 | 15.7 |
| 14（〃 3）年 | 10,811 | 70,463 | 15.3 |
| 15（〃 4）年 | 11,770 | 75,416 | 15.6 |
| 16（〃 5）年 | 14,207 | 100,636 | 14.1 |
| 17（〃 6）年 | 17,387 | 108,038 | 16.1 |
| 18（〃 7）年 | 15,706 | 90,341 | 17.4 |
| 19（〃 8）年 | 15,461 | 78,443 | 19.7 |
| 20（〃 9）年 | 13,201 | 67,792 | 19.5 |
| 21（〃 10）年 | 12,916 | 54,957 | 23.5 |
| 22（〃 11）年 | 12,980 | 54,126 | 24.0 |
| 23（〃 12）年 | 13,418 | 59,346 | 22.6 |
| 24（〃 13）年 | 13,991 | 63,056 | 22.2 |
| 25（〃 14）年 | 13,287 | 66,487 | 20.0 |
| 26（〃 15）年 | 13,784 | 67,365 | 20.5 |
| 27（昭和 2）年 | 13,294 | 66,571 | 20.0 |
| 28（〃 3）年 | 13,714 | 68,233 | 20.1 |
| 29（〃 4）年 | 13,507 | 75,470 | 17.9 |
| 30（〃 5）年 | 14,065 | 79,033 | 17.8 |

出典：鉱山懇話会編『日本鉱業発達史』（下巻、1932年）805ページ、および農商務省鉱山局編『本邦鉱業の趨勢』各年版より。

河鉱業は追加投資資金の不足に直面したのだった。古河家の発展を支えてきた足尾銅山は、その開発投資の巨大化によって、今や古河鉱業全体の桎梏になろうとしていた。すなわち「日露戦後以降の古河鉱業が直面していた自己金融的蓄積の限界は、三社分立によるコンツェルン形成と古河銀行の設立によって突破される方向を見出した」(12)のである。

第 17 表　第 1 次大戦期の鉱産物市価

(単位：円)

| | 銀 | | 銅 | | 亜　鉛 | | 鉛 | |
|---|---|---|---|---|---|---|---|---|
| | 1 kg 当 | 指数 | 100kg当 | 指数 | 100kg当 | 指数 | 100kg当 | 指数 |
| 年 | 円 | | 円 | | 円 | | 円 | |
| 1911 | 36.00 | 95 | 52.32 | 90 | 29.98 | 108 | 14.00 | 89 |
| 12 | 41.13 | 109 | 67.75 | 116 | 31.12 | 112 | 17.72 | 112 |
| 13 | 40.77 | 108 | 64.63 | 111 | 25.88 | 93 | 19.53 | 124 |
| 14 | 37.70 | 100 | 55.40 | 95 | 24.17 | 87 | 20.83 | 132 |
| 15 | 34.63 | 92 | 68.13 | 117 | 65.32 | 235 | 24.52 | 156 |
| 16 | 42.11 | 111 | 104.60 | 180 | 62.27 | 224 | 38.98 | 247 |
| 17 | 54.81 | 145 | 110.42 | 189 | 41.30 | 149 | 39.62 | 251 |
| 18 | 63.50 | 168 | 103.33 | 177 | 49.28 | 178 | 43.02 | 273 |
| 19 | 70.74 | 187 | 86.03 | 148 | 39.85 | 144 | 28.57 | 181 |
| 20 | 66.42 | 176 | 69.87 | 120 | 39.33 | 142 | 36.58 | 232 |
| 21 | 43.28 | 114 | 57.57 | 99 | 30.58 | 110 | 23.10 | 147 |

| | 鉄 | | 石　炭 | | 原　油 | |
|---|---|---|---|---|---|---|
| | 1 t 当 | 指数 | 1 t 当 | 指数 | 1 kℓ 当 | 指数 |
| 年 | 円 | | 円 | | 円 | |
| 1911 | 40.50 | 98 | 9.53 | 105 | 20.57 | 100 |
| 12 | 44.00 | 107 | 9.44 | 104 | 23.34 | 114 |
| 13 | 50.00 | 121 | 8.33 | 92 | 31.27 | 150 |
| 14 | 49.00 | 119 | 8.84 | 97 | 15.69 | 75 |
| 15 | 58.00 | 140 | 8.19 | 90 | 12.20 | 59 |
| 16 | 89.00 | 216 | 9.10 | 100 | 29.55 | 142 |
| 17 | 215.00 | 521 | 15.66 | 172 | 44.90 | 216 |
| 18 | 406.00 | 983 | 21.31 | 234 | 91.47 | 440 |
| 19 | 164.00 | 400 | 38.32 | 311 | 120.52 | 580 |
| 20 | 133.00 | 323 | 28.56 | 314 | 117.30 | 564 |
| 21 | 78.00 | 189 | 18.70 | 205 | 110.09 | 530 |

出典：鉱山懇話会『日本鉱業発達史』(下巻、1932 年) 783 ページより。指数は 1909 ～ 1913 年の 5 カ年平均を 100 として算出。

## 古河財閥の形成

一九一六年一一月、古河合名会社は持株会社である古河合名会社（資本金二〇〇〇万円）、合名会社古河鉱業会社（同五〇〇万円）、古河商事（同一〇〇〇万円）の三社に分離独立し、コンツェルン形態をとったのである。そしてこれより二カ月前の九月に東京古河銀行（同年六月設立、資本金五〇〇万円）が営業を開始し、古河財閥の機関銀行として傘下の企業への資金融資を担当した。翌一九一八年四月合名会社古河鉱業会社から主要鉱山と工場が分離して、新会社古河鉱業株式会社（資本金二〇〇〇万円）が設立された。同年五月現在の古河財閥は、持株会社である古河合名会社が全株を所有する鉱業、商事、銀行の直系会社三社と、過半数の株式を所有し、持株支配をしている旭電化、横浜護謨などの傍系会社一二社、および二〇〇〇株以上の株式を所有する投資会社九社で構成されていた。

上流と下流の二つの村を滅亡させ、数千ヘクタールの森林をハゲ山にし、少なく見積っても数万ヘクタールの田畑を鉱毒で侵し、さらに鉱毒・洪水合成被害の対策のために巨額の国民の税金を支出させて、ここに古河財閥は成立したのである。もちろん三井、三菱、住友、安田の四大財閥をはじめ、他の財閥も古河とさしたる違いはなかったかもしれない。しかし、その発展の犠牲に供された人びとの生活と自然とが、後日まで白日のもとに曝けだされていた例は他には見られない。足尾銅山の鉱脈が優良で、しかもその位置が下流に大人口をもつ渡良瀬川の源流の奥深い内陸部であったことは、農民たちにとって不運であった。かれらの二〇年にわたる幅広い鉱毒反対運動は挫折を余儀なくさせられたとはいえ、全国の鉱毒被害民の運動を鼓舞するとともに、古河と同様に銅山から出発して財閥となった住友（別子銅山）や、新興財閥の鮎川（日産、日立鉱山）、財閥としては頓挫した藤田組（小坂鉱山）、あるいは鉱山部門が商事部門と並んで財閥形成の柱となっていた三井（三池炭坑、神岡鉱山）や三菱（高島炭坑、尾去沢鉱山）などの鉱山経営に強い影響を与えた。鉱毒予防施設である沈澱池、堆積場、石灰による中和処理などが全国の鉱山に義務付けられたのは、足尾銅山鉱毒反対運動にたいする政府側からの対応策のひとつであった。

さて第一次大戦のブームのなかで生まれた古河財閥は、一九二〇（大正九）年の戦後恐慌のなかでの銅価の暴落と古河商事の破綻によって、戦線の縮小を余儀なくされたのである。古河商事の破綻の直接的な原因は、一九二〇年一月に発覚した大連出張所の豆粕取引と銀相場における破綻であった(13)。この大連事件による損失総額は、古河商事の資本金の二倍半にあたる二五六九万円にのぼった。古河商事は一九二一年一一月古河鉱業に合併されて精算されたのであるが、古河合名と古河鉱業の資本金合計額に匹敵する負債は両社に引き継がれた。古河商事の破綻は直接的に多額の負債という重荷を残しただけでなく、古河財閥が総合財閥として飛躍するうえで必要不可欠な総合商社の欠落を意味した。この影響は後まで尾をひき、古河財閥の機関銀行であった古河銀行の衰退の遠因ともなった。古河銀行は一九三一（昭和六）年にもともとその親銀行的存在であった第一銀行に譲渡された。こうして商社と金融の二大部門を失った古河財閥は、もはや一流財閥に成長する条件を失うことになったわけであるが、旧来からの鉱業、電線製造、化学などの部門に加えて、一九二〇年には銅を中心とする金属加工部門の拡大再編を目的として古河電気工業株式会社を設立した。また新しく電気器機の製造部門への参入をはかり、西ドイツのシーメンス社との技術提携のもとに一九二三年に富士電機製造株式会社を設立した。一九二〇年代をつうじて電機と化学は低迷をつづけたが、一九三〇年代になって軍需産業優先の経済政策がとられたことによって急成長を遂げたのである。さらに一九三五年には現在の富士通株式会社の前身である富士通信機製造株式会社、一九三九年には日本軽金属株式会社を設立するなど、日中戦争から第二次世界大戦の過程で、古河財閥は産業部門を中心に拡大しつづけたのであった。

## 戦争と鉱毒問題

日露戦争の過程で農民側が対政府鉱業停止要求運動に挫折し、分裂していったのと裏腹に、古河鉱業は鉱業からしだいにその関連部門、さらには一般貿易にまでその業務を拡大し、第一次世界大戦による異常なブームのなかでコンツェルンを形成し財閥としての地歩を築いた。しかし戦争の終結によってもたらされた戦後反動恐慌のなかで、古河商事の破綻に直面し、一流財閥として完成する途を閉ざされたのである。同時に古河財閥の中核である古河鉱業も、戦争終結による銅価の低落と安価なアメリカ銅の輸入増加によって経営不振に陥り、他の産銅業者とカルテルを結成するとともに、足尾銅山における労働者の整理を断行した。一九一九年一一月労働組合の活動家を中心に三〇〇余名が解雇されたことに抗議して、足尾騒擾事件と呼ばれる大争議が起こった。足尾銅山の労働運動は、全国的にみてもっとも先進的な部類に属しており、一九二一年四月にも大争議が発生した。

日本経済は世界的には相対的安定期であった一九二〇年代をとおして、関東大震災、金融恐慌などが連続して発生したため、ついに不況から脱けだせなかった。さらに一九二九年秋にはじまる世界恐慌によりアメリカへの生糸輸出が半減したことに加えて、この時期に懸案であった第一次世界大戦勃発以来停止していた金本位制の復活がなされたために、金の流出が急増し、日本経済は深刻な不況に陥った。

一九三一（昭和六）年九月日本の満州駐留軍である関東軍は中国軍と衝突して満州事変を起こしたが、それを契機に日本は国際連盟を脱退し、中国大陸への進出を本格化していった。政府は金輸出の再禁止を実施するとともに、景気回復のために赤字国債を発行しつつ農村にたいする時局匡救事業として土木工事をおこなう一方、その何倍もの資金を投入して軍需産業とその基礎産業である鉱業や重化学工業の振興をはかった。かくして日本はナチスドイツと並んでいちはやく不況を克服したのである。しかし、一九三七年七月に日中戦争に突入したことにより、枢軸国以外の欧

**第18表　満州事変以降の足尾産銅量と粗鉱品位**

（単位：トン）

| 年　次 | 自山銅 | 品位 | 他山銅 | 計 |
|---|---|---|---|---|
| 1932（昭和7）年 | 14,779 | 2.15% | 453 | 15,232 |
| 33（〃 8）年 | 12,884 | 1.94 | 509 | 13,393 |
| 34（〃 9）年 | 10,783 | 1.90 | 796 | 11,579 |
| 35（〃 10）年 | 10,933 | 1.56 | 1,210 | 12,143 |
| 36（〃 11）年 | 12,750 | 1.27 | 1,155 | 13,905 |
| 37（〃 12）年 | 12,121 | 1.15 | 1,940 | 14,061 |
| 38（〃 13）年 | 10,420 | 1.06 | 3,920 | 14.340 |
| 39（〃 14）年 | 9,693 | 0.90 | 3,026 | 12,719 |
| 40（〃 15）年 | 8,444 | 0.75 | 4,111 | 12,555 |
| 41（〃 16）年 | 8,169 | 0.80 | 3,332 | 11,501 |
| 42（〃 17）年 | 7,036 | 0.82 | 4,126 | 11,162 |
| 43（〃 18）年 | 7,530 | 0.71 | 5,567 | 13,097 |
| 44（〃 19）年 | 5,811 | 0.78 | 3,729 | 9,540 |
| 45（〃 20）年 | 1,556 | 0.79 | 1,812 | 3,368 |

注1・自山銅は足尾産出の鉱石の含銅量、他山銅は社内の他銅山からの受け入れ分と社外からの買鉱分の合計。

注2・品位（%）は選鉱受け入れ時の粗鉱含銅品位。

出典：足尾郷土誌編集委員会編『足尾郷土誌』（1978年）174ページ。

米諸国からの反発が強まり、もともと資源の少ない日本は、基本的な軍需物資の輸入すら困難な状況に陥った。政府は生活必需品の生産を削減して、軍需生産を拡大する経済政策をとった。とくに一九四一年一二月からアメリカとの間で戦端を開いて以降は、国民の生活はどん底に突き落されたのであった。すなわち軍事的な敗北以前に日本経済は完全に破綻していたのである(14)。

一九三一年の満州事変の勃発から一九四五年の敗戦にいたる一五年間の日本経済は、前半を準戦時経済体制、後半を戦時経済体制とわけて考えることができるが、この期の全体をつうじて古河財閥は再び発展したのである。古河財閥は一九二〇年代は足尾銅山をはじめとする諸鉱山により、三〇年代は古河電工や富士電機を中心に業績を拡大した。日中戦争がドロ沼に入る頃から鉱産物の増産は国家の重要政策課題となり、政府は一九三八年三月に重要鉱物増産法を公布したのにつづき、五月には探鉱奨励金交付規則、四〇年五月には選鉱場設置奨励規則、四一年四月には鉱山機械化奨励規則などを公布した。増産のための補助金政策の結果、全国の総産銅高は増加していったが、新規の鉱床の見出されなかった足尾銅山の産銅高は、第一八表に見るように、一時期増加したもののしだいに減少した。鉱石品位の低下という条件のもとで増産を実現しようとすれば、出鉱量の増加をはかる以外に方法はなく、そのために足尾銅山の操業は採鉱重視、開坑(新規鉱源の開発)軽視に傾き、それがいっそう品位の低下を招いて悪循環を繰り返させたのである。なお低品位鉱の処理のために足尾銅山では一九三五年新規の選鉱工場を建設して、浮遊選鉱法を主体とした選鉱法に改良したが、それは選鉱廃水量の増加と水質の悪化をともなったために、前述したように、下流の鉱毒被害の激化(鉱毒流下事件)に帰着したのであった。また低品位鉱の大量処理による廃鉱の増加により、足尾銅山では堆積場などの新増設をおこなったが、後に鉱毒問題再燃の原因となる源五郎沢堆積場も、第二次大戦中の一九四三年一〇月設置されたものであった。一九四四年一月、古河鉱業は軍需会社に指定され、生産資材や労働力の優先配分を受けた。しかしそれにもかかわらず、それらの絶対的不足はいっそう進んだ。こうしたなかで足尾銅山では、強制連行されてきた中国人捕虜や朝鮮人労働者を坑内外の作業に従事させたり、戦争末期にいたってはそれまで単なる捕虜として扱っていた欧米人捕虜も強制労働に従事させたりしたのであった(15)。

第二次世界大戦期の足尾銅山は乱掘によって荒廃した。そうした状況では、直接生産性の上昇に結びつかない坑内外の保安や公害防止のための対策などは、まっ先に手抜きがなされたとみてまず間違いないと思われる。下流の農民たちの誰もが、「そりゃ戦時中はひどかった。ちょっと雨が降ると白濁した水が渡良瀬川から用水に流れこみ、もし取水口を閉じ忘れたりすると、稲は枯れたり実らなかったりした」と当時を回想して話してくれる。また、だからこそ、農民たちは灌漑用水設備の整備に熱心だったのだといえる。日中戦争開始後も下流の農民の運動はつづき、一九三八年九月の渡良瀬川大洪水、翌三九年六月の増水によって激甚な鉱毒被害が発生したため、群馬県の桐生市、山田郡、待矢場両堰普通水利組合などの農民たちは、渡良瀬川改修群馬期成同盟会を結成して、栃木県足利郡の農民などとともに、内務省にたいして水源涵養と渡良瀬川の再度の改修要求を提出した。農民たちの陳情活動は翌一九四〇年一一月まで二二回もおこなわれ、ようやく同年一二月に一五年継続で八〇〇万円の改修予算が成立したのであった。その後も水源地帯の砂防工事を求める陳情や、渡良瀬川改修促進の請願が繰り返し農民たちから提出された。

前述の事態が意味していることは、多額の工事費を投じて一九二七年に完成した内務省直轄の渡良瀬川改修工事が、わずか一〇年もたたぬ間にほとんど役に立たなくなるほど、足尾銅山からきわめて大量の鉱毒や土砂が流出してきたということである。そうでなければ、もともと改修工事自体がきわめて不完全であったことになる。おそらくその両方が、第二次大戦下であるにもかかわらず巨額の資金を要する改修工事が要求され、またそれが決定された理由であった。しかしこの改修工事が戦時非常増産体制のもとで、どこまで実施されたかは知ることができない。戦時中の農作物被害がどのように補償されていたかは不明であるが、ある農民の証言では、銅山へ交渉に行った者にたいしてのみ、土壌改良剤として若干の石灰などが渡された程度であったという。古河鉱業は現在の時点においても、公式には一八九七年の鉱毒予防工事によって古河の責任になる鉱毒の処理は完了した、そして一九二七年に完成した渡良瀬川改修工事により江戸時代からの鉱毒も処理され洪水の原因もなくなった、としているほどであるから(16)、戦時下で農民にたいして鉱毒被害の責任を認めることなど決してなく、したがって損害賠償どころか、わずかな補償さえしなかったのである。

さて国民に犠牲を強いつつ、中国大陸から東南アジア諸国へと侵略をはかった日本は、一九四五年八月アメリカ軍による広島・長崎への原爆投下を直接の契機としてポツダム宣言を受諾した・敗戦後占領軍が実施した民主化政策のなかで、それまで軍部によって抑圧されてきた政治運動や労働運動、農民運動などが自由におこなえるようになり、いっせいに各種の社会運動が開始された。そうした状況のなかで鉱毒被害民たちも、足尾銅山にたいする被害補償を要求する運動をおこなったのである。各地の農民組合はそれぞれ足尾銅山に出向き、公然と石灰や鉱毒土砂の浚渫費を要求した。

敗戦の翌年の一九四六年五月頃、群馬県山田郡毛里田村（現在太田市）の小暮完次は東毛地方鉱毒根絶期成同盟会を組織し、古河鉱業にたいして石灰や肥料を要求した。小暮会長の方針は、もっぱら被害地の地力復旧のための石灰などの供与を要求するだけで、鉱毒の予防を迫るものはなく、その交渉は人びとの疑惑を買うようなやり方だったので、数年のうちにこの運動は消滅してしまった。しかし足利農民組合や農民組合運動の活動家たちは、小暮らにならってそれぞれ独自に古河鉱業と交渉して、石灰などの現物供与を実行させたのである。当時の梁田村農民組合の石灰施肥基準は、激甚区一〇アール当たり七五キログラム、中被害区一〇アール当たり四五キログラム、微弱区一〇アール当たり三〇キログラムであった。この基準で梁田全村の石灰所要量を計算すると、合計二八三・五ヘクタールの田圃で約一一五トンが必要であったという(17)。

農民側のこうした独自の活動にたいして栃木県当局は、一九四六（昭和二一）年六月栃木県鉱毒対策小委員会を設置し、鉱毒被害の実態、土壌分析、石灰の使用調査をおこなうとともに、石灰や肥料の配給をおこなった。この栃木県の鉱毒対策小委員会にたいして、足利農民組合は、応急対策として鉱害土砂浚渫工事費の支給、鉱害地中和用の石灰の配給、石灰窒素やカリ肥料、燐酸肥料の特配などの要求や、用水引入口の鉱毒流入防止施設の実現要求を提出した。また恒久的な対策として、小委員会が鉱山の施設完備を政府に要求するとともに、古河鉱業にたいしては、「徹底的ナル」鉱毒流出防止対策と、被害農民にたいする損害補償とをおこなわせるよう要望したのであった(18)。

農民たちの鉱毒被害地復旧への熱意によって、少しずつ地力が回復しはじめた一九四七年九月、カスリン台風にともなう豪雨によって、渡良瀬川と利根川流域は大洪水に襲われたのである。旧谷中村跡に設置された渡良瀬遊水池の周辺で一三カ所が破堤し、下流の洪水予防のために設置された遊水池は、むしろ下流の水害を大きくした。渡良瀬川の大出水を合流した利根川は、自然の理にしたがって江戸川流域を本流として流れ下り、莫大な損害を発生させたのである。渡良瀬川流域の被害は死者三六一人、行方不明七六人、負傷者五四九人、罹災者二一万四八九五人、倒壊家屋一四三二戸、流失家屋八一七戸、浸水家屋は四万四六一〇戸にのぼった。流失した田畑は八〇〇ヘクタール以上、冠水した田畑は一万五〇〇〇ヘクタール以上にも達した。この台風による被害は利根川流域を中心に全国で死者、行方不明者が一五〇〇人以上、建物の流失もしくは倒壊が一万二七〇〇戸以上、浸水戸数は四一万八〇〇〇戸余、流出もしくは冠水した田畑は三〇万ヘクタール以上にもなったのである。

一九一〇年に改訂された利根川と渡良瀬川の両川の治水計画は、このときまでにすでにその無効性が証明されていたが、このカスリン台風による水害で完全に破綻してしまった。群馬県の農民たちはこの年の一二月に、戦時中に設置した渡良瀬川改修群馬期成同盟会を再発足させ、改修工事促進の運動を展開した。渡良瀬川は一九四八年九月(アイオン台風)、一九四九年九月(キティ台風)にも出水し、大きな被害をだした。これにたいして建設省は利根川と渡良瀬川の治水計画の全面的な見直しをおこない、利根川上流の数カ所に大ダムを建設するとともに、渡良瀬遊水池を洪水調節池として完成する計画を立て、その工事に着手した。

このように、戦時中も敗戦後も食料や物資欠乏のなかで、農民たちは鉱毒と洪水合成被害にたいして、個人的な被害軽減の努力に加えて、さまざまな形での政府や古河鉱業にたいする交渉やたたかいをおこなうよう宿命づけられていたのである。

# 11　鉱毒問題の再燃

## 敗戦後の足尾銅山

敗戦後の日本はＧＨＱ（連合国軍総司令部）の占領政策のもとで経済の復興をはかった。当初のアメリカの対日占領政策は、経済面では、日本を戦争へと導いた巨大独占資本である財閥やその傘下の大企業を解散もしくは分割して、経済の民主化を実現し、日本が再び戦争を起こさないようにすることであった。こうして財閥家族が支配する持株会社は整理され、主要企業の経営幹部は一切の公職から追放された。また一九四七年には独占禁止法と過度経済力集中排除法が制定され、古河系企業の七社も分割の対象とされたのである。ところが東西の冷戦の激化という国際政治状況を反映して、アメリカの対日占領政策は経済の民主化よりも、日本資本主義の再建を第一義的課題とすることにかわったために、古河鉱業株式会社をはじめ古河系企業七社は分割を免れたのである。

戦後復興期においては、石炭や電力、鉄鋼、肥料などの基礎的生産資材を重点的に生産する経済政策がとられたが、このいわゆる傾斜生産方式のもとで足尾銅山の生産も徐々に回復した。だがそうした傾向も長くはつづかなかった。というのは狂乱的な戦後インフレを収束するために、GHQの財政顧問であるドッジ（J. Dodge）が、均衡予算を核とした強力な引き締め政策を実施した結果、インフレは収束したものの今度は「安定恐慌」が引き起こされ、市場の銅需要が減少したからである。

ところが一九五〇（昭和二五）年六月に朝鮮戦争が勃発し、アメリカ軍の補給基地となった日本は、第一次大戦以来の戦争ブームにわき、足尾銅山は再び活況をていすることになった。この朝鮮戦争による「特需」こそ日本資本主義再建のスプリング・ボードとなったものである。一九五〇年から五五年までの五年間の「特需」累計額は約一六億ドル、日本円で五七六〇億円にのぼった（第一九表参照）。一九五〇年度の国の一般会計決算額が約六三三二億円であったことを考えれば、この「特需」がいかに大きいものであったか

### 第19表　特需の概要（1950年6月〜55年6月）

(a) 特需契約高

（単位：1000ドル）

| | 物　資 | サービス | 合　計 |
|---|---|---|---|
| 第　1　年 | 229,995 | 98,927 | 328,922 |
| 第　2　年 | 235,851 | 79,767 | 315,618 |
| 第　3　年 | 305,543 | 186,785 | 492.328 |
| 第　4　年 | 124,700 | 170,910 | 295,610 |
| 第　5　年 | 78,516 | 107,740 | 186,256 |
| 累　　計 | 974,605 | 644,129 | 1,618,734 |

(b) 主な物資およびサービスの契約高

（単位：1000ドル）

| 物　質 | | サービス | |
|---|---|---|---|
| 1. 兵　器 | 148,489 | 建物の建設 | 107,641 |
| 2. 石　炭 | 104,384 | 自動車修理 | 83,036 |
| 3. 麻　袋 | 33,700 | 荷役・倉庫 | 75,923 |
| 4. 自動車部品 | 31,105 | 電信・電話 | 71,210 |
| 5. 綿　布 | 29,567 | 機械修理 | 48,217 |

出典：安藤良雄編『近代日本経済史要覧』（東京大学出版会、1975年）154ページ。

を知ることができる。

このブームを背景に、足尾銅山では探鉱に全力をそそぐとともに、「品位の高い他山産出鉱処理の拡大を内容とした足尾製煉所の拡充」[1]をはかった。次いで粉鉱の処理、燃料の節約、および亜硫酸ガスの回収を目的として、一九五四年一〇月、自溶炉（鉱石に含まれている硫黄分が燃えるとき発生する熱で鉱石を溶かす方式の炉）の建設に着手し、五六年二月に完成させた。戦後の足尾銅山の生産量は第二〇表に示されているが、一九五〇年の朝鮮戦争以降の産銅の急増と他山銅の増加の状況を知ることができる。こうして足尾銅山は製錬施設の一新によって再び発展しはじめたが、同時にそれまで潜在化していた鉱毒問題が突如顕在化したのであった。

**第20表　敗戦後の足尾産銅量**

（単位：トン）

| | 自山銅 | 他山銅 | | 合計 | 自山銅の割合 | 外国鉱の割合 |
|---|---|---|---|---|---|---|
| | | 国内鉱 | 外国鉱 | | | |
| | t | t | t | t | % | % |
| 1945（昭和20）年 | 1,313 | 1,344 | | 2,657 | 49.4 | |
| 46（〃 21）年 | 1,494 | 1,128 | | 2,622 | 57.0 | |
| 47（〃 22）年 | 1,953 | 840 | | 2,793 | 70.0 | |
| 48（〃 23）年 | 2,434 | 2,304 | | 4,738 | 51.4 | |
| 49（〃 24）年 | 1,971 | 2,977 | | 4,948 | 39.8 | |
| 1950（〃 25）年 | 3,101 | 5,890 | | 8,991 | 34.5 | |
| 51（〃 26）年 | 3,049 | 6,636 | | 9,685 | 31.5 | |
| 52（〃 27）年 | 3,318 | 5,982 | 560 | 9,860 | 33.7 | 5.7 |
| 53（〃 28）年 | 3,598 | 5,673 | 407 | 9,678 | 37.2 | 4.2 |
| 54（〃 29）年 | 3,690 | 5,498 | 341 | 9,529 | 38.7 | 3.6 |
| 55（〃 30）年 | 3,304 | 5,377 | 41 | 8,722 | 37.9 | 0.5 |
| 56（〃 31）年 | 3,495 | 6,159 | 710 | 10,364 | 33.7 | 6.9 |
| 57（〃 32）年 | 3,484 | 7,188 | 2,270 | 12,942 | 26.9 | 17.5 |
| 58（〃 33）年 | 4,097 | 5,979 | 2,443 | 12,519 | 32.7 | 19.5 |
| 59（〃 34）年 | 4,400 | 8,135 | 5,664 | 18,199 | 24.2 | 31.1 |
| 1960（〃 35）年 | 4,772 | 9,406 | 5,089 | 19,267 | 24.8 | 26.4 |

出典：1945～1949年は『創業100年史』587ページより、1950～1960年は同書651ページより作成。国内鉱には他所銅の足尾製錬所での製錬量を含む。

## 源五郎沢堆積場の決壊と毛里田村鉱毒根絶期成同盟会の結成

自溶炉が完成して二年後の一九五八（昭和三三）年五月三〇日、足尾銅山の一四の堆積場（第四図参照）のうち、もっとも南に位置する比較的小規模の源五郎沢堆積場が決壊し、約二〇〇〇立方メートルの大量の鉱泥が渡良瀬川に流出し、六〇〇〇ヘクタールの水田に直接被害を与えた。この年は降雨も少なく麦類が枯れる心配があったほどで、堆積場の決壊した五月三〇日にはもちろん雨など降っていなかった。したがって源五郎沢の決壊は全面的に古河鉱業側の管理のずさんさによるものであった。ところが企業側に立つ行政当局は、後に水質審議会に提出した書類のなかで、「堆積場に対する配慮の不備と降雨による異常の現象」と報告して、古河鉱業の弁護をしているが、事実を隠しとおすことはできないものである。この源五郎沢堆積場の決壊による被害は、待矢場両用水の取入口がある群馬県山田郡毛里田村（現在は太田市毛里田）を最激甚地として広大な地域におよんだ。ちょうど田植前にあたっていたため、下流の二万数千戸にものぼる農家が被害を受け、再び鉱毒反対の声が強まった。

当時毛里田村の農業協同組合の組合長であった恩田正一は、それまでの農民側の運動がわずかな石灰や肥料などの現物供与を要求するものでしかなかったことを反省し、補償の要求ではなく、鉱毒被害の完全な防止を目標とする新しい鉱毒反対運動の組織化の必要性を痛感した。つまりそれまでの運動は、補償要求とはいえ現実には寄付金の要請に止まる運動であり、古河鉱業側の鉱毒タレ流しの責任を問わないことを前提としていたのである。大部分の農民は、名目上は寄付金として供与されるわずかばかりの補償で泣き寝入りすることに慣らされていた。そして堆積場の決壊、鉱毒の大量流出という事態に

第4図　足尾銅山付近図（排水処理系統）

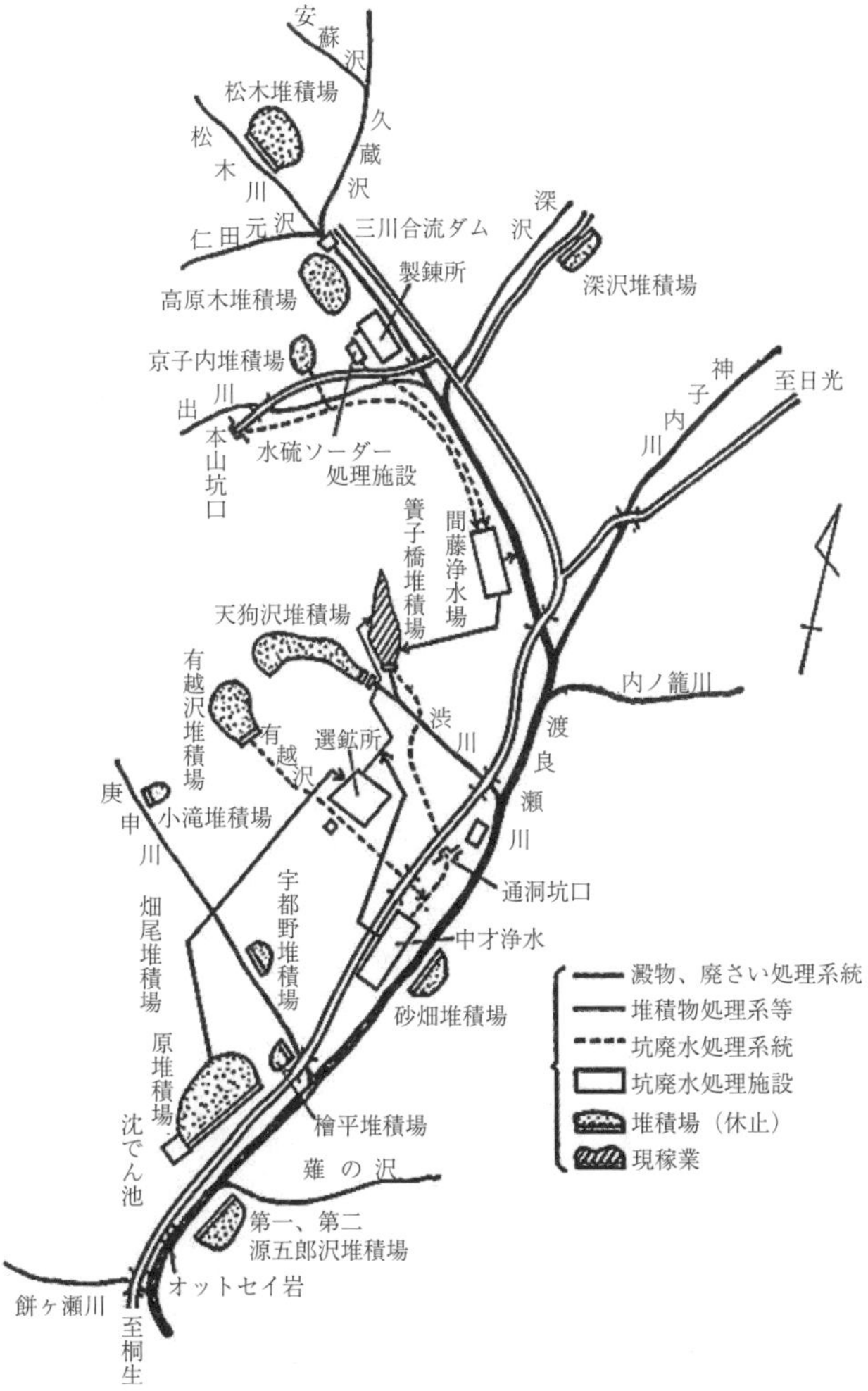


注・原図は「通産省説明資料」1971年10月21日付。
出所：『環境破壊』5巻9号、1974年10月、7ページ（著者が若干修正）。

直面しながら、またしても旧来と同じパターンで古河側から手を打たれようとしていた。恩田はこれに強く反発し、渡良瀬川から取水している群馬県側の三市三郡、すなわち桐生、太田、館林の三市と山田、新田、邑楽の三郡の農民や行政の代表者約一五〇人を引き連れて足尾銅山に行き抗議行動をおこなった。第一回目の抗議行動は、源五郎沢堆積場が決壊して一一日後の六月一〇日のことであった。

その後七月一〇日、恩田は自分の住む村で毛里田村鉱毒根絶期成同盟会（以下「毛里田同盟会」と記す）を結成し会長となったが、他村にたいしても活発な組織活動を展開した。恩田は比較的大きな地主で、農協の組合長の職務に就いていたことからも推察しうるように、政治的には保守で自民党の支持者であった。しかし鉱毒反対運動の思想、その行動からみればおそらく最左派といってよいであろう。彼は代表者たちがわずかな寄付金で引き下がろうとすることに断固として反対し、古河に被害の責任を認めさせ、鉱毒の流出を完全に防止させることを訴えて止まなかった。この恩田の決意に農民や行政の代表者たちも突き動かされ、それまで不可能と思われていた古河鉱業にたいする責任追及と、鉱毒の完全防止、損害賠償の獲得に向かって一致団結して行動するようになったのである。こうして八月二日群馬県東毛三市三郡渡良瀬川鉱毒根絶期成同盟会（以下「三市三郡同盟会」と記す）が結成され、恩田は会長に選ばれた。

渡良瀬川沿岸の農民たちの抗議にたいして古河鉱業側は、鉱山局の指導に従った設備であるから決壊が起こってもこちらには責任はない、と開きなおり、農民にたいして一片の誠意すら見せようとはしなかった。ところが古河鉱業は、堆積場の決壊によって鉄道線路が押し流された国鉄当局にたいしては、一七五万三九九一円の補償金を支払っていたのである(2)。この国鉄足尾線は、もともとは足尾銅山用の資材や製品の輸送のために古河鉱業が敷設したもので、その後まもなく国有化されたが、現在にいたるまで「足尾銅山専用鉄道」ともいうべき路線であって、銅山の操業には欠くことのできないものであった。古河鉱業はこうした自社の営業に直接関係する国鉄当局にたいしては、被害の全額ではないにしても補償金を支払いながら、巨額の被害を受けた農民にたいしてはまったく責任をとろうとはしなかったのである。

## 水質規制法制定の背景

源五郎沢が決壊した一九五八（昭和三三）年は、日本の公害問題の歴史上とくに重要な年であった。明治以来の足尾銅山の鉱毒問題が再び浮かびあがってきただけでなく、さまざまな産業分野での生産第一主義的な新技術の採用が、環境をいちじるしく汚染し、農漁民の生活を脅かす事態が頻発し、農漁民の直接行動を誘発したのである。とくに四月以降社会問題化した本州製紙江戸川工場の廃水タレ流し事件は(3)、政府や財界に大きな影響を与え、政府はこの事件を契機に懸案であった水質二法、すなわち「公共用水域の水質保全に関する法律」と「工場排水等の規制に関する法律」を、同年一二月に制定公布したのであった。当時の日本の産業公害でもっともひどかったのは、紙、パルプ工場からの廃液による河川や海の汚染であった。なかでも国策パルプによる北海道石狩川の汚濁や、三菱製紙による福島県の阿武隈川沿岸の汚濁、同じく兵庫県の高砂市周辺の汚濁、兵庫パルプによる兵庫県加古川沿岸の汚濁、西日本パルプによる高知県浦戸湾一帯の汚濁、大昭和製紙など大小の製紙工場が集中する静岡県富士市の田子の浦一帯の汚濁など全国各地のパルプ工場の廃水による農漁業被害が発生していた。また新日本窒素肥料株式会社（現チッソ株式会社）の水俣工場の廃水に原因する水俣病、三井金属鉱業株式会社神岡鉱山の廃水に原因するイタイイタイ病など、人体に直接被害をおよぼす公害も社会問題化しはじめていた。このように鉱山や工場の廃水規制は、当時全国民的課題になっていた。しかし行政当局は水質規制法案を準備しながらも、財界の反対によって、戦後にあっても過去二度も国会提出を断念していたのであった。したがってもし本州製紙江戸川工場廃水タレ流し事件において、千葉県浦安町（現在は浦安市）の漁民が、多大の犠牲を払って止むにやまれぬ直接行動をおこなわなかったならば、この水質規制法案の成立は疑いなくさらに先に延期されたことであろう。

さて水質を規制する法律の制定は、足尾銅山鉱毒被害民にとっても数十年来の願いであった。それゆえに水質二法が源五郎沢堆積場の決壊の年に制定されたことは、きわめて意義深いことといえる。水質保全法は翌一九五九年四月一日から施行されたが、それに先立って三月、政府は同法にもとづいて経済企画庁の所管になる水質審議会を発足させた。水質審議会はとくに汚濁のはなはだしい河川や水域を指定し、その水質基準を決定することを任務としていたが、その委員には被害者である農漁民はひとりとして含まれていなかった。それなのに加害者である古河鉱業の社長や国策パルプの社長は委員になっていたのである(4)。毛里田と三市三郡の鉱毒根絶同盟会では審議会の委員に被害者側の代表も入れるように強く要求し、六月には七〇〇人もの農民が大型バスに分乗して陳情したが、政府側は農民の要求をはねつけたのである。水質審議会はその後二年以上開店休業の状態で、水質基準づくりは進まなかった。

翌一九六〇年は日米安全保障条約の継続をめぐり日本の世論は二分された。日米安保条約は、革新勢力を中心とする大きな反対運動にもかかわらず、政権党である自民党の方針どおり継続が決定した。労働界ではこの年三井鉱山三池炭坑で「総労働対総資本の対決」と称された大争議が発生したが、労働組合側の完敗に終った。これにより三池労組の核となっていた強力な職場闘争は崩壊してしまい、この後経営者側が坑内保安を極端に軽視して増産第一の方針を掲げてきたとき、労働組合側はそれに対抗する術をもたなかった。保安面を犠牲にした増産は、ついに一九六三年一一月九日大炭塵爆発事故を発生させた。それは死者四五八人、負傷者およびCO（一酸化炭素）中毒患者八三九人をだす大惨事となった。重症患者のうち一〇人がすでに亡くなり、七四人が現在も治療中で、八〇〇余人が何らかの障害を訴えている。このように三池争議の敗北は、三池の炭塵爆発事故に象徴されるように、労働者の安全や住民のささやかな日常生活より、生産性の上昇を優先する高度経済成長時代への突入を意味していたのである。そしてこのときの事故を経営者側が徹底的に教訓化しなかったために、二〇年後の一九八四年一月一八日、再び三池炭坑の有明坑で坑内保安の手抜きに原因する坑内火災が発生し、八三人の死者と一六人のCO中毒被災者をだしてしまったことは、まだ記憶に新しい。

ところで一九六〇年代の一〇年間は、沿岸を埋め立てた臨海工業地帯に立地する鉄鋼や石油化学など素材産業を中心として、日本経済が急激に拡大した時期であった。それは中東産の安価で豊富な石油と第三世界からの大量の鉱物資源や木材の輸入によって可能となったのだった。高度経済成長は、資源とエネルギーの浪費によって一面では物質的豊かさをつくりだしたが、もう一面ではあらゆる種類の産業公害を激化させ、人びとの生活と健康を損なった。のみならず何千年とつづいた日本の自然を破壊し、全海岸線の約半分を人工海岸に変えてしまった。この時期に公害問題・環境問題がきわめて悪化し、社会問題化した背景には、せっかく水質二法を制定したにもかかわらず、それが実質的効力をもたないザル法であったことと、経済成長のみを追い求める行政側が、公害を防ぐ具体的施策の立案、実施に怠慢だったからである。

## 水質審議会の欺瞞

ここで再び水質保全法と足尾銅山の鉱毒被害民の話に戻ることにしよう。

一九六二（昭和三七）年になって政府は同盟会の恩田に、水質審議会の第六部会（渡良瀬川部会）の専門委員になるよう要請した。一部会の専門委員にすぎないとはいえ、ようやく被害者側の代表も水質基準づくりに参加しうることになったことは、行政の一大進歩のように見えた。しかし政府は、一方では加害企業の社長たちをそのまま水質審議会の委員に任命していたにもかかわらず、恩田にたいしては、毛里田と三市三郡の同盟会の会長を辞任することを条件としたのである。農民側はこうした不公平な扱いに大いに怒ったが、水質基準づくりに農民側の意見を反映させるという実をとるために、恩田は一九六二年一二月やむなく会長を辞任し、専門委員のひとりとなったのである。

鉱毒被害の根絶を誓った恩田にとって、専門部会はあまりにもいい加減なものであった。企業側の代表は、恩田の「泥棒を審判官にするのか」という批判により委員を辞めたが、彼らの主張は経済企画庁や通産省の役人たちが代弁した(5)。専門部会の委員たちは、もっとも鉱毒被害の大きい降雨時の渡良瀬川の汚濁には目を向けなかったし、また最悪時の水質を規制しようとはせずに、年間の平均値による水質基準をつくろうとした。降雨時の被害の大きさは被害民にとって常識であり、降雨時の水質を規制することによって、はじめて平均値での規制も意味をもつのである。一九六四年一〇月、毛里田と三市三郡同盟会の農民たち六〇〇人は大型バスに分乗して上京し、関係官庁に「鉱毒汚濁の原因究明」を陳情した。だが恩田の必死の努力や農民たちの数多くの陳情、抗議行動にもかかわらず、事務当局にすぎない経済企画庁の役人たちは、専門部会の議論が煮つまらないまま、一九六七年二月に渡良瀬川の銅の含有量を〇・〇六ｐｐｍとする水質基準案を作成して、通産、農林両省の了解をとりつけた。そして〇・〇一ｐｐｍを主張していた恩田の知らない間に、群馬県庁にたいして、同基準案が水質審議会第六部会で正式に決定される旨の非公式の連絡をおこない、農民側の主張の切り崩しをはかったのである。

政府は群馬県当局をつうじて鉱毒被害地の土地改良事業における農民側の費用負担の軽減と山元の鉱毒対策事業を条件に、毛里田と三市三郡の同盟会の幹部を説得した。そしてついに三市三郡の同盟会幹部から、〇・〇六ｐｐｍ以下での水質規制の早期制定を要求する陳情書を提出させることに成功した。同盟会の会長を辞任した恩田に、もはや同盟会の方針転換をくつがえす力はなかった。こうして一九六八年三月六日水質審議会の第六部会は、恩田の強硬な反対論を数で押しきり、群馬県大間々町高津戸地点での渡良瀬川の水質規準を銅の含有量〇・〇六ｐｐｍ、足尾銅山の排水基準を栃木県足尾町のオットセイ岩地点で一・五ｐｐｍと決定したのである(6)。同基準は翌三月七日に告示されたが、その施行は一年と一〇カ月後の一九六九年一二月一日からとされた。企業にとっては至れり尽せりの措置であった。このまったく不充分な水質基準を決定施行するまでに、水質審議会は一〇年以上も要したのである。こうした日本における公害行政の遅れといい加減さこそ、一九六〇年代以降の公害問題の爆発を引き起こしたものであった。沈黙を強いられた恩田の苦渋に満ちた心境を思いやるとき、われわれは公害問題の解決の困難さと、そのいっそうの重要性を確認させられるのである。

### 公害問題の沸騰と鉱毒調停の申請

渡良瀬川の水質規制は一九六九（昭和四四）年一二月になってようやく施行されることになったが、銅含有率〇・〇六ｐｐｍという水質基準は恩田の主張したとおりあまりにもゆるかった。桐生市水道局の検査によると、同市の水道の原水である渡良瀬川の水からは、国の環境基準の〇・〇五ｐｐｍを上回るヒ素がしばしば検出された。六九年の五、六月には〇・三ｐｐｍ、一〇月には〇・五ｐｐｍと基準の六〜一〇倍ものヒ素が検出されていた。一九七〇年に入ってからも同市水道局の検査によれば、基準の四〜五倍のヒ素が検出された日は、一カ月間で一〇数日にものぼった(7)。渡良瀬川の水質基準は、もともと銅の含有率を規制することによって、銅以外の重金属汚染をも防止することを目的としていた。したがって〇・〇一ｐｐｍ規制を要求していた恩田や農業学者の意見を尊重せずに、その六倍もゆるい基準をつくったのであるから、大量のヒ素が検出されたのも当然のことであった。

ところが一九七一（昭和四六）年になると、毛里田地区産出米のカドミウムによる汚染問題が表面化し、六月には住民検診が実施された。毛里田同盟会では恩田正一が会長を辞任したあと、板橋明治が第二代の会長になっていたが、板橋会長らは、ヒ素についでカドミウム汚染が明らかになったことから、同年六月、古河鉱業にたいして一戸当たり一二〇〇万円、一一〇〇戸分の鉱毒被害補償として計一三二億円と、親子三代にわたる生活補償を要求したが、古河鉱業は農民側の要求をまったく無視したのであった。

その毛里田同盟会は、かつて渡良瀬川の水質基準づくりの最終局面にいたって、鉱毒汚染田の土壌改良の実施と農業振興のための公共投資の増加などを見返り条件に、みずからの代表である恩田の主張していた〇・〇一ｐｐｍを後退させ、政府案の〇・〇六ｐｐｍに妥協した経緯があった(8)。それゆえに毛里田同盟会としても、土壌改良や田圃の基盤整備事業が着手されていない段階で、新しくカドミウムによる汚染が発見されたことは看過しえない重大な事態であった。板橋会長らは八月三一日、まだ七月一日に発足して間もない環境庁に大石武一長官を訪れ、毛里田同盟会が古河鉱業にたいして、八〇年間の農作物被害の補償として総額一二〇億円を請求するので協力をえたいと陳情した。だがそうしている間にも、毛里田地区産出米のカドミウム汚染問題はいっそう拡大し、ついに翌一九七二年一月には、毛里田地区産出米の一部が政府の指示によって出荷凍結の処分にされたのであった。農民たちは古河鉱業に強く抗議するとともに、あらためて一二〇億円の損害賠償を要求したが、同社はこの農民側の少なすぎる要求を一蹴したばかりか、カドミウム汚染米に責任があることまで否認したのである。

毛里田同盟会はここにいたり、公害紛争処理法の第二六条の規定にもとづいて政府の中央公害審査委員会（以下「中公審」と記す）にたいして、過去二〇年間（一九五二年度〜七一年度）の農作物被害にかぎって損害賠償を求める調停を申請することを決定した(9)。そして三月三一日、第一次提訴として一一〇人分、四億七〇〇七万円の損害賠償の調停を申請した。古河鉱業側はこれにたいして、五月四日、次のような内容の意見書を中公審に提出して、農民側の主張を全面的に否定した。

(1) 足尾銅山は日本最大の銅山として国家経済発展の大きな原動力となり、日清戦争、日露戦争、第二次世界大戦さらに戦後復興期にあっては、国家の命令にしたがって増産に応えてきた、(2) 一八九〇年の渡良瀬川大洪水を契機とする鉱毒問題の発生以来、巨額の費用を投じて鉱毒防止設備を設置し、河川の汚濁防止や煙害防止につとてきた、(3) 高津渡地点における平均銅濃度を〇・〇六ｐｐｍ以下としている水質基準が守られていることからも明らかなように、渡良瀬川の鉱毒汚染は存在しない、(4) したがって農産物の減収の原因は足尾銅山の操業に原因するか否か疑問である、(5) 大洪水は渡良瀬川流域の地形が急峻なためである、(6) 仮に足尾銅山の操業が農作物に何らかの被害を与えたとすれば、その影響は自然条件によるものが大部分と考えられるが、被害についてはその都度被害農家に補償をしてきているので今さら再び支払う必要はない(10)。

このように古河鉱業の意見書は、国策への協力と水質基準を楯にして全面的に開きなおり、鉱毒被害にたいする同社の責任をまったく回避しようとするものであった。とくに第六項について古河側は、第一に毛里田地区の農作物の減収の割合は小さい、第二に一九五三年一二月に群馬県知事と地元選出の三人の衆議院議員を立会人として、待矢場両堰土地改良区にたいして八〇〇万円の寄付をおこなうという和解契約を締結しており、その際契約締結後は「鉱毒、又は農業水利に関する補償要求、又はこれに類する一切の補償行為を絶対に行なわない」という契約をしている、第三に損害の大部分については鉱業法第一一五条で定めている「三年」の消滅時効が成立しているということを理由として補償支払いを拒否したが、いずれもかえって同盟会の農民たちから強い反発をかったのである。

古河鉱業側の欺瞞に充ちた意見書の提出にたいして、同盟会の農民たちは五月一九日には第二次提訴として八四二人分、三二億三二二七万円、八月三一日には第三次提訴として一八人分四五〇三万円の損害賠償の調停を申請した。後に第一次、第二次申請分の全額が修正増額されたことにより最終的な調停申請状況は、申請人数九七三人、被害面積四七〇ヘクタール、請求金額三九億一三八万円となった(11)。第一回調停は五月二〇日に開かれ、一九七二年中に六回の調停が開かれた。この間調停を担当していた中公審が改組されて、七月一日から公害等調整委員会（以下公調委）が発足したため、調停作業は公調委によって進められることになった。一九七二年から翌七三年秋の第一次オイル・ショックにいたる間は、全国各地の住民による公害反対運動がたかまったために、政府もそれなりの対応を迫られ、各種の公害関係法規の改正をおこなうとともに、七二年六月には自然環境保全法、七三年一〇月には公害健康被害補償法を新たに公布するなど、公害・環境政策の整備をおこなった時期であった。この調停がこうした公害・環境政策の整備期に、それも新生の公調委の初仕事としてなされたことは、被害者側の農民たちにとっては有利に作用したと考えられる。公調委は七二年中に数回の現地調査をおこない、農作物被害の実態を視察する一方、鉱毒、すなわち銅やヒ素などの重金属や鉱滓が、実際に足尾銅山から流出してくることを確認し、農民側の主張を裏付けたのであった。

## 足尾銅山の閉山

ところで古河鉱業側は、この年一一月一日、突如として足尾銅山の閉山計画を発表し、労働組合にたいして人員整理を通告した。公表された足尾銅山の閉山理由は、埋蔵鉱量の枯渇と採掘条件の悪化であったが、ちょうどこのとき、毛利田同盟会の起こした鉱毒被害にたいする損害賠償を求める調停が進行しつつあった時期なので、古河鉱業側が表明したように閉山とこの調停がまったく無縁であったとは考えにくい。おそらく古河鉱業には、問題となっている足尾銅山を閉山することによって、世論の批判をかわす狙いがあったとみてよいであろう(12)。

だが閉山といっても採掘部門の操業を中止するだけで、選鉱部門の一部と製錬部門は輸入鉱石によって操業を継続する方針であったから、製錬所の廃水が渡良瀬川を汚染することに変りはなかった。また閉山しても抗内には絶えず湧水があり、その処理は閉山前と同様におこなわなければならなかったし、それを怠ればただちに下流に鉱毒被害をおよぼすものであった。さらにもっとも重視しなければならないのは、足尾銅山が閉山になっても明治時代からの鉱滓や廃石の堆積場はそのまま残存し、輸入鉱石による製錬がつづくかぎり、むしろ鉱滓は増加する一方であったという点である。

第二一表は一九七二年当時の足尾銅山の堆積場の一覧であるが、使用を中止した堆積場が一三ヵ所、

第21表　足尾事業所堆積場一覧表

(1972年5月18日現在)

| 堆　積　場 | 堆積開始年月 | 堆積休止年月 | 堆積場面積(㎡) | 1972年4月末堆積量(㎥) |
|---|---|---|---|---|
| 1 京子内堆積場 | 1897. 5 | 1935. 3 | 9,900 | 180,000 |
| 2 宇都野　〃 | 1897. 5 | 1959.12 | 7,700 | 6,765 |
| 3 高原木　〃 | 1901. 1 | 1960. 4 | 66,871 | 1,300,000 |
| 4 有越沢　〃 | 1912. 1 | 1953. 1 | 123,000 | 1,822,214 |
| 5 松　木　〃 | 1912.10 | 1960.10 | 208,000 | 1,938,150 |
| 6 深　沢　〃 | 1914.12 | 1925. 5 | 27,000 | 101,444 |
| 7 　原　　〃 | 1917. 6 | 1960. 1 | 281,543 | 1,583,528 |
| 8 天狗沢　〃 | 1937.10 | 1959.12 | 112,550 | 848,136 |
| 9 源五郎沢〃 | 1943.10 | 1959.12 | 7,263 | 161,995 |
| 10 桧　平　〃 | 1943.12 | 1959.12 | 3,330 | 30,506 |
| 11 砂　畑　〃 | 1953. 5 | 1959.12 | 11,817 | 59,670 |
| 12 畑　尾　〃 | 1958.11 | 1959.12 | 9,430 | 13,726 |
| 13 小　滝　〃 | 1959. 3 | 1959.12 | 11,790 | 10,889 |
| 小　　計 | | | 880,194 | 8,057,023 |
| 14 簀子橋　〃 | 1960. 2 | 使用中 | 218,000 | 3,242,000 |

注・調停に際し古河側が提出した資料。
出典：『環境破壊』5巻9号、1974年10月、36ページ。

現在も使用中のものが一カ所あり、七二年当時の総堆積量は古河鉱業が示した数字によると約一一〇〇万立方メートルにおよんでいる。これだけの大量の鉱滓が第四図（二三三頁参照）に示されているように足尾地域のいくつかの渓谷を埋め立てているという事実を見れば、この数多い堆積場の鉱毒流出対策を完全なものにしないかぎり、閉山によって渡良瀬川流域の鉱毒被害が軽減もしくは消滅する見通しはまったくなかったといえる。そして今なお堆積場決壊の危険性は除去されていないし、未処理の浸透水の流出はつづいているのである。このように足尾銅山の閉山計画の発表は、古河鉱業の経営上の理由を第一としながらも、その契機は一九七〇年代初頭の公害問題の全国的な社会問題化と、毛里田地区の農民たちによる三九億円にものぼる農作物被害補償を求める調停請求事件にあっ

第22表　高度成長期以降の足尾産銅量

| 年　次 | 自山銅 | 他山銅 | | 合計 | 自山銅の割合 | 外国鉱の割合 |
|---|---|---|---|---|---|---|
| | | 国内鉱 | 外国鉱 | | | |
| 年 | t | t | t | t | % | % |
| 1961（昭和36） | 5,130 | 9,516 | 6,919 | 21,565 | 23.8 | 32.1 |
| 62（〃 37） | 5,067 | 7,101 | 8,167 | 20,335 | 24.9 | 40.2 |
| 63（〃 38） | 6,501 | 7,083 | 15,660 | 29,244 | 22.2 | 53.5 |
| 64（〃 39） | 5,382 | 9,711 | 14,211 | 29,304 | 18.4 | 48.5 |
| 65（〃 40） | 5,693 | 8,821 | 13,312 | 27,826 | 20.5 | 47.8 |
| 66（〃 41） | 6,349 | 10,060 | 13,670 | 30,079 | 21.1 | 45.4 |
| 67（〃 42） | 5,551 | 11,110 | 17,122 | 33,783 | 16.4 | 50.7 |
| 68（〃 43） | 4,568 | 11,073 | 19,201 | 34,842 | 13.1 | 55.1 |
| 69（〃 44） | 5,362 | 10,187 | 20,199 | 35,748 | 15.0 | 56.5 |
| 70（〃 45） | 5,386 | 7,784 | 23,411 | 36,581 | 14.7 | 64.0 |
| 71（〃 46） | 4,812 | 8,183 | 19,208 | 32,203 | 14.9 | 59.6 |
| 72（〃 47） | 3,189 | 6,065 | 21,884 | 31,138 | 10.2 | 70.3 |
| 73（〃 48） | 163 | 6,576 | 26,642 | 33,381 | 0.5 | 79.8 |
| 74（〃 49） | 165 | 5,685 | 23,484 | 29,334 | 0.6 | 80.1 |
| 75（〃 50） | 69 | 30,722 | | 30,791 | 0.2 | |
| 76（〃 51） | 60 | 32,827 | | 32,887 | 0.2 | |
| 77（〃 52） | 46 | 34,670 | | 34,716 | 0.1 | |

出典：1961～74年は『創業100年史』651ページより、1975～77年は前掲『足尾郷土史』175ページより作成。

たといってよいであろう。

一九六〇年代の高度成長期とそれ以降の足尾銅山の産銅量を見ると（第二二表）、閉山計画を発表する一年前までは毎年五〇〇〇トン前後生産していたことがわかる。七二年度の産銅量が減少したのは、この年から閉山の準備に入ったためであろう。高度成長期以降、とくに一九六三年に銅の輸入自由化が実施されてから、足尾銅山の生産に占める外国鉱の割合が急増している点に注意しておく必要がある。というのは外国鉱の急増が毛里田地区のカドミウム汚染に関係しているのではないか、という見方も一部にあるからである。もっとも銅鉱石は一般的に金や銀、鉄、亜鉛、鉛、カドミウム、ヒ素、その他さまざまの元素を含有しており、銅山の下流域には必ずといってよいほどカドミ汚染が見出されるので、外国鉱の急増がカドミ汚染の主因だとすることはできない。

足尾製錬所が輸入している外国鉱は、現地で選鉱処理をして品位を三〇パーセント前後にまでたかめた精鉱で、その輸入先はカナダ、フィリピン、チリ、ザイール、パプアニューギニア、マレーシア、西イリアン、ペルーなどきわめて広範囲におよんでいる。なお古河鉱業は現在丸紅、三井金属鉱業など数社とともにフィリピンのレイテ島に巨大な銅の製錬所を建設中である。

## 一五億五〇〇〇万円の補償協定成立

足尾銅山は閉山計画の発表からわずか四カ月後の翌一九七三年二月に予定どおり閉山されたのであった。同年三月足尾銅山とともに、一七世紀初頭から日本の一、二位を競う銅山として栄えた愛媛県の別子銅山も閉山となった(13)。しかし製錬部門は、輸入銅精鉱によって新鋭の東予製錬所で継続されている。両銅山は日本近代化の初期に重要輸出品としての銅を大量に産出し、日本における資本主義の発展という観点からは大きな意義があったといえるが、反面数多くの農民と漁民に鉱毒や煙害による被害を与えたのであった。日本経済の高度成長の末期に両銅山が閉山され、それと前後して小坂鉱山をのぞく日本国内の主要な銅山のほとんどが閉山されたことは、日本資本主義の歴史を見るうえで、まことに興味深い事実だといえる。

ところで毛里田地区の農民たちが起こした農作物の被害補償を求める調停請求事件の方は、一九七二年につづき七三年中も調停作業がつづけられた。この年八月八日足尾銅山の製錬所の上流にある砂防ダム（通称「三川合流ダム」）の下流排水口の一カ所から、約二〇〇〇トンの土砂が流出し、桐生市をはじめ渡良瀬川から取水する各地の水道局が厳戒態勢をしく事件が起こった。また一〇月には「洪水時には堆積場から大量の鉱毒が流出している」という環境庁の調査結果が公表され、下流の住民の不安を裏付けたのであった。

調停作業は七三年六月に第一〇回目が開かれ、その後は具体的な調停内容の詰めがおこなわれていたが、七四年五月一〇日の第一三回目の調停で、公調委は毛里田同盟会の農民代表と古河鉱業側に正式な調停内容を提示した。双方とも前もって了解していたため翌一一日には調停書に署名し、鉱毒被害にたいする補償請求には一応の結着がつけられたのである。

調停内容は、(1) 古河鉱業は農作物被害の原因を認め、農民側に補償金一五億五〇〇〇万円を支払う、(2) 古河鉱業は足尾鉱業所の全施設から重金属などを渡良瀬川に流出させないように施設を改善する、(3) 古河鉱業と農民側の双方は、渡良瀬川流域における「農用地の土壌の汚染防止等に関する法律」にもとづいて、土地改良事業の早期実現をはかるため関係機関に協力する、(4) 古河鉱業は将来における足尾事業所施設に起因する公害の発生を予防するため、群馬県、太田市と公害防止協定を結ぶことなど全部で九項目からなっていた(14)。

約三九億円の補償請求にたいして一五億五〇〇〇万円の補償であったから、金額的にいえば農民側の勝利とはいえない。しかし第一に古河鉱業側に鉱毒被害の責任を認めさせたこと、第二にそれまでの

「農事振興」とか「寄付」といった形ではなく、正式に損害賠償としての補償金を支払わせたことは、一世紀にもおよぶ足尾銅山鉱毒事件のなかでもはじめてのことであり、画期的なことであった。とはいえこの調停請求事件全体を見るとき、そこに問題がなかったわけではない。第一に多くの識者が指摘するように、調停作業が完全な密室のなかでおこなわれた点である(15)。調停が公開されなかったことは、他の公害事件にたいする教訓を引きだしたり、波及効果を与えたりすることをきわめて困難にしたのであった。第二は調停に直接かかわることではないが、農民たちが支払われた補償金のほとんど全額を各自に分配してしまい、同盟会でプールしなかった点である。調停条項では補償金の具体的な配分方法についてはふれてはいないが、農民相互の連帯、鉱毒反対運動の継続、足尾銅山にたいする永続的監視などを考慮するとき、補償金の一部でもプールしておくことの方が、運動論的には得策であったように筆者には思えてならない。もっとも、その辺にこの損害賠償請求調停事件における農民側の限界があったのかもしれない。他方この新しくつくられた調停制度についてみると、この調停では公調委はかつてなかったほどの「高額の」補償金の支払いを決定したが、その後はこのような大規模な調停請求事件は一回もおこなっていないのである。その理由として考えられることは、おそらく被害者側にとっては低額であった補償金も、企業にとっては「高額すぎる」ものとして、財界から環境庁に強い圧力がかけられたためであろう。

# 12　鉱毒問題の現在

## 掘り返される旧谷中村跡

日露戦争にすべての国民が動員されている間に、もっとも激甚な鉱毒と洪水被害にさらされていた谷中村は、国家権力の手によって足尾銅山の犠牲に供されて滅亡した。そして旧谷中村跡は、利根川と渡良瀬川の流域の洪水被害を少なくするための遊水池とされ、現在にいたっている。谷中村周辺は両河川の改修工事によって、第五図に見るように大きく変貌した。

谷中村の廃村後、一九〇九年に利根川、一九一〇年に渡良瀬川の改修工事が開始されたが、遊水池の建設を含めた両河川の改修工事は、工事費用、工事規模のいずれからみても第二次大戦前における日本最大の土木工事であった。取り扱った土砂の量は合計二億二〇〇〇万立方メートルにおよび、パナマ運河建設時の土砂量の一億八〇〇〇万立方メートルを上回っていた(1)。だが、それほど大規模な治水工事も、自然の力にはかてず、前述したように大出水があるたびに、両河川の計画高水流量の改訂がおこ

第5図　渡良瀬遊水池周辺の新旧比較図

(a)　改修工事前の谷中村周辺図

(b)　現在の遊水池周辺図

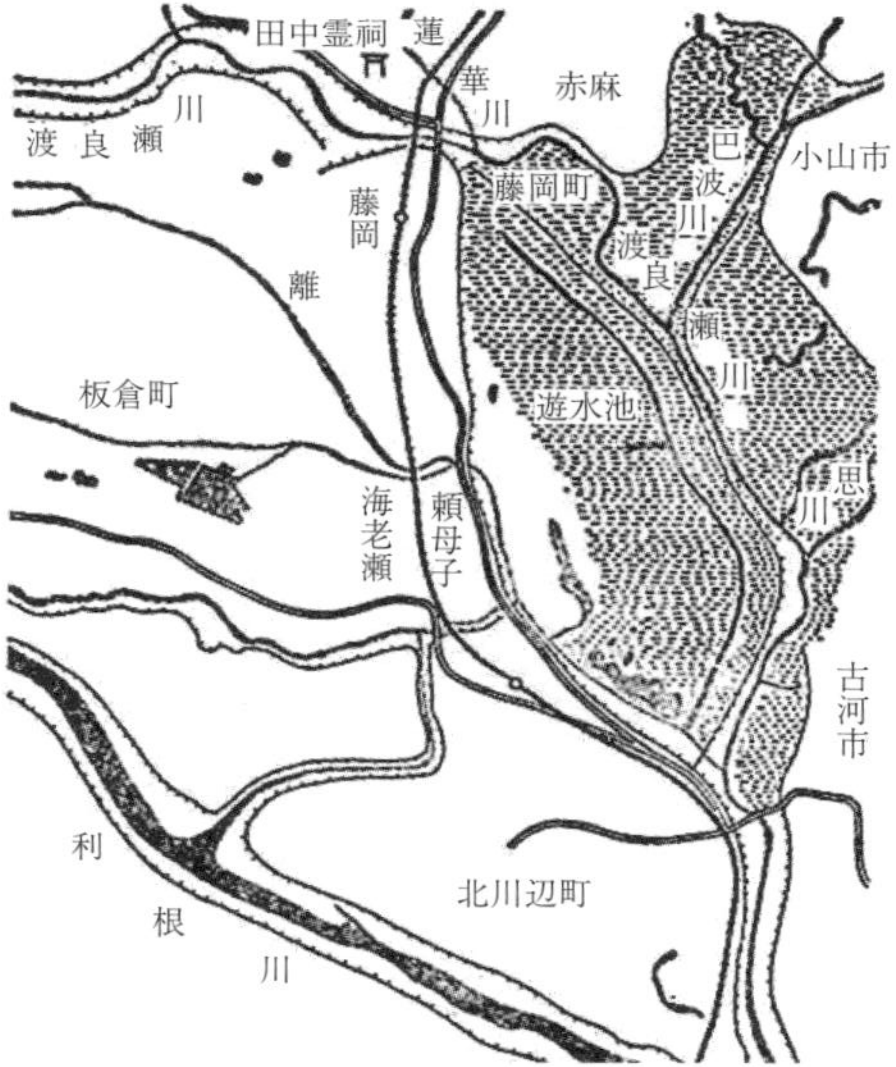


注・(a) 図は1909年大日本帝国陸地測量部制作の地図をもとにし、(b) 図は1972年国土地理院製作の地図をもとにして、いずれも佐江氏が作成したもの。

出典：佐江衆一『洪水を歩む・田中正造の現在』(朝日新聞社、1980年) 24～25ページ (筆者が若干修正)。

なわれたのであった。渡良瀬遊水池と名づけられた旧谷中村は、繰り返す大洪水によって上流から運ばれてくる土砂で埋まり、わずかの年月で遊水池としての機能もはたしえなくなった。とくに一九四七年のカスリン台風による大洪水は、遊水池の無効性を証明した。利根川改修計画は一八九六年に策定されてから、一九一〇年と三五年に大きく改訂されたが、カスリン台風の後で三度目の根本的な改訂が加えられることになった。

渡良瀬遊水池が単なる遊水池としてではなく、洪水調節池として明確に位置づけられたのは、一九三五年洪水にもとづいた改修計画以後のことであるが、四七年の大洪水の発生によってその洪水調節機能はいっそう重視されることになった。そして六三年から総事業費三一〇億円の計画で渡良瀬遊水池の調節化工事が本格的に開始されたが、その後インフレの影響もあって事業費は何回か増額修正されてきた。一九八〇年五月に公表された数字では六三年度から七九年度までの一七年間に二〇九億八〇〇〇万円の工事費を費やし、八〇年度以降の計画ではさらに四四四億五二〇〇万円の事業費の投下が計画されているので、調節池化工事の総事業費は、当初の見積額の二倍以上の六五四億三二〇〇万円余に達するものと見込まれている。調節池は三つの部分からなり、総面積は二二・八平方キロメートル、容量は一億六一八〇万立方メートルにおよび、調節池を仕切る囲繞堤の延長は一万五三四〇メートル、洪水時に渡良瀬川の水が流れこむようにつくられた越流堤の延長は、三七八七メートルに達している(2)。

遊水池の調節池化工事が着工されてから数年して、今度は貯水池化計画（通称「水ガメ化計画」）がもちあがった。一九七〇年一月、建設省は「新全国総合開発計画」の一環として、遊水池の一部を掘り下

写真　谷中村遊水地の現状

（1978年2月撮影）

げて貯水池とする計画を発表した。貯水池化により遊水池を首都圏の水上リクリエーション基地とするとともに、工業用水を確保することを目的としていた。それは第一調節池の南側四・五平方キロメートルを平均六・五メートル掘り下げ、二六四〇万立方メートルの水をためる計画で、一九七〇年から予備調査にはいった。建設省は七三年から実施計画調査をおこない、七六年に工事用道路の建設を開始した。掘り下げ工事は七八年から本格的におこなわれているが、一九八四年度の完成をめざして現在大型の土木機械やダンプカーが所狭しと動き回っている。この貯水池化工事の総事業費には約四八〇億円が予定されている。

貯水池の形はハート形をしているが（第六図）、それは上部の凹部に旧谷中村の遺跡である延命院の跡と共同墓地があるためである。この墓地は一九七二年の夏、貯水池工事を進める建設省によって破壊される寸前のところで、旧谷中村残留民の子孫たちが工事用のブルドーザーの前に座りこみ、文字どおり身をもって守りぬいたものである。一六戸の旧谷中村残留民の子孫の何人かは、不当に安く強制的に買上げられたかつての自分の土地で、すでに三代にわたって冬の副業にヨシを刈り、それでヨシズを編んでは東京方面に出荷してきたのである。墓地には谷中村の復活を唱えて一〇年以上もの間、権力に抵抗しつつ、廃村となった旧谷中村に住みついた残留民の怨念がこ

第6図　渡良瀬遊水池の現況

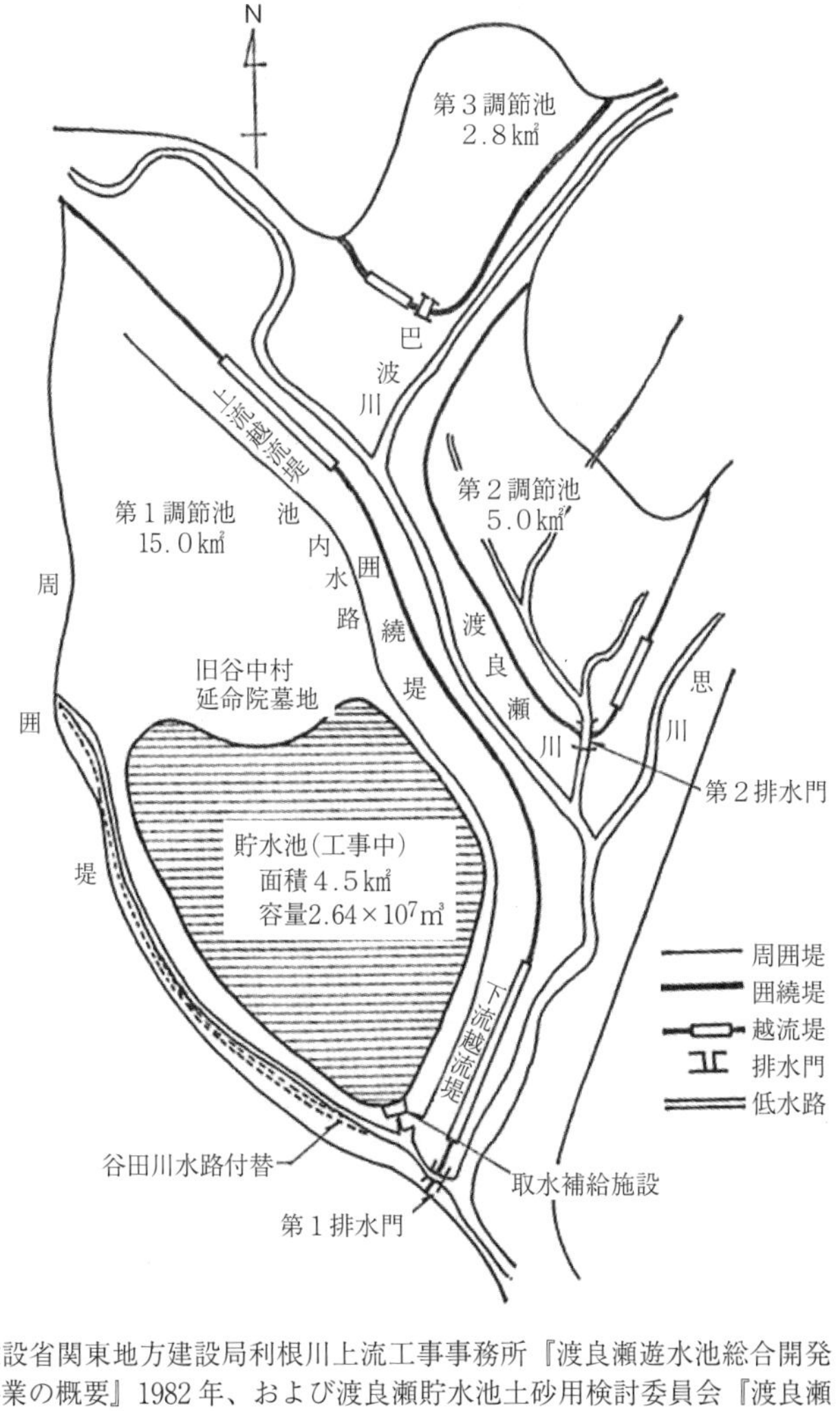


出典：建設省関東地方建設局利根川上流工事事務所『渡良瀬遊水池総合開発事業の概要』1982年、および渡良瀬貯水池土砂用検討委員会『渡良瀬貯水池建設に伴う掘削土砂利の農用地利用に関する報告書』1979年、3ページ。

もっていたのであろう。旧谷中村残留民の子孫と、田中正造を顕彰しその意志を継ごうとする田中会の人びととは、この事件を契機に「旧谷中村の遺跡を守る会」を発足させて、建設省当局とねばり強い交渉をつづけ、ようやく延命院跡と共同墓地周辺を水ガメ化計画からはずさせたのであった。

それにしても旧谷中村跡はなぜ何度も掘り返されるのであろうか。遊水池のなかは洪水によって運ばれてきた大量の土砂と、その浚渫作業によって幾度となくその形状を変えられた。しかし調節化工事がはじまるまでの遊水池は、まだ自然を残していた。いたるところ開発されつくした関東地方にあっては、遊水池内の湿原はたいへん貴重なものである。そこには、他の場所には見られない数多くの珍しい種類の動植物が棲息していた。しかし調節化工事とともに湿原の一部が失われはじめ、一九七〇年代にはじまった貯水池化工事によって、残されていた湿原は、貯水池と掘りあげられた土砂の堆積からなる台地とに変えられっつあるのである。

広大な湿原は、それを見る者に容易にかつての谷中村を想像させた。それは谷中村の滅亡と日本の明治時代後半期の最大の社会運動であった鉱毒反対運動のいわば「証人」であるとともに、民衆の生活を破壊してまで日本の急速な近代化を強引に推進した「明治政府の失政の遺跡」とでもいうべきものであった。それゆえにか、現在の政府にとってもこの広大な湿原の存在は、はなはだ具合の悪いものであるらしく、今や残された第二の自然ともいうべきこの湿原を、すっかりなくしてしまおうとしているのである。「旧谷中村の遺跡を守る会」や自然保護団体の人びとの活動によって、ようやく旧谷中村の中心部の共同墓地周辺だけは今のところ破壊を免れているが、それさえブルドーザーの下敷にされるようなことがあれば、われわれはアメリカに次いで資本主義国中世界第二位のGNPを誇る日本の現政府が、明治政府とくらべて少しも進歩していないことを確認するだけである。谷中村滅亡の歴史を現代の物質社会にたいする警鐘として残し、また湿原の動植物を保護するためにも、一切の土木工事を直ちに中止させる必要があるといえよう。渡良瀬遊水池は、洪水調節池、工業用水貯水池としてつくり変えられる以前にも、在日米軍の演習地として使用する計画(3)や新東京国際空港の建設計画、大手の観光資本によるレクリエーション基地化の計画もあった。米軍の演習地計画は、周辺の地方自治体や革新団体の広範な反対運動により撤回されたが、その経験に学ぶまでもなく、渡良瀬遊水池のこれ以上の破壊の防止は、周辺住民の問題意識をどれほどたかめうるかにかかっているのである。

さて広大な遊水池も、上流から運ばれる大量の土砂が減少しないかぎり、つねにその浚渫や掘り返し作業が必要となる。そこにはすでに耕作農民は絶えて久しく、それゆえ鉱毒被害が社会問題化することはないが、つねに浚渫をしていなければ流れてくる土砂の堆積によって、洪水調節機能がそこなわれることになる。そこでわれわれはもう一度渡良瀬川の源流に遡ってみることにしよう。

## 困難な足尾地域の緑化

鉱毒汚染のもっとも激しい太田市毛里田地区から約三〇キロメートル上流に草木ダムがある。草木ダムは洪水調節、渡良瀬川沿岸の農地の灌漑、上水道および最大二万キロワットの発電を目的とした多目的ダムで、一九七一年に着工され、総工費三一五億円を費やして一九七六年に竣工した。それは堤の高さ一四〇メートル、堤頂の長さ四〇五メートル、貯水面積一七平方キロメートル、貯水量五〇五〇万トンの中規模のダムで、外見上はふつうのダムと何ら変ったところはない。だがその上流に環境庁の調査でも明らかなように、閉山後も鉱毒を流出しつづけている足尾銅山を抱えている点で、他のダムとは異なっている。すなわち、上流から流れてくる重金属を含んだ土砂や浮遊物質が、水道用原水や灌漑用水に流れこむのをできるだけ防止するために、その取水設備には半円筒多段型ローラー・ゲートが設置され、つねに表流水を取水するよう設計されているのである。ダムの建設によって比較的大粒の土砂は、ダムの底に沈澱させうるかもしれないが、しかし重金属を含んだ細かな浮遊物質については、まったく除去できないばかりか、かえって拡散してしまうことになる。それゆえ毛里田の農民たちは、ダム建設後かえって灌漑用水の濁りが常態化してきたという。そのためダム管理当局も水質検査には細心の注意を払っているというのであるが、ダムの貯溜水の濁りについては、いかなる対策も持ち合わせていないのが実状である。

この草木ダムへの建設の表向きの理由は、首都圏への水道用水の供給、洪水調節などである。しかし、その計画策定から本工事への着工、竣工にいたるプロセスを、渡良瀬川の水質基準の審議、水質基準の施行、一五億五〇〇〇万円の農作物補償の決定、古河鉱業と地元の群馬県および桐生、太田両市との間の公害防止協定の締結などの経過と重ね合わせてみると、草木ダム建設には隠された理由があると考えてよいだろう。それは下流の鉱毒被害民にとっては自明のことと思われるが、渡良瀬遊水池と同様に、このダムも足尾銅山の巨大な「鉱毒溜」であるという点である。水質審議会が渡良瀬川の水質基準を最大値でなく、まったく意味のない「平均値」で決定したのは、明らかに草木ダムの完成を前提としたものであった。政府の公調委が当時の公害の被害補償としては、予想されたよりも「高い金額」で調停したのも、草木ダムによって新たなひどい鉱毒・洪水被害が発生しなくなることを見込んだうえでのことであったと思われる。一五億五〇〇〇万円の補償調停では、同時に将来的な公害防止協定の締結がうたわれていたが、ダムが完成した一九七六年七月に地元と古河鉱業の間で同協定が締結され、七八年三月に「公害防止細目協定書」も双方で合意に達したのである。

しかしこの公害防止協定の締結には、毛里田同盟会は強く抗議した。その理由は、第一に被害者である毛里田地区住民を排除して内容を決めたものであること、第二に被害者の立入調査権を認めていないこと、第三に加害者である古河側の水質調査を前提にしていること、第四に土地改良について具体化していないこと、第五に農林水産省の農業用水基準では銅〇・〇二ｐｐｍであるにもかかわらず、〇・〇六ｐｐｍの基準を引き下げようとしていないことなどであった(4)、しかし群馬県当局と桐生、太田の両市長は、住民の反対にもかかわらず、同防止協定を締結したのであった。現在毛里田地区では鉱毒被害田の土壌改良事業が実施段階を迎えているが、地元住民の意見を無視した「公害防止協定」にもとづくものであるために、つい最近になるまで地元農民全員の同意が得られなかった。というのも、渡良瀬川源流の谷に点在する鉱滓堆積場からの鉱毒流出がつづき、さらに草木ダムも鉱毒の沈澱池としては機能していない状態のもとでは、土壌改良をおこなっても二〇年ほどで元の鉱害田に戻ってしまうと予想されているからである。たしかに、一〇〇億円を超えると見込まれている土壌改良費は古河鉱業と政府が折半するとしても、山元における鉱毒流出防止対策と治山事業が遅れている状態では、土壌改良の実効があがらないのは明白である。さらに農民たちからすれば、現行法規のもとで土壌改良を実施すると、その農地は半永久的に農地としてしか使用できないという制約条件がつくだけでなく、土壌改良によって土地がやせてしまうので、将来必ず鉱毒汚染被害が繰り返されることを知りつつ土壌改良を実施することは、将来に大きな不安を残すことになるのだといえよう(5)。とはいえ汚染された農地を放っておくわけにはいかない。現状で考えられる最上の策は、とりあえずいかなる条件もつけずに土壌改良を実施し、また十分な有機肥料を無償で供給することであろう。その場合もちろん将来再び汚染が進行した場合には、原則的には古河鉱業に費用を負担させて再び土壌改良をおこなうことを義務づけておく必要がある。足尾銅山の山元対策が万全になるまで、それは永遠に繰り返されねばならないのである。

「公害防止協定」は締結されたが、大雨が降れば基準をはるかに超える銅やヒ素が流出する。一九七九年一〇月一八日の台風のときもそうであった(6)。直接の原因は堆積場からの鉱毒を含んだ水があまり多すぎて、中才浄水場の処理能力を超えてそのまま渡良瀬川にあふれたためであった。堆積場と浄水場の不備についてはしばしば指摘され、毛里田同盟会からも強い抗議が繰り返されてきたものである。この点については先に述べたので、最後に煙害被害地の治山と緑化事業について触れておくことにしよう。

古河鉱業の足尾製錬所周辺とそれより北方は、いまだにまったくのハゲ山が延々とつづいている。この景観こそ、一度破壊されつくした自然を再び元に戻すことがいかに困難であるかということの見本であろう。製錬所より南の方向、すなわち渡良瀬川の下流方面の山の斜面は、多額の治山、植林費用をかけてようやく少しずつ緑が回復してきた。とはいえ、それもまだこの十数年のことであり、山の上部は山骨が露出している個所も少なくない。そうした個所はまるで坊主頭に何本ものハチ巻きをしめたように、山肌の岩石の崩落を防ぐためのコンクリート製の土止めが取りまいている。きわめて小さく急峻な谷筋や、雨が降ったときだけ水が流れ落ちる斜面にも、大小の砂防用ダムが数多く建設されている。そしてそれらの大部分は、建設されるすぐ後から崩落する岩石によって埋まっていく。営林署の植林担当者は、そこに下から運びあげた土を盛り、草を植え、木の苗を植えるという、たいへんな努力を積み重ねて煙害裸地の緑化をおこなってきたのである。

写真　いまなお煙害のすざまじさを物語るハゲ山

(1982年8月撮影)

しかし製錬所より上流地域は山が険しいこと、あまりに山肌の崩落の状態がひどく斜面に小さな砂防ダムを築くことさえできず、とくに煙害がもっともひどかった松木沢、仁田元沢などは、いまだにまったく手がつけられていない状態がつづいている。この数年ようやく久蔵沢筋の緑化が進められるようになったが、そこでも自然が回復するためにはこれから少なくとも数十年が必要であろう。松木沢や仁田元沢の緑化は、おそらく数百年の単位で考えねばなるまい。松木沢は古河市兵衛が足尾銅山を再興するまで、あの日光中禅寺湖畔の鬱蒼たる森林がつづいていたといわれる地域であるが、今では一本の灌木さえ見つけることができない。せいぜい崩れ落ちた岩石が堆積したところや、かつて松木村の人びとが住んでいた比較的緩やかな傾斜地に草が生えている程度で、皮肉にも足尾地域は関東地方でも有数の多雨地帯であるにもかかわらず、山全体は一滴の雨も降らない砂漠の山を思わせる。営林署の作業員は、ヘリコプターを用いてアメリカから輸入した雑草の種子を上空からまくとともに、土の間に種子と肥料をサンドイッチのようにはさんだ植生盤を、タイルを貼るように岩盤にはりつけるなどして緑化事業をすすめ、最近ようやくその成果が少しずつ現れはじめてきたところである。

第二次世界大戦後の治山事業費の累積額は、約三三億円にも達しており、それは現在の価額に換算すれば七〇億円以上になるであろう。また戦前の荒廃地復旧費の累積額は、戦前の価額で約六九万円と計算されているから(7)、仮に二〇〇〇倍して考えるとすると、それは現在の価額でおよそ一四億円に相当することになる。足尾地域の治山事業のためにこれまで費やされた国費は、少なく見積っても総計で八〇億円を下ることはあるまい。さらに今後の治山事業費は、一九七七年に立てられた全体計画によると約一三〇〇億円の巨費が見込まれているのであるが、おそらくそれだけの資本投下をおこなっても、自然の回復にはまだほど遠いと思われる。

## 政府資本家共謀の罪悪

ここでわれわれの率直な疑問を述べておかねばならない。それは国有林荒廃の原因が足尾製錬所から排出される亜硫酸ガスにあることは疑いのない事実なのに、どうして巨額の治山事業費が国庫から支出されてきたのか、という点である。国民は古河鉱業にたいして自分たちの財産である国有林に損害を与えた責任を追及し、損害賠償を求める権利を有しているが、これまでにこのことを裁判などで問題にした人はひとりもいなかった。もちろん、本来なら政府が国民全体に委託されて国有財産を管理しているのであるから、政府は古河鉱業にたいして損害賠償を請求し、その賠償金をもって煙害被害地の復旧費用に充当すべき義務があったといえよう。

ところが、政府は古河鉱業にたいして損害賠償を請求するのではなく、すでに今から二四年前の一九六〇年に損害賠償請求権の放棄を決定していたのである(8)。驚くべき行政の怠慢ぶり、企業との癒着ぶりである。その決定は直接的には国有林の管理を担当する林野庁がおこなったものであるが、当時は、源五郎沢堆積場の決壊事故が発生し、下流の農民たちが激しく古河鉱業を追及していたときであった。しかしながら、農民たちも研究者たちも誰も、その時点で国有林の損害賠償請求権が放棄されたことを知らなかった。鉱毒問題が再燃していたときだけに、政府当局はあえて公表しなかったものと思われる。林野庁長官は、一九五九年七月「国有林野鉱煙害賠償要綱について」という通達を各営林署長宛に送り、一九五七年度、五八年度、五九年度の三年分の損害についてのみ賠償を請求することを指令した。この通達では五六年度以前については、鉱業法第一一五条の第一項前段の規定(9)によって三年の時効が成立しているために、損害賠償請求権はすでに消滅したとの見解をとっていた。それは足尾地域の国有林をハゲ山にした責任については、これ以上問わないことを宣言したことと同義であった。この通達をだ

第23表　濃硫酸生産量

| 年　度 | 生産量（トン） |
|---|---|
| 1956 年 | 41,420 |
| 57 年 | 50,192 |
| 58 年 | 51,328 |
| 59 年 | 61,913 |
| 60 年 | 58,876 |
| 61 年 | 63,150 |
| 62 年 | 68,095 |
| 63 年 | 89,842 |
| 64 年 | 97,790 |
| 65 年 | 85,612 |
| 66 年 | 85,308 |
| 67 年 | 101,134 |
| 68 年 | 101,962 |
| 69 年 | 95,826 |
| 70 年 | 94,262 |
| 71 年 | 87,499 |
| 72 年 | 91,476 |
| 73 年 | 89,641 |
| 74 年 | 87,007 |
| 75 年 | 84,968 |
| 76 年 | 87,766 |
| 77 年 | 95,524 |

出典：前掲『足尾郷土誌』178 ページ。

した翌一九六〇年六月、林野庁は同「要綱」で指令した被害額の算定方式にかんする改訂通達をだし(10)、それにもとづいて実際の損害賠償交渉がおこなわれた。それは「鉱業権者との協議の上契約により実質的には損害賠償金として相当の見舞金を出させる」というもので、古河鉱業はこれに応じて三二〇万円の見舞金をだしたのであった。何とわずか三二〇万円で、あの厖大な国有林被害にケリがつけられたのである。

古河鉱業は一九五六年にフィンランドのオートクンプ社から導入した自溶製錬方式の新型炉を完成すると同時に、アメリカのモンサント・ケミカル社からは接触式硫酸製造法を導入して、亜硫酸ガスから濃硫酸を製造する装置を建設し、それまで大量に排出していた亜硫酸ガスの回収をはかった。第二三表は自溶炉による製錬が開始されてからの濃硫酸の生産量を示しているが、この表から逆にわれわれは、それまでいかに大量の亜硫酸ガスが大気中に放出されていたかを推測することができる。にもかかわらず林野庁のおこなった損害賠償請求は、放出亜硫酸ガスの減少を待っておこなわれたのであり、明らかに国民の財産を不当に処分したものといってよい。当時の足尾地域の国有林被害は、第二四表で見るように草木が一本もない、まったくのハゲ山だけで二〇〇〇ヘクタール以上もあり、民有林（そのほとんどは古河鉱業の所有であるが）も含めれば、それは三〇〇〇ヘクタールにもおよんでいた。ほとんど草木が育っていない激害地は、国有林だけで一二〇〇ヘクタールもあったから、その被害がいかに大きなものであったか容易に想像がつく。これだけの大被害が、誰にも知られずにわずか三二〇万円の打ち切り補償で結着がつけられたことは、足尾銅山鉱毒事件の本質、荒畑寒村のことばを借りれば「政府資本家共謀の罪悪」をあますところなく物語っているといえよう。

自溶炉による製錬が開始されてからも、硫酸の需給状態の弛緩や技術的不完全によって、大量の亜硫酸ガスの放出が日常的におこなわれたために、植林事業もこの一〇年くらい前までは、あたかもシジフォス的労働のごとくあまり成果を期待できなかった。だが一九六〇年の打ち切り補償以降、林野庁は毎年の損害額を算定して古河鉱業に請求すべきだとしている「通達」の趣旨を反故にしてきた。したがって古河鉱業は、その後の煙害被害についても時効によって免責されているのである。

第24表　1955年当時の煙害状況

| | (a) 前橋営林局資料 | | | (b) 栃木県資料 |
|---|---|---|---|---|
| 区　分 | 国有林 | 民有林 | 計 | 計 |
| | ha | ha | ha | ha |
| 裸　地 | 2,095 | 883 | 2,978 | 2,598 |
| 激害地 | 1,198 | 218 | 1,416 | 4,618 |
| 中害地 | 2,256 | 644 | 2,900 | 8,085 |
| 微害地 | 7,533 | 444 | 7,977 | 15,577 |
| 計 | 13,082 | 2,189 | 15,271 | 30,878 |

注1・調査は (a)、(b) とも倉田益二郎と橋本章の2人によって、共同でおこなわれた。

注2・被害地面積には足尾地区以外に．栃木県日光地区、群馬県勢多地区を含むものと思われる。

出典：鈴木丙馬「足尾鉱煙害裸地の復旧造山造林に関する基礎的研究第1報——鉱煙害と治山、治水とを主体とした足尾小史」（宇都宮大学『学術報告』6巻3号、1967年3月）34、56ページ。

岩盤が露出した足尾山地は、足尾町当局が現在「日本のグランド・キャニオン」と名付け観光地として売りだし中である。だが渡良瀬川下流の洪水の原因が、足尾地域の荒廃した源流にあることを考えるとき、いかに足尾銅山閉山による過疎化現象を食いとめるためとはいえ、水源林の涵養をうたうのではなく、水源林の荒廃を売り物にする地方行政の担当者にたいして、不快の念をもつのは筆者だけではあるまい。行政が今なすべきことは、古河鉱業にたいして鉱滓堆積場の鉱毒流出防止設備を完全なものにし、一刻も早く水源林を回復させるために全力をつくさせることである。とはいえ古河鉱業に責任を認めさせたうえで、とりあえず行政が肩代りすることまで否定するものではないが、基本的には早急に水源林を復旧することであるといえる。

## 足尾線廃止に揺れる足尾町

今足尾町は足尾線の廃止を目前にして、大揺れに揺れている(11)。国鉄当局は経営再建のために赤字路線の廃止と貨物の合理化を強行しており、足尾線もその廃止路線に挙げられている。足尾町当局は足尾線確保のために「サクラ乗車」運動まで展開しているが(12)、廃止決定を撤回させることはきわめて難しい状況にある。たしかに足尾線が廃止されれば、一九七三年の足尾銅山の閉山以降急減している町の人口が、さらに減少することは目に見えている。

足尾町の人口は第一次大戦中の一九一六(大正五)年にピークに達し、八四八四世帯、三万八四二八人となったが、その後しだいに減少し、一九六〇(昭和三五)年には三八七〇世帯、一万八〇九四人となった。閉山の前年の一九七二（昭和四七）年には三一五四世帯、一万二三八人とかろうじて一万人台を保っていたが、閉山後急減し、一九八一年にはついに六〇〇〇人を割り、二一六七世帯、五九九一人となったのである。それゆえに過疎を憂うる町当局や町民が、足尾線廃止反対を要求するのは一面ではまた当然のことといえよう。

しかし足尾線が廃止されてもっとも困るのは、外国鉱や他所からの銅精鉱の搬入と、銅製錬の副産物である濃硫酸の搬出に鉄道を使用している古河鉱業のはずであるが、なぜか古河鉱業は足尾線廃止反対運動には不熱心で、そのためにかさまざまな憶測を生んでいる。とくに濃硫酸の輸送手段がなくなることは製錬所の存続にとって致命的であるといわれている。現在貨車輸送している年産一〇万トンにのぼる濃硫酸を、仮に一〇トン積みの大型タンクローリーで運ぶとすれば、一日当たり二七台も必要となり、一九八二年のように、生産量が一一万トンを上回れば、一日当たり三〇台にもなるのである。濃硫酸の陸路輸送の危険性はきわめて大きい。とすれば足尾線の廃止は製錬所の廃止を意味することになる。それなのに古河鉱業が足尾線廃止反対運動に消極的なのは、この機会に立地条件の悪い足尾製錬所を廃止してしまおうという腹づもりがあるせいではないかともいわれている。加えて先に述べたように、古河鉱業は、丸紅や三井鉱山などと共同でフィリピンに銅の製錬所を建設中でもあるために、足尾から撤退する可能性がきわめてたかいのではないか、という見方が有力になっている。

しかしまったく逆の見方もできる。「公害の元兇足尾製錬所」という悪いイメージがあるので、それを維持するために典型的な赤字線である足尾線の存続運動を、表立ってやるのはかえってマイナスではないか、という判断のうえに立って、古河鉱業は公然たる足尾線線止運動は差しひかえているのではなかろうか。したがってもちろん陰では足尾線存続の工作をおこなう一方、地元ではもっぱら町当局の運動を前面に立てて批判をかわそうとしている、とも思われる。町当局が足尾線の廃止を撤回し、製錬所を存続させようとしているかぎり、古河鉱業にとって町当局の意図を最大限に利用し、これに便乗していた方が得策だと考えているのではないか。おそらく古河鉱業は足尾線の廃止、存続にかかわらず、いずれの場合も不利にならぬよう表面上は静観しているものといえよう。

古河鉱業の企業城下町である足尾町にとって、「公害の原点＝足尾」というマイナスのイメージがつきまとうとしても、唯一の産業である製錬所を失うことは、事実としてきわめて大きな打撃であることに違いない。もちろんそうした考え方は、下流の鉱毒被害地の人びとの目にはあまりにも身勝手なことと映るであろう。だから毛里田の鉱毒根絶期成同盟会の板橋会長が、「足尾線が廃止されることによって製錬所が廃止されるのは大いにけっこう、願ってもないことだ」(13)と、真顔でいうのもある一面ではたいへんよく理解できる。だが製錬所憎しといえども、現に足尾町で生活し、足尾線に頼り、製錬所やその下請会社で働く多勢の人びとがいることを無視することもできない。

たしかにわたしたちも製錬所の廃止には大賛成だ。しかしだからといって足尾線を廃止することにも反対だ。町当局は逆に足尾線も製錬所も残せと訴えているが、渡良瀬川、ひいては利根川の源流に毒物をタレ流す製錬所が存在することは、きわめて問題だといわねばならない。足尾線と製錬所をセットで考えることをやめ、足尾線の存続、製錬所の廃止という方向で町当局は考え直すべきであろう。すでに足尾町は独自に銅山観光を売りだして、一定程度の成果もあげているのであるから、さらに一歩踏みこんで、「公害の原点」という現実を直視し、これを活用して、生きた公害問題、公害史の学習の場として整備することによって、「公害の原点」の汚名を返上するような構想を積極的に実現することこそ重要であろう。足尾線廃止反対運動が結論的には製錬所の足尾からの撤退阻止を意味するものであれば、渡良瀬川下流の人びとは誰もその運動を支持しないであろう。

この点に関連して、最近の足尾町民のなかに、製錬所に全面的に依存している現状に批判的な人びとがでてきたことは、たいへん喜ばしいことである。「古河鉱業あっての足尾町」という典型的な企業城下町意識は、今後少しづつ葬り去っていく必要がある。むしろ人口が半減することくらいも覚悟のうえで、というとややいい過ぎかもしれないが、しかしかなりの人口減をも前提としてでも、足尾町の政治的、経済的な自立のための方策について、知恵をだし合っていくべきであろう。

だが足尾町が古河鉱業に依存する体質から脱却して自立した町づくりをしていくうえで、二つの大きな障害が存在していることを認識しておかなくてはならない。そのひとつは、先に見た足尾町の渓谷を埋める巨大な鉱滓堆積場の管理の問題である。またそれと並んで広大なハゲ山の植林、大量に湧きでてくる坑内水の処理の問題である。いずれも足尾銅山の操業にともなって発生した鉱毒源にたいする対策であり、たとえ製錬所が廃止されても半永久的に管理しつづけなければならないものである。とはいえ基本的な対策さえ完全になされるならば、その後の管理費用はそれほどかからないと思われるが、いまはまだその基本的な対策さえなされていない状態なので、もし古河鉱業が製錬所の撤退を口実にいい加

**第25表　足尾町の土地所有区分**

（1976年4月1日現在）

| 区　　分 | 面　　積 | 比　　率 |
|---|---|---|
| | ha | % |
| 足尾町の総面積 | 18,561 | 100.0 |
| 国　有　林 | 15,281 | 82.3 |
| 民　有　林 | 1,740 | 9.4 |
| 河川敷等 | 1,540 | 8.3 |
| 民有地内訳 | 1,740 | 100.0 |
| 古河所有地 | 1,349 | 77.5 |
| 一般民有地 | 391 | 22.5 |

出典：前掲「足尾郷土誌」65ページ。

減に処置するようなことであれば、足尾町は将来多大な負担を強いられることになる。もちろん鉱業法では、鉱業権者に鉱害防止対策の責任を負うことを義務づけているが、実際の法律適用上は問題があると思われるので、不完全な対策で済まされてしまうかもしれない。

古河鉱業との関係で、足尾町が自立化するときにぶつかるもうひとつの障害は、足尾町の民有地の大部分が古河鉱業の所有地で占められているという点である。そのためいかに足尾町が独自の再開発計画を立てようとしても、古河鉱業の承諾なくしては実施不可能なのである。

第二五表によれば足尾町の総面積一万八五六一ヘクタールの八割以上が国有林になっているが、そのほとんど全域が、二一〇〇ヘクタールもの煙害裸地を含む煙害の被害地である。近年裸地以外の地域では急速に緑が回復してきている。一方民有地はわずかに九・四パーセント、一七四〇ヘクタールであるが、そのうちの七七・五パーセント、一三四九ヘクタールが古河鉱業の所有地で、一般民有地は民有地全体の二二・五パーセント、三九一ヘクタールにすぎない。また足尾町はそのほぼ全域、約九五パーセントが山地で、利用可能な平坦地はたったの五パーセントあるだけである。それが一般民家や社宅用地、製錬所敷地、公共用地、製錬所用地などに分れているのであるから、いかに町並が過密化しているかが容易に想像できるであろう。

古河鉱業の所有地が平坦地に占める割合については、第二五表によれば山林を含めた古河所有地は七七パーセントにものぼっており、このことから推測すると、再開発の必要な町の中心部のかなりの部分は古河鉱業によって所有されていると見てよいだろう。

もし近い将来、古河鉱業が巷でうわさされているように、製錬所を足尾から撤退させる計画をもっているのであれば、撤退するときには平坦地で事業用地として使用していない土地、とくに町の中心部にある社宅を整理することによって生ずる土地などを、足尾町に寄付するか、もしくは安く譲渡して、町の今後の発展に貢献すべきであろう。これまでも比較的傾斜のゆるい土地にある廃石や鉱滓の堆積場を覆土してつくられた町営グランドなどの例もあるが、聞くところによると古河鉱業はそれらの土地について あまり快よく提供しなかったらしい。しかし今後は足尾町とのながい歴史的関係を顧みて、古河鉱業は利用可能な遊休地を進んで町に提供すべきだと思われる。もちろんその場合も鉱害防止対策を施した土地であることはいうまでもない。町当局はいかに再開発用地が必要だとしても、完全な鉱害防止対策が施された土地以外は、たとえ寄付の申入れがあったとしても絶対に手をだしてはならない。それは町に新たな鉱害防止対策費用を加えるだけでなく、汚染者負担原則をなし崩してきに反故にしてしまうからである。

かつて古河市兵衛が足尾銅山の操業を再開しなかったならば、今日の足尾町は日光山地に連なる森林地帯として、おそらく林業と農業を主体とした典型的な山村であったことだろう。過疎は当然としても、豊かな自然環境は人びとにまったく異なった生き方を与えたであろう。現在のように製錬所がなくなった後には、ハゲ山と鉱毒源以外の何物も残らない状態とくらべてみると、それは実に対照的な風景である。

古河鉱業は足尾銅山を基盤に発展し、たしかに一流財閥にはなりそこねたとしても、現在においても第一勧銀グループの中核をなす古河系企業群の主要な一員であるから、その面子にかけても全古河グループをあげて、鉱害対策事業とハゲ山の緑化に努めるべきであろう。またもし製錬所を撤退させるのであれば、「立つ鳥跡を濁さず」のたとえどおり、いっそう万全の対策をとると同時に、所有地の足尾町への寄付をするなどして、誠実に後始末をつけるべきである。そうすることによって、はじめて下流の鉱毒被害民にたいしてもいくばくかの償いができるのであるし、また過疎化の避けられぬ足尾町の人びとへのせめてもの置土産とすることができるのである。これまでの古河鉱業のやり方からみて、今述べたことをどの程度おこなうか、あまり楽観できない。しかしそれらは最低限の要請であって、それがすべてなされたとしても、まだ以下の事柄については、未来永劫にわたる古河鉱業の負債として残るであろう。

第一に、毛里田地区とその周辺地域については一部分補償がなされたといっても、他の大部分の地域の被害民にたいしては、ほとんど補償が済んでいないこと、第二に、足尾町の住民にたいする煙害被害による健康や財産被害の補償もほとんどなされていないこと、第三に、一九七三年の閉山と同時に古河鉱業を解雇され、現在も硅肺で苦しむ五〇〇名あまりの元坑夫など労災による傷病者たちにたいする手当も十分なされていないこと(14)、第四には、製錬所を正面に見すえる竜蔵寺の渡り坑夫たちの無縁仏が物語っている、過酷な労働によって生命を落した人びとへの償い、さらに第二次大戦中に強制連行されてきて虐待された朝鮮人や中国人にたいする償いがなされぬままにしてあることである(15)。それらのなかには、すでに部分的には何らかの形で償いがなされたものもあるだろうし、いまとなってはもはや償いの不可能なことも少なくないかもしれない。古河鉱業はもちろん、古河系の企業や他の同種の企業も、企業活動が人間社会と自然にたいして償いきれぬ負債をもたらすということを銘記しておくべきであろう。

以上足尾線の廃止と製錬所の撤退の問題について、やや回りくどく述べてきたが、われわれの結論は、足尾線の存続、製錬所の廃止であることを再確認しておきたい。

## 足尾発電所の建設問題

さて足尾線の廃止についで足尾町で問題になっているのは、足尾銅山の閉山後の足尾町の振興計画として栃木県が立案した、足尾発電所の建設問題である。このことに若干触れておくと、栃木県営足尾発電所は渡良瀬川の本流と、枝川の神子内川、庚申川、餅ケ瀬川などの水を集めて、最大出力一万キロワットの発電をおこなおうというものである。一九七五年に電源開発調整審議会で承認されたのであるが、足尾町や渡良瀬川沿岸の各漁協、それに毛里田同盟会などが、発電所の建設によって鉱毒被害が激化する恐れがあるとして、強く反対したために、栃木県企業局は毎年予算措置をとりながらも着工することができなかったものである。しかし一九八二年になって、両毛漁協との被害補償協定、および足尾町との水量維持協定が成立したことにより、足尾町漁協や大部分の町民の反対の声を無視して着工されたのである。

足尾発電所については、利根川荒川保全調査団の中間報告に詳しく分析されているが(16)、第一に、上流から発電所まで水を引くために、鉱脈地帯をぬって導水路を掘削することにより、鉱毒が流出する危険性がたかく、また掘削排土の処理に問題があるということ、またこれに関連して渡良瀬川の水質観測点が現在の通称オットセイ岩付近から発電所の下流に移動するために、庚申川など他の沢からの流量で稀釈され、正確な観測ができなくなる、などの問題が生ずる。

第二には、渡良瀬川上流の水を堰止めて、それを導水路で発電所にもっていくために、足尾町内の水量がいちじるしく減少し、晴天がつづいた場合には、生活排水によってドブ川化することも考えられ、そうなると町の産業のひとつにしようとしている観光の妨げとなるし、最近ようやく成果をあげはじめた渓流魚の放流に悪い影響を与えることが考えられる。第三には、現在のように全国の発電施設の設備利用率が平均四四パーセント足らずという、いわば電力の大過剰時代において、一〇〇億円もの巨費を投じて最大出力がわずか一万キロワットの発電所を建設しても採算がとれず、まったく税金の無駄使いに終るということである。利根川荒川保全調査団の試算では、平均稼働率二五パーセント（その場合の一キロワットアワー当たりの発電原価は五〇円）、きわめて多めに見積った栃木県の試算でも四〇パーセント（発電原価は三一円）にすぎないから、電力供給、電力経営という観点からみても建設の意義はまったくないといえる(17)。

おそらく意義を見出そうとすれば、発電所の建設を請負う中央の土建会社の下請として入る古河系土建会社などをつうじて、町民の雇用機会が増加したり、他所から作業員が来ることによって日常品を売る店や飲食店の売り上げが増えたりするというメリットはあるだろう。そしてそれは逆に地域内での労働力不足、一般賃金水準の上昇、風紀の乱れなどのデメリット要因ともなる。発電施設周辺整備法による交付金は、出力が小さいから問題にもならない。

結局は発電所建設の真の意図は、足尾銅山の閉山によって仕事の少なくなった古河系下請企業を救済するためだ、と見るのが妥当であろう。しかし発電所の建設によって、鉱毒被害が激化するようなことになれば、メリットがないだけにその代償はあまりに大きいといわねばならない。仮に雇用創出のために同じ金額を投ずるというのであれば、ハゲ山の緑化や町の再開発と整備に使用した方がはるかに賢明だと思われる。栃木県は面子を捨てて、町民のためにもっと有益な金の使い方をすべきである。

## はじまった汚染農地の改良事業

一九八三年の一月から、一九七四年五月に調停が成立して以来八年半ぶりに、銅とカドミウム汚染農地にたいする群馬県営の公害防除特別土地改良事業(以下公特事業)が開始された。公特事業が遅れた理由は、ひとつには汚染原因者である古河鉱業の事業費の負担割合がなかなか決まらなかったからである。一九八〇年八月になって県の公害対策審議会はようやく古河鉱業の汚染負担率を〇・五一と決定したが、そのあまりの低さに今度は農民たちは納得しなかった。しかし事業は農民側の要求にわずかに色をつけることで、決定どおりおこなわれることになったのである。〇・五一という数字は古河鉱業の汚染寄与率〇・六八に、既定割合の四分の三を乗じてはじきだされたものであるが、事業費総額の半分より一パーセントだけ多くしてあるのがミソなのであろう。総事業費が四九億四〇〇〇万円であるから、これにより古河鉱業の負担額は、その五一パーセントの二五億一四九〇万円となる。残りの四九パーセントのうちの三分の二は国、十分の三は県、他は太田市と桐生市の負担である。

そもそも農民たちは、土壌中の銅濃度が一二五ｐｐｍ以上の農地だけを公特事業の対象に指定するという考え方に反対であった。それでは汚染農地全体の一五分の一以下の約二八八ヘクタールしか対象にならないからである[18]。

公特事業の実施が遅れたもうひとつの理由は、前述したように農民たちの内部が公特事業の推進方針で一本化されておらず、事業に消極的な人びとや明確に反対の人びとも少なくなかったからである。公特事業反対意見の背景には、毛里田地区の汚染田が国道五〇号線のバイパス用地として、さらにバイパスの開通によって工場用地としてたかく売れるようになった、という現実がある。農業を継続していくためには土地改良は絶対不可欠である一方、農地転用が不可能になるのは困る、という異なった二つの利害を前にして農民たちの心は揺れ動いたに違いない。

農民たち内部の意見対立は、激しい論争があった後、結果的には国の水質基準を受け容れ、鉱毒調停を締結して土地改良路線を敷いた同盟会の現執行部の方針が大勢を占めることになり、農民たちは同盟会の指導のもとに一九八一年一二月渡良瀬川沿岸土地改良区を発足させた。そしてその一年後の一九八三年一月に公特事業は開始されたのである。こうして県営の公特事業は着工されたが、しかしながら行政側の目論見どおりに、これによって毛里田の鉱毒問題に最終的な結着がつけられたことにはけっしてならないと思われる。

# 13　生き返る田中正造の思想

足尾銅山鉱毒事件が最初に社会問題化した年から現在すでに九〇年も経過している。だがそれは今なお渡良瀬川の源流地域と、利根川に合流するもっとも下流の地域とに、いずれも三〇〇〇ヘクタール以上もの荒野を残している。それらを一望しただけでも、われわれはいかに鉱毒・煙害の被害が大きかったかを想像しうる。と同時にわれわれは、この鉱毒事件を、世界史的には遅れて資本主義化の途を歩んだ一九世紀末の日本が、「富国強兵」「殖産興業」の二大スローガンを掲げて闇雲に西欧の近代技術を取りいれたことの結果であったとみることができる。そしてそこには近代技術の取りいれ方の問題と、それ自体に内包されている生産第一主義的な経営のあり方の問題が存在していることに気づく。

日本の支配階級は何よりも欧米の先進資本主義国に追いつくことを優先したため、近代技術の生産第一主義的側面をよりいっそう助長させたのであった。生産第一主義に凝り固まっていたのは、支配者階級だけではなかった。貧しい生活を強いられてきた民衆たちの多くも、貧しさから脱けだそうと努力すればするほど効率主義と超過労働とを容認することになり、結果的に支配者階級のイデオロギーに同調せざるをえなかったのではないか。こうした生産第一主義的な考え方が、幾分なりとも是正されるようになったのは、明治維新以来一〇〇年をへた一九七〇年代のはじめ以降公害反対の住民運動がたかまってきてからのことである。とはいえ、現在においても官僚や企業の経営者たち、それに民間大企業の労働組合の指導者たちの大部分は、依然として生産第一主義的な考え方を重視している。

かつて田中正造は近代の機械文明を評して、「世界人類の多くハ、今や機械文明と云ふものニ噛ミ殺さる」(1)と述べているが、それは近代文明の本質をついた評であった。現在のように地上の生物を一瞬のうちに破滅に追いやる「核文明の時代」をあたかも予見していたかのようである。今や原水爆ならずとも、原子力の平和利用(商業利用)の推進や遺伝子操作、さまざまな毒性の強い化学物質、重金属汚染などの拡大によっても「人類がかみ殺される」危険は急速にたかまっているといえる。田中正造は鉱毒被害のひどさと、それを防止しようとしなかった資本家や政権担当者、官僚たちを告発しつづけたが、彼の目には激甚な鉱毒被害を発生させた生産第一主義的な技術体系は、それを支え、促進した政治的あるいは文化的な要素と一体のものとして映った。とはいえ彼は必ずしも近代文明全般を否定するものでもなかった。

田中の文明観は次のような彼のことばから理解しうる。すなわち田中は「野蛮ニして野蛮の行動を為すハ可なり。文明の力ら、文明の利器を以て野蛮の行動を為す、其害辛酷なり故ニ野蛮の害ハ小なり。文明の害ハ大ヘナリ」(2)と近代文明の野蛮性について述べ、さらに「物質上、人工人為の進歩のみを以てせバ社会は暗黒なり。デンキ（＝電気）開ケテ世見（＝間）暗夜となれり。然れども物質の進歩を怖るる勿れ。此進歩より更ニ数歩すすめたる天然及無形ノ精神的発達をす丶めバ、所謂文質彬々知徳兼備なり。日本の文明今や質あり文なし、知あり徳なきに苦むなり。悔改めざれバ亡びん」(3)と、近代文明の物質万能主義を否定したのである。こうした田中の近代文明批判は、彼の晩年の日記になるほど多くみられる。われわれはそれらを読むとき、四分の三世紀以上前の田中のことばが、巨大化しすぎた現代社会にたいする警告としてそのまま通用することに驚きを感ずる。

田中正造が一九一三年の九月、河川調査の旅先で没したとき、谷中村問題で最終的には田中と袂を分ったとはいえ、長い間彼と鉱毒反対運動を担った何万という農民たちが田中の葬儀をおこなうために集まった。それは一市民の葬儀としては、おそらく日本近代史上最大の葬儀であった。かつての農民活動家たちは、火葬後被害地の五カ所に分骨し、田中の霊を慰めた。それは田中正造の生前の意志に反した行為ではあったが、鉱毒反対運動に疲れた人びとにとっては、そうせずにはいられなかったのであろう。彼の死後一三年して、田中の業績を顕彰する農民や首都の知識人たちは、彼の演説草稿や書簡を編集して『義人全集』全五巻を刊行した。田中の伝記や評伝および彼の思想と行動を中心に書かれた鉱毒事件の歴史は、これまでに刊行された単行本だけでも数十冊にのぼっている。雑誌論文の類は、おそらくそのまた数倍はあろう。そしていつしか田中正造の「義人」伝説がつくられるようになり、晩年の孤独なたたかいとは対照的に田中は死んだ後に再び民衆の指導者として、人びとから祀られることになったのである。

さらに年月が経過し、多くの人びとにとって伝説化した田中正造しか知られなくなり、ついにはその名さえ忘れ去られはじめた一九六〇年代の後半、日本では公害問題が全国的に噴出したことによって正造を「義人」としてではなく、ひとりの人間として、また反公害住民運動のすぐれた組織者、指導者として、その思想と行動を再評価しようとする動きがたかまった。それ以降田中の再評価は、公害反対運動の活動家、郷土史研究者、日本近代史の研究者、政治学や思想史の研究者たちの間にしだいに広がりはじめている。公害問題の噴出という現実とともに、田中再評価の契機となったものとしては、旧谷中村残留民と彼らを最後まで支援した人びとによって組織された田中会の活動がある。旧谷中村残留民とその周辺地域の農民たちは、田中正造が晩年の全精力をそそぎこんで自治村の復活をめざした遊水池内の残留民の宅地内に、彼の分骨を埋葬し石の祠に祀った。彼らは東京の少数の知識人たちもいれて田中会を結成し、谷中村復活のたたかいをつづけた。彼らは旧谷中村を立ち退くとき、田中正造を祀った田中霊祠もいっしょに移転し、その後現在にいたるまで毎年四月四日に例祭をおこなってきた。現在の田中会の人びとは、発足した当時の人びとの三代も後の子孫にあたるが、未だに田中正造のことを「田中さん」と親しそうに呼ぶのである。そこには「義人田中正造」といった世間一般に広がったイメージとは異なった田中正造像が生きつづけているのである。

残留民とその子孫たちは、渡良瀬川の上・中流域の農民たちがおこなったような灌漑川水路の設置や補修のための寄付金要請運動などもおこなわず、ほとんど目立った動きをしなかった。ただ移住後まもなく発生した萱刈事件のときには、谷中残留民を結集軸としてまとまり、旧谷中村民の利益を守りぬいたが(4)、その後は田中霊祠を奉賛し、田中正造の業績を顕彰するにとどまってきた。一九五七年五月、田中会の人びとは多数の関係者の協力をえて田中霊祠の拝殿を新築した。そして同年一二月、田中霊祠は宗教法人としての認可をうけたのである。日本の近代史上、民衆のなかから「義民祠」に祀られた人物は、おそらく田中正造ひとりであろう。田中会の人びとの活動は、少しずつ会の外にたいしても影響をおよぼしはじめた。

田中会の人びとの田中正造を現代に伝えようとする地味な活動は、一九六〇年代後半に全国的に公害反対運動がまき起こったことによって、いっきょに広く知られることになった。それ以来田中会でおこなう毎年四月四日の例祭には地元の住民だけでなく、遠方の人びとや研究者たちも数多く参加するようになってきている。ある研究者は、旧谷中村跡の遊水池と田中霊祠を公害から人類を守るためのメッカにしようと提案しているが、たしかにここにはそうするだけの歴史的意義があるように思われる。多くの人びとがこの地を訪れて、田中正造の環境破壊への抵抗の精神と永続的な平和希求の思想を学びとって帰ることができるなら、彼の一生をかけた「事業」である鉱毒反対運動は、形を変えて現代の反公害住民運動を担う活動家たちへと引き継がれていくことになる。それこそ少数の残留民とともに、

写真　田中霊祠正面

（著者撮影）

孤立して谷中村復活闘争に献身した晩年の田中が、もっとも望んだことだったのである。

田中正造の思想と行動の再評価、鉱毒事件の歴史的全容の解明がはじまったばかりの一九七二年三月、谷中村を追われるようにして北海道へ移住した農民たちのうち、六世帯二〇人が、六〇年ぶりに栃木県に帰郷した(5)。移住先の自然はきわめて厳しく、農民たちは移住してまもなく帰郷を望むようになったが、栃木県当局は帰郷の便宜をはからなかった。彼らは一九二七年に第一回の帰郷請願書を栃木県知事に提出して以来、戦前に三回提出したが実現しなかった。一九七一年四月、ちょうど公害問題が世論を高揚させている時期に、彼らは四度目の請願をおこなった。そしてようやくその願いがかなえられたわけだが、彼らは元自分たちの住んでいた所に帰ることはできなかった。田中正造と残留民たちの必死のたたかいにもかかわらず、谷中自治村の復活は未だ成就していないからである。

# 註

## 1　渡良瀬川と足尾銅山の沿革

（1）かつて渡良瀬川は、「源ヲ上都賀郡足尾村字渡良瀬ニ発シ」（栃木県蔵版『栃木県治提要』一八八一年）とされていた。戦後、久蔵川、松木川、仁田元沢の合流を起点に改められ、さらに現在、本書のように改められた。

（2）宇井純『技術導入の社会に与えた負の衝撃』国連大学人間と社会の開発プログラム研究報告、技術の移転・変容・開発――日本の経験プロジェクト、公害研究部会編〈HSDRJE-84J/UNUP-408〉、一九八二年、七ページ。

（3）須永金三郎『鉱毒論稿第一編　渡良瀬川　全』足尾銅山鉱毒処分請願事務所、一八九八年（東海林吉郎・布川了編著『亡国の惨状』伝統と現代社、一九七七年、所収、四二ページ）。

（4）「明暦元年　日光山法度」『栃木県史　史料編・近世六』栃木県、一九七七年、五六ページ。

（5）星野治部左衛門「足尾銅山草創書」同前書、所収、七九九〜八〇一ページ。

（6）日本経営史研究所編『創業百年史』古河鉱業㈱、一九七六年、四五ページ。

（7）「足尾銅山沿革」『栃木県史　史料編・近現代九』栃木県、一九八〇年、一〜五ページ。
（8）星野芳郎『星野芳郎著作集4　技術史Ⅱ』勁草書房、一九七七年、三六九〜三七〇ページ。なお、技術史の分析は同書に負っている。
（9）東海林吉郎「魚類における鉱毒被害の深化過程」渡良瀬川研究会編『田中正造と足尾鉱毒事件研究　3』伝統と現代社、一九八〇年、参照のこと。
（10）永島与八『鉱毒事件の真相と田中正造翁』佐野組合基督教会、一九三八年、一〜六ページ参照（以下『真相』と記す）。なお、出典を明示しない永島の発言は、本書による。

## 2　足尾銅山の発展と鉱毒被害

（1）鹿野政直「鉱毒被害の顕在化」鹿野政直編『足尾鉱毒事件研究』三一書房、一九七四年、一九ページ。
（2）小林正彬『日本の工業化と官業払下げ』東洋経済新報社、一九七一年、一四〇〜六ページ。
（3）前掲、日本経営史研究所編『創業百年史』一九三ページ。
（4）前掲、『栃木県史　史料編・近現代九』三三ページ。
（5）栗原彦三郎編『義人全集　鉱毒事件・上巻』中外新論社、一九二五年、所収（東海林吉郎・布川了編著『亡国の惨状』伝統と現代社、一九七七年、所収）。
（6）東海林吉郎「藤川為親県令の『布達』について」、「同補遺」『足尾銅山鉱毒事件・虚構と事実』渡良瀬川鉱害シンポジウム刊行会、一九七六年、参照。
（7）『毎日新聞』一九七一年一一月二八日。しかし、同紙は、「村指出免書上帳」の性格を明確にせず、その内容を限定して紹介したため、江戸時代に鮭が絶滅したとする説の原因となった。前掲、東海林吉郎「魚類における鉱毒被害の深化過程」参照。

なお、田村紀雄『渡良瀬の思想史』(風媒社、一九七七年)および『近代足利市史　別巻　史料編・鉱毒』(足利市、一九七六年)所収の梁田郡朝倉村「地誌編輯材料取調書」は同時に提出された渡良瀬川流域他町村の「取調書」および本書が用いた史料と比較検討するとき、その信憑性はまったく否定される。東海林吉郎「下羽田・高橋・高山三村の『地誌編輯材料取調書』」渡良瀬川研究会編『田中正造と足尾鉱毒事件研究　5』伝統と現代社、一九八二年、参照。

また、森永英三郎『足尾鉱毒事件　上』(日本評論社、一九八二年)の藤川県令布達の虚構説にたいする反論は、魚類関係史料について科学的根拠を示さずに読み変えるなど、厳密な史料検討を怠っている。

(8)　佐野市史編纂委員会『佐野市史　史料編2・近世』佐野市、一九七五年、五一六〜七ページ。

(9)　前掲、須永金三郎『鉱毒論稿第一編　渡良瀬川　全』所収、六四ページ。

(10)　二村一夫「足尾銅山における労使関係の史的分析――『足尾暴動の基礎過程』再論――(4)」法政大学社会労働問題研究センター・大原社会問題研究所共同編集『研究資料月報』第二九七号、一九八三年六月、八ページ。

同論文は、魚類の鉱毒被害の顕在化を、藤川県令布達の虚構による一八八〇年説の誤りを認め、一八八五年八月六〜七日の鮎の大量死をその時期と認定している。重さ二四〇キロの鉄の杵二〇本で、これまで廃棄していた選鉱滓や低品位鉱を微細な粉末につき砕く「搗鉱器」がこの時期に採用されたことを、その理由のひとつとしてあげている(六四ページ)。

(11)　鈴木丙馬「足尾鉱煙害裸地の復旧治山造林に関する基礎的研究第一報」宇都宮大学農学部『学術報告』第六巻第三号、一九六七年、三一ページ。

(12)　「足尾銅山ト森林」『栃木県史　史料編・近現代九』栃木県、一九八〇年、二四五〜六ページ。

(13) 二村一夫「足尾銅山における労使関係の史的分析——『足尾暴動の基礎過程』再論——(6)」前掲、『研究資料月報』第三〇三号、一九八四年一月、二八〜三二ページ。
(14) 足尾郷土誌編集委員会『足尾郷土誌』足尾町、一九七八年、一二〇ページ。
(15) 『下野新聞』一八九〇年一二月二日付。
(16) 前掲、『近代足利市史』六四〜五ページ。
(17) 原奎一郎 編『原敬日記 1』乾元社、一九四七年、二九二〜三〇〇ページ、四一二〜八ページ。
(18) 前掲、『近代足利市史』六五〜七ページ。
(19) 同前書、六七ページ。
(20) 前掲、『栃木県史 史料編・近現代九』四九九〜五〇〇ページ。
(21) 萩原進『足尾鉱毒事件』上毛新聞社、一九七二年、一八ページ。
(22) 前掲、永島与八『真相』七九ページ。
(23) 横尾輝吉ほか「足尾銅山鉱毒事件仲裁意見書」『栃木県史 史料編・近現代九』五二四〜五ページ。
(24) 布川了『足尾銅山 鉱毒史』自家本、一九七三年、七〜八ページ。
(25) 同前。

## 3 日清戦後経営と被害の拡大・激化

(1) 藤島道生『日清戦争』岩波書店、一九七三年、二一八ページ。
(2) 石井寛治「日清戦後経営」『岩波講座 日本歴史16 近代3』岩波書店、一九七六年、五二ページ。
(3) 「足尾官林巡回日記」渡良瀬川研究会編『田中正造と足尾鉱毒事件研究 4』伝統と現代社、一九八一年、所収。
(4)『田中正造全集』第七巻、岩波書店、三五六〜六四ページ。なお『田中正造全集』は全一九巻、別巻一を一九七七〜八〇年にかけて刊行。以下『全集』とし、巻数、ページ数は示すが、刊行年は省略する。
(5)「足尾銅山鉱毒事件仲裁意見書」『栃木県史　史料編・近現代九』五三四ページ。
(6) 東京大学経済学部図書室所蔵。
(7)「鉱毒委員　出勤日記」前沢敏『校註　足尾鉱毒事件史料集』財団法人田中正造記念協会、一九七二年、二四ページ。
(8)「足尾銅山鉱毒予防に関する建議案審議」『栃木県史　史料編・近現代二』九七〜一一一ページ。
(9) 前掲、『栃木県史　史料編・近現代九』五一〇〜二〇ページ。
(10) 同前書、四八四〜四九五ページ。
(11)「内大臣照会に対する栃木県知事報告」渡良瀬川研究会編『田中正造と足尾鉱毒事件研究　4』一六四〜五ページ。
(12) 加藤、持田、野島「足尾銅山に関する県会経過の報告」『栃木県史　史料編・近現代二』九四〜五ページ
(13) 前掲、「足尾銅山鉱毒予防に関する建議案審議」掲載書、一〇二〜一〇ページ。
(14) 田中正造の質問にたいする「答弁書」『全集』第七巻、五五一〜五ページ。
(15) 栗原彦三郎「感泣録」『義人全集　鉱毒事件・上巻』五八ページ。
(16) 工藤英一『社会運動とキリスト教〈天皇制・部落差別・鉱毒との闘い〉』日本ＹＭＣＡ同盟出版部、一九七九年、一三八ページ。なお、鉱毒事件とキリスト教徒にかんして、同書にその多くを負っている。
(17) 前掲、渡良瀬川鉱害シンポジウム刊行会編『足尾銅山鉱毒事件・虚構と事実』参照。
(18)「警部長より田中正造外提出の質問及び演説につき照会」『群馬県史　資料編20　近現代４・事件騒擾』群

馬県、一九八〇年、五四六～八ページ。

## 4　大挙東京押出しと第一次鉱毒調査会

（1）第一回大挙東京押出しについては、三月四日付の『毎日新聞』、『東京日日新聞』、三月六日付の『下野新聞』、『東京日日新聞』および、前掲、永島与八『真相』一八一～二ページによる。
（2）前掲、「答弁書」。
（3）『毎日新聞』三月三一日付。
（4）巌本善治編『増補　海舟座談』岩波書店、一九三〇年、一四一～二ページ。
（5）「足尾銅山鉱毒事件ニ関スル件ニ付内訓」『群馬県史　資料編20　近現代4・事件騒擾』群馬県、一九八〇年、五五六～七ページ。
（6）前掲、『栃木県史　史料編・近現代九』六四一～八一三ページ。
（7）同前書、六三五～七ページ。
（8）前掲、『栃木県史　史料編・近現代九』八一四～七ヘージ。
（9）茂野吉之助編『古河市兵衛翁伝』五日会、一九二六年、二四八ページ。
（10）『毎日新聞』一九〇一年一一月三〇日付。
（11）「足尾鉱《ママ》山鉱毒事件ニ関スル建議書」明治三〇年一二月二八日、『栃木県史　史料編・近現代二』一四七ページ。
（12）前掲、茂野吉之助編『古河市兵衛翁伝』二五三ページ。
（13）『全集』第八巻、二七～八ページ。

(14) 小口一郎「古河市兵衛談話」渡良瀬川研究会編『田中正造と足尾鉱毒事件研究　2』伝統と現代社、一九七九年、一二五ページ。
(15) 前掲、永島与八『真相』二二三〜四ページ。
(16) 岡義武ほか編『近衛篤麿日記』第一巻、鹿島出版会、一九六八年、二六〇〜一、二六七〜八ページ。

## 5　鉱毒反対闘争の高揚と川俣事件

(1) 室田忠七「鉱毒事件日誌」神岡浪子編『資料近代日本の公害』新人物往来社、一九七一年、二六三ページ。
(2) 同前書、二八四ページ。
(3) 同前書、二八〇ページ。
(4) 前掲、永島与八『真相』三三三〜四ページ。
(5) 『全集』第一〇巻、七二ページ。
(6) 同前。
(7) 前掲、永島与八『真相』三三五〜七ページ。
(8) 前掲、室田忠七「鉱毒事件日誌」二八五ページ。
(9) 『全集』第一〇巻、四〇ページ。
(10) 鹿野政直『日本資本主義形成期の秩序意識』筑摩書房、一九六九年、五一〇ページ。
(11) 三谷太一郎「政友会の成立」『岩波講座　日本歴史16　近代3』岩波書店、一九七六年、一五六ページ。
(12) 同前。
(13) 同前論文、所収書、一五六〜六〇ページ。

(14)『全集』第一〇巻、四四～五ページ。
(15)巌本善治編『増補　海舟座談』岩波書店、一九三〇年、七四ページ。
(16)前掲、三谷太一郎「政友会の成立」所収書、一六四ページ。
(17)『全集』第八巻、一八九～九〇ページ。
(18)邑楽郡長より知事宛「田中正造の演説につき内申」『群馬県史』六五〇～一ページ。
(19)前掲、『栃木県史　史料編・近現代九』九一六～八ページ。
(20)新田郡長より「小作米割戻し要求の紛議につき報告」『群馬県史』六四六～七ページ。
(21)「大蔵寛家文書」『近代足利市史』二二九～二三〇ページ。
(22)東京大学経済学部図書室蔵。
(23)『栃木県史　史料編・近現代四』一七ページ。
(24)「館林警察署記録」八月三〇日付『群馬県史』七八〇ページ。
(25)田中正造「口演」リーフレット、東京大学経済学部図書室蔵。
(26)「府県会議員選につき鉱毒運動の近況を報す」『全集』第二巻、五一〇～四ページ。
(27)前掲、室田忠七「鉱毒事件日誌」所収書、三一九ページ。
(28)森永英三郎「田中正造と鉱毒事件の裁判」日本弁護士会『昭和四二年度　特別研修叢書』一九六七年、一二九ページ。
(29)『全集』第一五巻、八九ページ。
(30)『栃木県警察史　上』栃木県警察本部、一九七七年、一〇五〇～四ページ。
(31)前掲、室田忠七「鉱毒事件日誌」所収書、三三六ページ。
(32)前掲、「館林警察署記録」所収書、七八三ページ。

(33) 松本隆海名「足尾銅山鉱毒被害民諸君に檄す」リーフレット、東京大学経済学部図書室蔵。
(34) 「館林警察署記録」二月一三日付『群馬県史』七八四ページ。
(35) 『下野新聞』一九〇〇年二月一四日付。
(36) 同紙、一九〇〇年二月一六日付。
(37) 前掲、永島与八『真相』三六六ページ。
(38) 石井清蔵「義人田中正造翁と北川辺」神岡浪子編『資料近代日本の公害』新人物往来社、一九七一年、一五九ページ。
(39) 『全集』第八巻、二〇七ページ。
(40) 前掲、石井寛治「日清戦後経営」所収書、四九ページ。

## 6 田中正造の直訴と世論の沸騰

(1) 『全集』第一五巻、一二五九ページ。
(2) 半山石川安次郎「当用日記」東京大学法学部近代立法過程研究会所蔵。
(3) 同前。
(4) 前掲、栗原彦三郎編『義人全集　鉱毒事件・下巻』六三〜四ページ。
(5) 佐藤能丸、五十嵐暁郎「内閣鉱毒調査委員会と〝鉱毒処分〟」前掲、鹿野政直編『足尾鉱毒事件研究』三三六ページ。
(6) 『報知新聞』一九〇一年一〇月九日付『報知』の特派記者矢野政二の記事。高橋安吉編『足尾銅山鉱毒問題実録　前編』義城会本部発行、一九〇一年、三五ページ。

（7）前掲、佐藤、五十嵐論文掲載書、三三七ページ。
（8）東海林吉郎「足尾銅山鉱毒事件における直訴の位相」渡良瀬川研究会編『田中正造と足尾鉱毒事件研究1』伝統と現代社、一九七八年、一四六〜七ページ。
（9）『毎日新聞』一九〇一年一一月一一日付。
（10）同前。
（11）木下尚江『田中正造翁』新潮社、一九一三年、一八三〜四ページ。
（12）『毎日新聞』一九〇一年一二月一一日付。
（13）同前。
（14）三宅雪嶺『同時代史』第三巻、岩波書店、一九五〇年、二四四ページ。
（15）師岡千代子「風々雨々」『幸徳秋水全集』別巻一、明治文献、一九七二年、一四七ページ。
（16）山本武利「足尾鉱毒問題の報道と世論」『東京大学新聞研究所紀要』第二〇号、一九七一年、二三四ページ。同論文は、足尾銅山鉱毒事件に関する当時の新聞報道を追跡し、鉱毒問題と被害農民の運動が与えた社会的な影響を、送り手と受け手の関係のもとに分析、新聞が鉱毒問題におよぼした意義について明らかにしようとしている。とくに直訴を契機とする世論の沸騰については、単に各紙の論調をとりあげるだけでなく、投書による論争およびある人物の体験をとおして、世論の内実を把握するものとなっている。
（17）編集部『啄木案内』岩波書店、一九五四年、九〇ページ。
（18）荒畑寒村『寒村自伝』論争社、一九六〇年、一〇七ページ。
（19）黒沢酉蔵『黒沢酉蔵伝』同刊行会、一九六一年、三八ページ。黒沢は雪印乳業の創立者。
（20）浜本浩「情熱の人々(2)——田中正造」『新潮』新潮社、一九五三年九月号。
（21）『萬朝報』一九〇一年一二月一六日付。

(22)『毎日新聞』一九〇一年一二月一九日付。
(23)『日本新聞』一九〇一年一二月一五日付。
(24)同紙、一九〇一年一二月二三日付。
(25)前掲、永島与八『真相』五二五ページ。
(26)『毎日新聞』一九〇一年一二月一九日付。
(27)『萬朝報』一九〇二年一月一日付。
(28)工藤英一「鉱毒問題とキリスト教徒——田村直臣の場合」前掲、渡良瀬川研究会編『田中正造と足尾鉱毒事件研究 1』三五〜六ページ。
(29)前掲、石川安次郎「当用日記」。
(30)同前。
(31)潮田千勢子「鉱毒地婦人救済会の来歴」前掲、栗原彦三郎編『義人全集 鉱毒事件・下巻』七五九〜六〇ページ。
(32)前掲、工藤英一『社会運動とキリスト教』一四二ページ。
(33)前掲、石川安次郎「当用日記」。
(34)前掲、『義人全集 鉱毒事件・下巻』七六六ページ。
(35)河上肇『思い出』日本民主主義文化聯《マ》盟《マ》、一九四六年、一一八ページ。
(36)同前書、一〇一〜二ページ。
(37)前掲、栗原彦三郎編『義人全集 鉱毒事件・下巻』九〇八ページ。
(38)工藤英一「鉱毒事件ニ関スル学生路傍演説一件」、「解説」渡良瀬川研究会編『田中正造と足尾鉱毒事件研究 3』八五ページ。

(39) 前掲、栗原彦三郎編『義人全集　鉱毒事件・下巻』九二五〜六ページ。
(40)『毎日新聞』一九〇二年一月一三日付。
(41)『全集』第一〇巻、三九九ページ。
(42) 前掲、工藤英一「鉱毒事件ニ関スル学生路傍演説一件」掲載誌、八八ページ。

## 7 日本帝国主義と第二次鉱毒調査会

(1) 前掲、工藤英一「鉱毒事件ニ関スル学生路傍演説一件」掲載誌、九五〜八、一〇八〜九ページ。
(2) 同前。
(3) 佐藤儀助編『亡国の縮図』新声社、一九〇二年（東海林吉郎・布川了編著『亡国の惨状』伝統と現代社、一九七七年、所収）。
(4) 同前。
(5) 前掲、栗原彦三郎編『義人全集　鉱毒事件・下巻』九八三〜五ページ。
(6) 斎藤英子編著『谷中村問題と学生運動〈菊地茂著作集　第一巻〉』早稲田大学出版部、一九七七年、参照。
(7) 仏教徒の医療活動については、森竜吉「足尾銅山鉱毒事件における仏教徒の医療活動」竜谷大学経済・経営学会『経済学論集』一九七三年、一三七〜一八四ページ参照。
(8) 同前論文、掲載誌、一四〇ページ。
(9) 同前論文、一三九ページ。
(10) 前掲、栗原彦三郎編『義人全集　鉱毒事件・下巻』六八八〜六九七ページ。
(11) 同前書、七七九〜七八二ページ。

(12) 前掲、鹿野政直編『足尾鉱毒事件研究』三五一〜三ページ。
(13) 「明治三十五年鉱毒調査委員会議事筆記〈抄〉」『栃木県史　史料編・近現代九』九四三〜四ページ（全文は、九四三〜九九一ページ）。
(14) 小出博『利根川と淀川〈東日本・西日本の歴史的展開〉』中央公論社、一九七五年、一八二〜三ページ。
(15) 前掲、栗原彦三郎編『義人全集　鉱毒事件・下巻』四二五〜六ページ。
(16) 森長英三郎『足尾鉱毒事件　下』日本評論社、一九八二年、三二三〜三三〇ページ。
(17) 前掲、『栃木県史　史料編・近現代九』九八九〜一〇一七ページ。
(18) 同前書、一〇一七〜九ページ。
(19) 高橋秀臣「谷中村問題」栗原彦三郎編『義人全集　鉱毒事件・下巻』一〇〜一ページ。
(20) 同前。
(21) 編集部『近代日本総合年表』岩波書店、一九六一年、一七六ページ。
(22) 同前。

付記

本書の東海林吉郎が担当した部分のうち、第2章から第7章において、共著者菅井益郎氏の「足尾銅山鉱毒事件——日本資本主義確立期の公害問題」上・下（都留重人ほか編『公害研究』第三巻三—四号、岩波書店、一九七四年）から、註を付さずに引用したことを断っておきたい。

## 8　田中正造のたたかいの思想

(1) 稲葉光国「田中正造の民権思想形成の特質」渡良瀬川研究会編『田中正造と足尾鉱毒事件研究　2』二一一～二三七ページ。
(2) 東海林吉郎『共同体原理と国家構想――田中正造の思想と行動2』（以下『共同体原理と国家構想』）太平出版社、一九七七年、二九～四〇ページ。
(3)『栃木新聞』一八七九年九月一日、一五日付。
(4) 貝塚茂樹編著『孔子・孟子』中央公論社、一九七八年、五二ページ。
(5) 前掲、東海林吉郎『共同体原理と国家構想』九四ページ。
(6)「地方税三費目増加の儀に付四十八号布告に関する建議」『全集』第六巻、一一ページ。
(7) 大江志乃夫『日本の産業革命』岩波書店、一九六八年、八八～九ページ。
(8)『栃木新聞』一八八〇年一〇月二九日付。
(9) 同紙、一八八一年一二月一日付。
(10) 同前。
(11) 前掲、東海林吉郎『共同体原理と国家構想』二七七～二九二ページ。
(12)『全集』第一巻、四七四ページ。
(13)『全集』第一四巻、一五一ページ。
(14) 同前。
(15)『全集』第九巻、一四六ページ。
(16) 同前書、二六四～二七三ページ。

(17) 同前。
(18) 同前書、三六四ページ。
(19) 由井正臣ほか「解題」『全集』第一九巻、五四一～七ページ。
同「解題」は、『義人全集』全般にわたる恣意的な編集姿勢について指摘している。なお、栗原彦三郎が田中正造の書や書簡を偽造したという風聞は古くからあった。
(20) 同前。
(21) 森長英三郎『足尾鉱毒事件　上』日本評論社、一九八二年、四六～七ページ。
(22)『全集』第七巻、七五ページ。
(23)『全集』第一〇巻、一六六ページ。
(24) 同前書、一六九ページ。
(25)『全集』第八巻、四三〇ページ。
(26)『全集』第一〇巻、五四七ページ。
(27) 中村勝範『明治社会主義研究』世界書院、一九六六年、二六ページ。同書は、「日露両国の外交が愈々切迫したとき、明治三十六年の暮、機に先ちて『非戦論』を発表しました」という、木下尚江『神・人間・自由』六六～七ページを引用、肯定している。
(28)『全集』第一〇巻、三〇七ページ。
(29)『全集』第一六巻、九六ページ。
(30) 同前書、九五ページ。
(31) 同前書、九一ページ。
(32)『全集』第一五巻、五八一ページ。

(33)『全集』第一〇巻、四六一ページ。
(34)同前書、五五二ページ。
(35)『全集』第一六巻、一六四ページ。
(36)同前書、二四〇ページ。
(37)同前。
(38)同前書、一五六〜八ページ。
(39)同前書、三七一〜二ページ。この「露政府の暴挙ニして請願人を虐殺」した事件は、一九〇五年一月九日の「血の日曜日」をさしている。
(40)島田宗三『田中正造翁余録　上』三一書房、一九七二年、七〇〜九八ページ。
(41)同前書、一四七ページ。
(42)『全集』第一一巻、七八ページ。
(43)『全集』第五巻、五八三ページ。
(44)『全集』第四巻、一七〇ページ。
(45)『全集』第一一巻、三七一ページ。
(46)『全集』第一二巻、三〇六ページ。
(47)『全集』第四巻、四〇〇ページ。
(48)『全集』第一〇巻、五一三〜四ページ。
(49)『全集』第一二巻、五八六ページ。
(50)『全集』第一一巻、二八六〜七ページ。
(51)『全集』第一三巻、七八ページ。

(52) 『全集』第一七巻、一五九ページ。
(53) 『全集』第一二巻、五八六ページ。
(54) 『全集』第一一巻、八八ページ。
(55) 『全集』第一二巻、四二四ページ。
(56) 『全集』第一〇巻、二三一ページ、
(57) 『全集』第一一巻、一六九ページ。
(58) 『全集』第一七巻、五六ページ。
(59) 『全集』第四巻、五九八ページ。
(60) 『全集』第一一巻、一〇一ページ。
(61) 同前書、一二五ページ。
(62) 『全集』第一二巻、二四六ページ。
(63) 島田宗三『田中正造翁余録　下』三一書房、一九七二年、二〇六〜九ページ。
(64) 『全集』第一三巻、五三四ページ。
(65) 同前書、五四二ページ。
(66) 『全集』別巻、五二六〜七ページ。

## 9　鉱毒問題の治水問題へのすりかえ

(1) 石井清蔵「義人田中正造翁と北川辺」神岡浪子編『資料近代日本の公害』新人物往来社、一九七一年、一六五ページ。

(2) 同前書、一七三ページ。
(3) 栃木県『通常県会会議日誌』一九〇四年、二四二ページ。
(4) 谷中村周辺は利根川と渡良瀬川の水害常習地帯であったため、村の周囲を堤防で囲んで水害を防いでいた。こうした堤防で囲まれた集落を輪中という。堤内は輪中のなかの土地を指し、堤外は輪中の外側の土地を指しており、洪水時には冠水する。谷中村周辺の堤防は江戸時代前期の陽明学者熊沢蕃山の指導でつくられたものと伝えられている。
(5) 『全集』第四巻、四三四ページ。
(6) 前掲、島田宗三『田中正造翁余録 上』七四ページ。および同書、下、三三ページ。
(7) 荒畑寒村『谷中村滅亡史』平民書房(一九〇七年即日発売禁止処分にされる。覆刻版明治文献、一九六三年、一七二ページ。改訂覆刻版新泉社、一九七〇年、一七〇ページ。)
(8) 前掲、島田宗三『田中正造翁余録 上』一五〇ページ参照。
(9) 前掲、島田宗三『田中正造翁余録 下』五二ページ。
(10) 小出博『日本の河川研究――地域性と個別性』東京大学出版会、一九七二年、九〇ページ、参照。
(11) 田中正造の治水論については、『全集』第四巻・第五巻、を参照。
(12) 利根川の瀬替、東遷については前掲、小出博『日本の河川研究――地域性と個別性』四四~九三ページ参照。前掲、小出博『利根川と淀川〈東日本・西日本の歴史的展開〉』一五〇~一八四ページ。布川了「渡良瀬川改修工事と鉱毒事件」渡良瀬川研究会編『田中正造と足尾鉱毒事件研究 1』一九七八年七月、所収を参照。
(13) 改修計画については内務省東京土木出張所『渡良瀬川改修工事概要』一九二五年、を参照。
(14) 同前書、一四ページ。

（15）前掲、島田宗三『田中正造翁余録　下』二七九ページ。

## 10　鉱毒問題の潜在化

（1）利根川の治水問題に詳しい大熊孝新潟大学助教授は、最近の著書『利根川治水の変遷と水害』（東京大学出版会、一九八一年）で利根川の水害と治水対策とを実証的に検討して、鉱毒問題こそ渡良瀬遊水池設置の原因であったことを明らかにしている。そのなかで「鉱毒問題が発生していなければ、江戸川拡大方針が当初から採用され、利根川治水体系は現状とは大きく変っていたようにも思われる」（一七〇ページ）と述べ、明治政府の利根川治水方針が鉱毒問題に大きく影響されたものであることを強く示唆している。

（2）宇都宮気象台編『栃木県の気象』（一九六三年）所収「災害年表」、田部井健二「三栗谷用水」宇都宮大学社会教育研究室、一九七六年、四四ページ参照。

（3）待矢場両堰普通水利組合編『待矢場両堰々史　後編』（一九二二年、覆刻版、関東史料研究会、一九七九年）一一五七ページ。

（4）この翌年の一九一七年には足尾銅山の生産量は一万七三八七トンに達し、自山銅（足尾銅山産出の鉱石から生産された銅）としては足尾銅山の歴史上最大を記録した。

（5）待矢場両堰普通水利組合編『待矢場両堰々史　前編』五四七ページ。

（6）同前書、五二三ページ。

（7）一九三三年二月一六日、栃木県足利郡三栗谷普通水利組合管理者岡村勇提出、内務、農林、商工各大臣および貴衆両院議長宛の「鉱業法改正ニ関スル請願書」、前掲、『近代足利市史』四八三ページ。

（8）同前書、四九五ページ。

(9) 三栗谷用水の改良事業については、同前書、五〇三～七ページ。前掲、田部井健二「三栗谷用水」参照。

(10) 飯場制度の改革と暴動事件の関係については、二村一夫「足尾暴動の基礎過程」『法学志林』五七巻一号、一九五九年七月、三〇ページ以下参照。

(11) この時期の古河鉱業の起業費の分析については、武田晴人「日露戦後の古河財閥」東京大学『経済学研究』二一号、一九七八年一〇月、二四ページ参照。

(12) 武田、同前論文、三一ページ。

(13) 古河商事の破綻の真の原因はなかなか確定しがたいが、輸入銅の増大にたいして古河鉱業が「社銅売止め」で対抗したことも原因であったと見られている。大連事件や古河商事の破綻と足尾銅山との関係については、武田前掲論文および武田「古河商事と〝大連事件〟」『社会科学研究』三二巻二号、一九八〇年八月、を参照。

(14) 第二次大戦中の日本経済の状況、とくに軍需物資の生産を第一とした日本経済の状況については、山崎広明編著『戦時日本経済』東京大学社会科学研究所（『ファシズム期の国家と社会』第二巻、東京大学出版会、一九七九年）を参照。

(15) この点については古河鉱業の『創業一〇〇年史』では触れられていないが、有志の手により、一九七二年に坑内外の労働で死亡した中国人捕虜の霊を慰めるための中国人殉難者慰霊塔が、足尾町の銀山平に建てられた。

(16) 前掲古河鉱業の『創業一〇〇年史』では、この点について「水害問題を広範囲のものとし、深刻化させた明治二三年の渡良瀬川堤防決壊の主要原因のひとつは、このような幕府の『利根川東遷』工事にあったといえる」（同書、三二六ページ）、さらに「先の足尾銅山の予防工事、大正初期の渡良瀬川調節池の設置とあいまって、渡良瀬治水工事の完成により、鉱毒問題も一応の解消をみたのであった」（同書、三一七ページ）

とも述べている。

(17) 前掲、『近代足利市史』五〇八ページ。

(18) 同前書、五一〇ページ。

## 11 鉱毒問題の再燃

(1) 前掲、日本経営史研究所編『創業一〇〇年史』六〇一ページ。

(2) 恩田正一「足尾銅山鉱毒被害をめぐって――その今日の実態」『ジュリスト』No.492、一九七一年一一月一〇日、七八ページ。

(3) 本州製紙江戸川工場廃液タレ流し事件については、石田好数編『漁民闘争史年表』(亜紀書房、一九七二年)および、若林敬子「埋立地域にみる環境破壊と漁民闘争史――千葉県浦安町――」(2)(『環境法研究』第二号、一九七五年四月)を参照。次に両書に依りつつ、この事件の概要について簡単に見ておきたい。

本州製紙江戸川工場は一九二二年に設置された古くからのパルプ工場であるが、一九五八年三月一九日新鋭のSCP(セミ・ケミカル・パルプ)製造設備を完成すると同時にその試運転を開始し、四月二二日から本格的操業に入った。試運転をはじめてまもなく、同工場から排出された「黒い水」は、江戸川と河口一帯の東京湾を汚染し、アサリ、ハマグリなどの魚貝類やノリを死滅もしくは商品価値のないものにした。東京都の葛西浦や千葉県の浦安、行徳など八漁協の漁民たちは工場の操業停止を要求したが、工場側はこれを無視したため、ついに五月二四日浦安町の漁民を中心にして一〇〇〇人が工場に押しかけ再び操業停止を要求した。工場側はいったん黒い水の排出を止めるが、六月になって再度流し始めた。漁民側は東京都に働きかけて排出を中止させたが、六月九日になって工場側は三度黒い水を流した。これにたいして浦安町では全町民をあげて翌一〇日に町民大会を開き、都庁などへの陳情をおこなったのち、本州製紙江戸川工場へ押しかけ交渉を要求した。工場内に入ろうとする漁民たちにたいして、工場内に待機していた警察機動隊数百名が警棒をふりかざして追い返そうとしたため、流血の大乱闘となった。漁民側は瀕死の重傷一人を含む重軽傷一四三人をだし、八人が検挙された（浦安事件）。漁民側の犠牲はきわめて大きかった。しかしこの事件が契機となってようやく行政当局も本州製紙にたいする行政指導に乗りだしたのであった。工場側は当初漁民側にたいして、廃液処理施設の建設には三カ月かかるのでタレ流しをその間認めてほしいとしていたが、事件後わずか一〇日間で応急工事を完成させた。もっともSCP設備は翌一九五九年三月まで運転を停止した。

浦安事件の社会的反響はきわめて大きく、とりわけ汚染と埋め立てに追い立てられている全国の漁民たちの共感をよんだ。六月三〇日全国の漁民代表四〇〇〇人が東京に集まり、「水質汚濁防止対策全国漁民大会」を開催し、水質汚濁防止法の制定を訴えた。こうして浦安漁民の犠牲を恐れぬ果敢な行動によって、同年一二月の国会で水質二法の制定が承認されたのであった。ところでタレ流し事件については、一二月から翌年の二月にかけて工場側が漁民側に総額で五一〇〇万円の補償金を支払うことで話し合いがまとまった。また浦安事件では三〇人の漁民が書類送検されていたが不起訴処分となり、本州製紙事件は一応収拾されたのである。なお会社側がこの事件の後処理のためについやした費用は、補償金と廃液処理施設の建設費用一億七〇〇〇万円以外に、SCP設備の運転停止にともなう諸経費として、運転を再開するまでの八カ月の間一日当たり一〇〇万円以上を要したといわれている。最初から会社側が廃液処理施設を設置していたならば、漁民も犠牲を払わずにすんだし、会社側もその建設費用の何倍もの支払をおこなう必要もなく、また会社の社会的なイメージ・ダウンを避けられたはずである。

（4）恩田正一講演記録「水質基準のからくり」宇井純編『公害被害者の論理』公開自主講座「公害原論」第二学期の全記録四、勁草書房、一九七三年、一一ページ。

（5）恩田正一、同前講演記録、一八ページ。

（6）水質審議会での議論のいい加減さ、行政側が古河鉱業といかに癒着して水質基準を決定し、また農民側の切り崩しをはかったかについては、林えいだい『望郷――鉱毒は消えず』（亜紀書房、一九七二年）の第四章「鉱毒根絶の願い」にドキュメント風に詳しく描かれている。

（7）『朝日新聞』一九七〇年六月四日、九月九日付。

（8）この政府案に農民たちが妥協していったという点にかんして、毛里田同盟会の板橋会長は、妥協したのは三市三郡同盟会の方であって毛里田同盟会ではなく、筆者（菅井）の事実認識は両者を混同していると批判しているが（市民塾〈足尾〉編『なぜ、今、足尾か』下野新聞社、二三九ページ）、毛里田同盟会と三市三郡同盟会の結成経緯やその後の運動のあり方、板橋会長はじめ毛里田同盟会の幹部たちの三市三郡同盟会内における実質的な発言力と指導性とを考慮すれば、この問題についてことさら両者を区別するのは不自然だと思われる。またこのことは、渡良瀬川鉱毒根絶期成同盟会『鉱毒誌』編さん室長の長瀬欣男が、地元が県の強引な説得で押し切られたために、「（恩田は）まるで二階に上げられて梯子を外されたような格好になってしまいます」（同前書、八八ページ）と述べていることからも推測されるのである。

ただはっきりしていることは、この時期以降、恩田と板橋の意見に大きな食い違いが見られるようになり、しだいに恩田が運動の前面から退いていくという事実である。しかしそれは運動路線上での対立と理解すべきものであって、事実経過の認識にまで波及することではない。筆者は結果的に補償要求にウェイトを置く現実路線をとった板橋の主張が、農民のなかで多数派を形成したというとらえ方をしている。

なお恩田の主張した〇・〇一ppmが、その後毛里田同盟会の主張した〇・〇二ppmと同じものだとする論拠は、半谷高久都立大教授らが提出したものであるが、この点も疑問の余地を残している。

（9）ここで公害紛争処理法が制定され、中公審が設立された背景について若干説明しておこう。日本では高度経済成長の結果公害による被害が激化し、一九六〇年代後半になると被害者と加害企業との間で損害賠償をめぐる紛争がいたるところで発生しはじめた。それからの公害紛争のうちでとくに生命にかかわる被害を住民に与えながら、加害企業側が住民の損害賠償請求に応じなかったケースのいくつかについては、すでに民事訴訟が起こされていた。とりわけ「四大公害裁判」と称されている新潟水俣病（一九六七年六月提訴）、四日市ゼンソク（六七年九月提訴）、イタイイタイ病（六八年三月提訴）、水俣病（六九年六月提訴）の公判過程は、一九七〇年における公害世論の高揚を準備するものであった。

七〇年になるとガソリンに添加されている四エチル鉛が原因となって発生した逆路沿い住民の鉛中毒や、大気汚染による光化学スモッグなどが多発し、公害問題は一大社会問題となった。新聞、テレビなどマスコミは、連日公害問題のキャンペーンをはった。こうしてこの年一二月には公害関係法規の制定のために臨時国会（「公害国会」）が開かれ、一九六七年に制定された公害対策基本法も大幅に改正された。改正法では国民から批判されていた六七年法の「経済との調和」条項が削除された。これはそれまで「調和」という名目のもとで、実際には公害の防止や被害者の救済よりも経済成長が優先させられてきたことへの反省であった。財界はこの条項の削除に反対したが、世論のたかまりには勝てなかったのである。もっとも一九七三年のオイル・ショック以降財界はしきりにこの条項の復活を叫んでいる。

七〇年の「公害国会」では計一四の公害関係法が改正もしくは新しく制定された。ちなみに前節で言及した水質保全法と工場排水規制法は廃止され、新たに水質汚染濁防止法が制定されている。公害紛争処理法は、このように一九六〇年代後半から七〇年にかけての公害問題のたかまりのなかで制定されたのであった。しかし大きな社会問題となった公害紛争は、すべて民事裁判に委ねられたままで、被害者側は新しく設けられたこの政府の公害紛争処理機関には見向きもしなかった。それは長い公害の歴史のなかで行政府が加害企業側に肩入れをしてきた事実が明白であったために、被害者側は新しい調停機構にたいしても不信を抱いていたからである。
(10) 古河の意見書の内容は『環境破壊』五巻九号、一九七四年一〇月、三六〜八ページを参照。
(11) 同前書、六七ページ。
(12) 『朝日新聞』一九七二年一一月一日付。
(13) 別子銅山は住友財閥の成立の基礎となった銅山で、住友金属鉱山株式会社の経営。なお別子銅山の煙害と鉱毒問題については、菅井益郎「別子銅山煙害事件」(『社会科学研究』二九巻三号、一九七七年一〇月)および菅井益郎「日本資本主義の公害問題——四大銅山鉱毒・煙害事件」(同誌、三〇巻四、六号、一九七九年二月、三月)において検討してある。
(14) 調停内容については前掲『環境破壊』五巻九号、二二ページ、『朝日新聞』一九七四年五月一〇日付(夕刊)を参照。
(15) 同前『朝日新聞』記事。

## 12 鉱毒問題の現在

(1) 前掲、小出博『日本の河川研究』九三ページ。
(2) 建設省関東地方建設局利根川上流工事事務所『渡良瀬遊水池調節池化工事の概要』一九七四年九月、一九七六年二月、一九八〇年五月発行のリーフレットによる。
(3) 在日駐留軍の演習地としての使用計画は、一九六二年七月に調達庁から地元関係町村に指示された。しかし関係する一市二町三カ村では「渡良瀬遊水池米軍演習地反対期成同盟会」を発足させ、政府へ計画撤回の陳情活動などを繰り返した。また革新団体も同年一一月には全国から一万二〇〇〇人を集めて、「赤麻、渡良瀬遊水池軍事基地化反対全国統一行動関東地区赤麻大集会」を開催するなど、活発な反対運動を展開した。こうした地元住民の反対運動により、遊水池は米軍の演習地とはされなかったのである。

（4）『朝日新聞』（群馬版）一九七八年五月三〇日付。

（5）毛里田村鉱毒根絶期成同盟会前会長恩田正一の話（一九八一年一月六日の聞き取り調査）。

（6）『読売新聞』（群馬版）一九七九年一一月一七日付。

（7）大間々営林署足尾治山事業所『足尾の治山』一九七八年、一〇ページ。

（8）「放棄していた国有林補償」『朝日新聞』一九八〇年一〇月二〇日付（夕刊）。

（9）鉱業法第一一五条（消滅時効）。損害賠償請求権は、被害者が損害及び賠償義務者を知った時から三年間おこなわないときは、時効によって消滅する。損害の発生の時から二〇年を経過したときも、同様とする。前項の期間は、進行中の損害については、その進行のやんだ時から起算する。

（10）国有林の鉱煙害被害にかんする林野庁と古河鉱業との「見舞金契約」の詳細については、安田睦彦「足尾鉱毒と国有林被害——放棄されていた損害補償請求」『公害研究』一一巻一号、一九八一年七月を参照。

（11）閉山一〇年後の足尾町の状況については、『毎日新聞』（栃木版）の連載記事（第一部：一九八三年一月五日から一月二〇日まで一五回連載、第二部：五月一四日から五月二四日まで八回連載、第三部：一〇月二二日から一一月一七日まで一七回連載、第四部：一二月二三日から一二月二八日までの六回連載）が参考になる。

（12）たとえば『日本経済新聞』の一九八一年九月二六日付（夕刊）記事。

（13）第一一回渡良瀬川鉱害シンポジウム（渡良瀬川研究会主催、一九八三年八月二〇日）での発言。

（14）足尾銅山の閉山時で、じん肺の管理対象者は全部で四四七名にのぼっていたが、そのうちじん肺管理四の重傷者八名と組合専従者二名を除いた四三七名について閉山後の再就職状況を調査した、須田和子・佐藤久夫「足尾銅山閉山後の坑内労働者の現況調査」（一九七四年）によると、社内配転が三三名、残りの四〇五名は解雇され、解雇者の大部分は古河系企業や一般企業に再就職したり、職業訓練校に入ったりしたが、じん肺の進行した十数人の人びとは再就職の際かなり差別されたという（蘇原松次郎編著『「よろけ」病と闘う』足尾町岩田五三郎発行、一九八一年、三八～四一ページ）。

(15) 足尾銅山に強制連行されてきた中国人の実態については、猪瀬建造『痛恨の山河』（一九七四年）に詳しい。同書によると強制連行されてきた中国人労働者は二五七名、うち一〇九名が栄養失調などで死亡した。また朝鮮人労働者数は、県警察特高の記録によると、一九四五年九月現在で九六五名にのぼっているが、その死亡者数については不明である。おそらく中国人労働者と同じか、もしくはそれ以上の割合で死亡しているのではないかと思われる（同書、一七九～一八一ページ参照）。なお日中国交回復にあたり、日中友好運動に尽力した関係者の手により、一九七四年足尾町銀山平に中国人連行者の殉難慰霊塔が建立された。

(16) 利根川荒川保全調査団の「利根川荒川保全調査中間報告」については、(1)「渡良瀬川と足尾発電所計画」『技術と人間』一九八三年五月号、(2)「渡良瀬川草木ダムの行末」同誌、一九八三年八月号、(3)「鉱毒汚染源としての草木ダム」同誌、一九八三年九月号を参照。

(17) 『技術と人間』一九八三年五月号、八三ページ。

(18) 古河鉱業の負担割合の決定方式にたいする同盟会の批判について、詳しくは長瀬欣男「足尾鉱毒調停と公特事業――農業鉱害賠償と公害防除特別土地改良事業促進のために」『公害研究』第一二巻第三号、一九八三年一月、二八～三五ページを参照のこと。

（1）　一九一一年八月二九日付の田中正造の日記、『全集』一二巻、四二六ページ。
（2）　一九一二年一月三一日付の田中正造の日記、『全集』一三巻、七一ページ。
（3）　一九一二年七月二一日付の田中正造の日記、同前書、五三一ページ。
（4）　谷中村から近隣地域に移住した人びとには、移住の条件として遊水池内の耕地や萱刈り場の専用権が認められていたが、一九二一年栃木県会の政友会勢力と結んだ藤岡町当局がこれを制限し、町当局につながる元からの町民たちにも遊水池の使用権を与えようとしたために、町当局と旧谷中村民たちが衝突した（萱刈事件）。旧谷中村民たちは残留民を中心に縁故民大会を開いて町当局の方針に反対し、ついにその専用権をまもり抜いたのである。
（5）　北海道へ移住した人びとの生活については、小池喜孝『谷中から来た人たち』新人物往来社、一九七二年を参照。また帰郷運動については、前掲、林えいだい『望郷――鉱毒は消えず』を参照。

# 足尾銅山鉱毒事件関連年表（一八七五〜一九八四年）

| 年代 | 産業・企業・技術・行政 | 事件・被害・運動 |
|---|---|---|
| 一八四一年（天保一二） | | 一一月、田中正造生まれる。幼名兼三郎。 |
| 一八七五年（明治八） | 古河市兵衛「古河本店」を興す。 | |
| 一八七七年（明治一〇） | 古河市兵衛、足尾銅山の経営権を取得し操業開始。 | |
| 一八八一年（明治一四） | 官林払下げはじまる。<br>五月　鷹の巣直利発見。 | |
| 一八八四年（明治一七） | 五月　横間歩大直利発見。生産量日本一の銅山になる。 | この年の暮れに製錬所近傍諸山の樹木立枯れる。 |
| 一八八五年（明治一八） | 三月　官営鉱山、阿仁鉱山の払下げを受け、削岩機・ボイラー式ポンプ・人材を足尾に投入。 | 八月　渡良瀬川の魚類の大量死はじまる。 |
| 一八八八年（明治二一） | 足尾にスペシャル蒸気ポンプ設置。<br>七月　ジャーデン・マジソン商会と古河産銅一万九〇〇〇トン売買契約。 | |
| 一八八九年（明治二二） | ハルツ跳汰盤・ダンカン汰盤輸入設置。 | |

| | | |
|---|---|---|
| 一八九〇年（明治二三） | 一〇月　日光への索道運搬開始。角型水套式溶鉱炉一二基設置。 | 八月　渡良瀬川大洪水、栃木・群馬両県の一六五〇町歩に鉱毒被害発生。被害農民に鉱業停止の声あがる。<br>一二月　栃木県議会、鉱毒対策を知事に建議。 |
| 一八九一年（明治二四） | 一二月　ポンプ用八〇馬力・捲上用二五馬力・電灯用六馬力発電機を備えた間藤発電所完成。プランジャー型電気ポンプ設置。<br>本山終点から製錬所まで電気鉄道敷設。 | 三月　群馬県議会、知事に鉱毒対策を建議。<br>六月　栃木・群馬両県、農科大学等に被害原因、除毒対策の調査依頼。長祐之ら『足尾銅山鉱毒渡良瀬川沿岸被害事情』刊行（発行禁止）。<br>一二月　田中正造、第二回帝国議会で鉱業停止要求。栃木県知事、被害補償交渉案を被害町村に示す。 |
| 一八九二年（明治二五） | 二月　栃木県、補償交渉の仲裁機関設置。 | 三月　群馬県、待矢場両堰水利土功会、古河と示談契約結ぶ。以後、被害農民と古河の示談契約進展。 |
| 一八九三年（明治二六） | 一一月　ベセマー転炉設置。 | この年、第一回示談契約完結。 |
| 一八九四年 | | この年、第二回示談（永久）契約進展。 |

| | | |
|---|---|---|
| （明治二七） | | |
| 一八九五年（明治二八） | | 栃木・群馬両県知事、農商務省に足尾官林の禁伐林編入等を上申。 |
| 一八九六年（明治二九） | 九月　大通洞貫通、鉱山近代化の第一段階。骸炭（コークス）所設置。 | 一～三月　田中正造、第九回帝国議会で鉱毒問題、治山対策等政府追及。<br>三月　田中正造、第九回議会で鉱毒問題の永久示談契約につき政府追及。<br>七～九月　渡良瀬川大洪水。渡良瀬川・利根川・江戸川流域一府五県四万六〇〇〇町歩に鉱毒被害。<br>一〇月　田中正造、有志と雲竜寺に群馬、栃木両県鉱毒事務所を設置。 |
| 一八九七年（明治三〇） | 三月　榎本農商務相、被害地視察。足尾銅山鉱毒調査会（第一次調査会）設置。広幡侍従・樺山内務相ら被害地視察。<br>五月　第一次調査会、鉱毒処分案を答申。同鉱毒予防工事命令を下す。翌九八年五月免租処分実施。<br>六月　古河鉱業事務所と改称。古河本店事務所を丸の内に移す。 | 二～三月　田中正造、第一〇回帝国議会で鉱業停止要求。<br>三月　被害農民第一回大挙東京押出し決行。四県鉱業停止請願事務所を東京に設置。第二回大挙東京押出し決行。 |
| 一八九八年 | 一月　東京本所で電気精銅開始。 | 六月　田中正造、第一二回帝国議会で政府追 |

| | | |
|---|---|---|
| （明治三一） | | 及。<br>九月　渡良瀬川大洪水。予防工事命令による沈澱池決壊、鉱毒被害激化。第三回大挙東京押出し決行。田中正造、東京府下保木間村で総代を残して帰国するよう説得。 |
| 一八九九年（明治三二） | | 一二～三月（九九年）　田中正造、第一三回帝国議会で数度にわたって政府追及。 |
| 一九〇〇年（明治三三） | 七月　川俣事件逮捕者のうち五一名起訴される。<br>一二月　川俣事件一審判決。被告、検事側ともに控訴。 | 二月　第四回大挙東京押出し決行。川俣で官憲の弾圧による逮捕者一〇〇余名。田中正造、第一四回帝国議会で川俣事件に関連し、連日政府追及。 |
| 一九〇一年（明治三四） | 一〇月　川俣事件控訴審で被害地臨検。 | 一～三月　田中正造、第一五回帝国議会で鉱毒事件にかんし最後の質問演説。<br>六月　田中正造、石川半山と直訴の謀議。<br>一〇月　被害地臨検報道により世論たかまる。<br>一一月　古河市兵衛夫人ため子、入水自殺。<br>一二月　田中正造、天皇に直訴。鉱毒世論沸騰。救済運動広まる。学生運動生起。 |
| 一九〇二年 | 内務省、栃木県谷中村、埼玉県利島、川辺 | 一月　利島、川辺両村に遊水池反対運動起こ |

| | | |
|---|---|---|
| （明治三五） | 両村の遊水池計画推進。 | る。 |
| | 三月　川俣事件二審判決。被告、検事側ともに控訴。鉱毒調査委員会（第二次調査会）官制公布。<br>一二月　川俣事件裁判、宮城控訴院において控訴棄却によって全員釈放される。 | 九月　関東大洪水。<br>一〇月　利島、川辺両村、納税・徴兵拒否を掲げて遊水池計画をはね返す。 |
| 一九〇三年<br>（明治三六） | 三月　第二次調査会、遊水池化計画・地価減額修正・北海道移住等を盛った鉱毒処分（「報告書」「意見書」）打ちだす。 | 一月　栃木県議会、遊水池化のための谷中村買収案否決。 |
| 一九〇四年<br>（明治三七） | 四月　古河市兵衛死去。<br>一二月　災害復旧費名の谷中村買収案、栃木県会（秘密会）通過。 | 七月　田中正造、谷中村に入る。<br>一二月　栃木県議会、谷中村買収案可決。 |
| 一九〇五年<br>（明治三八） | 三月　古河鉱業会社に改組・改称。古河の個人経営から会社組織に。資本金五〇〇万円。社長古河潤吉、副社長原敬。（一二月潤吉死去。） | 二月　谷中村民、県の放置する堤防修築。<br>八月　修築堤防、出水により再び破壊。<br>一一月　買収受諾村民、谷中村周辺町村および那須郡下江川村へ集団移住。谷中村買収をめぐる汚職、県会の問題となる。 |
| 一九〇六年<br>（明治三九） | 四月　県吏、修築堤防破壊。<br>六月　細尾第一発電所完成。<br>七月　栃木県、村会の決議を無視して、谷 | 三月　谷中村民、破壊堤防修築。<br>四月　谷中村会、知事の廃村諮問案否決。<br>六月　田中正造、官吏侮辱罪で訴えられ、予審に付される。 |

| | | |
|---|---|---|
| 一九〇七年（明治四〇） | 中村を藤岡町に合併告示。日光電気精銅所操業。<br>一月　西園寺内閣、谷中村の土地収用認定公告だす。<br>二月　足尾暴動事件勃発。高崎連隊を急派して鎮圧。四〇〇余名を検挙。<br>四月　田中正造の官吏侮辱事件無罪判決。<br>六～七月　谷中村堤内残留一六戸に強制執行（強制破壊）。 | 一〇月　官吏侮辱事件有罪判決、控訴す。<br>七月　谷中村残留民、仮小屋を建てて踏みとどまる。救済会有志、残留民を説いて「土地収用補償金額裁決不服訴訟」を提起させる。<br>八月　渡良瀬川、利根川洪水。荒畑寒村『谷中村滅亡史』刊行、発禁となる。 |
| 一九〇八年（明治四一） | 七月　谷中村堤内に河川法準用さる。 | |
| 一九〇九年（明治四二） | 九月　渡良瀬川改修案、関係四県の県議会通過。 | 三月　田中正造、第二五回帝国議会に島田三郎らの名で「破道破憲に関する質問」提出。 |
| 一九一〇年（明治四三） | | 一月　谷中村問題殉難者追悼会。<br>八月　関東大洪水。 |
| 一九一一年（明治四四） | | 四月　谷中村民一六戸一三七人、北海道サロマベツ原野に移住（第一次）。<br>一一月　田中正造「下野治水要道会」設立。 |
| 一九一二年（大正元） | 四月　土地収用補償金額裁決不服訴訟一審判決でる。直ちに控訴。 | |

| | | |
|---|---|---|
| 一九一三年（大正二） | 一二月　足尾鉄道、桐生―足尾間全線開通。 | 九月　田中正造死去。 |
| 一九一四年（大正三） | この年、足尾鉱業所において削岩機の国産化に成功。ＭＳ型浮遊選鉱機のテスト成功（一六年より本格操業）。<br>一二月　日立鉱山に一五六メートルの世界一の大煙突完成。 | 三月　旧谷中村残留民、田中霊祠を安置したことを理由に罰金刑に処せられる。 |
| 一九一五年（大正四） | | 九月　谷中村堤防かっ切り事件。 |
| 一九一六年（大正五） | | 一一月　栃木県は旧谷中村残留民に立ち退き命令をだすが、残留民応ぜず。 |
| 一九一七年（大正六） | この年、古河家は経営の多角化に乗りだす。旭電化工業㈱、東京古河銀行、横浜護謨製造㈱などを設立。<br>一一月　古河鉱業会社の三社分立（古河合名会社、合名会社古河鉱業会社、古河商事株式会社）。 | 二月　一定の条件のもとに残留民は内務省の渡良瀬川改修工事にともなう埋立地に移転。 |
| 一九一八年（大正七） | 八月　コットレル電気集塵機設置。<br>八月　亜砒酸工場新設。 | |
| 一九一九年（大正八） | 九月　七〇〇〇名が争議。<br>一一月　争議再発、激化。 | 六月　「土地収用補償金額裁決不服訴訟」の控訴審で、残留民側わずかながら勝利す。 |

| | | |
|---|---|---|
| 一九二〇年（大正九） | 四月　古河電気工業㈱設立。 | 一二月　旧谷中村民「縁故民大会」開催。 |
| 一九二一年（大正一〇） | 四月　大争議発生。<br>一一月　古河鉱業、破綻した古河商事を合併。 | 一月　萱刈り事件。 |
| 一九二三年（大正一二） | 八月　富士電機製造㈱設立（ドイツのシーメンス社と提携）。 | |
| 一九二四年（大正一三） | | 八月　大干ばつと大洪水。<br>一〇月　小坂鉱山煙害被害農民、日本農民組合細越支部を結成し、鉱山に損害賠償請求。 |
| 一九二五年（大正一四） | 五月　住友別子銅山四阪島製錬所に亜硫酸ガス処理のために新ペテルゼン式硫酸製造装置を採用。 | |
| 一九二六年（昭和元） | | 三月　小坂鉱山煙害被害民の損害賠償要求運動、鉱山労働者と連携し激化する。 |
| 一九二七年（昭和二） | | 三月　第五二回帝国議会に渡良瀬川沿岸被害民ら「足尾銅山煙毒除害並に水源涵養の請願書」を提出（一九二五年、二六年につづき三年連続）。 |
| 一九三〇年 | | 七月　渡良瀬川大洪水。 |

| | | |
|---|---|---|
| （昭和五） | | |
| 一九三四年（昭和九） | | 一一月　沈澱池溢水し、渡良瀬川沿岸に鉱毒被害広がる。 |
| 一九三五年（昭和一〇） | 六月　富士通信機製造㈱設立。この年タイのアイルカチア金山の経営に着手。 | |
| 一九三六年（昭和一一） | | 一一月　秋田県尾去沢鉱山の鉱滓堆積場が欠壊。死者三六二人。 |
| 一九三七年（昭和一二） | 三月　古河合名会社設立（古河鉱業を吸収）。 | 四月　北海道に移住した旧谷中村民川島平助ら第一回帰郷請願書を栃木県知事に提出。 |
| 一九三八年（昭和一三） | 三月　重要鉱物増産法公布。 | この年、第二回帰郷請願書提出。 |
| 一九三九年（昭和一四） | 三月　鉱業法の一部改正、鉱害無過失賠償責任を謳う。<br>一〇月　住友別子銅山四阪島製錬所で中和工場が完成、亜硫酸ガス防止の技術的対策一応なる。 | 五月～六月　渡良瀬川沿岸長雨による冠水と鉱毒被害のため、農作物の被害大。<br>六月　渡良瀬川改修群馬期成同盟会結成。 |
| 一九四〇年（昭和一五） | | 一二月　前年以来二二回の請願を経て、一五年継続で八〇〇〇万円の改修予算が成立。 |
| 一九四一年（昭和一六） | 一二月　鉱山統制会発足。 | |
| 一九四二年 | 一月　フィリピンのマニラに出張所を開設 | 二月　渡良瀬川上流砂防工事施工の請願採択 |

| | | |
|---|---|---|
| （昭和一七） | し、鉱山開発をおこなう。<br>一二月　南方事業部設置。フィリピン、インドネシアなどの鉱山やゴム園の経営にあたる（一九四五年八月敗戦により廃止）。 | される。 |
| 一九四三年<br>（昭和一八） | 四月　鉱業奨励規則公布。<br>一〇月　源五郎沢堆積場新設。 | |
| 一九四四年<br>（昭和一九） | 一月　軍需会社に指定。 | |
| 一九四五年<br>（昭和二〇） | 一一月　古河鉱業㈱制限会社の指定（一九五〇年解除）。 | |
| 一九四六年<br>（昭和二一） | 一二月　特別経理会社に指定（一九四九年解除）。持株会社整理委員会により持株会社の指定。 | 五月　東毛地方鉱毒根絶同盟会（会長小暮完次）結成、古河鉱業は石灰二〇〇〇トンを供与。 |
| 一九四七年<br>（昭和二二） | この年、重液選鉱設備新設。<br>七月　銅・鉛・亜鉛等にたいする価格差補給金制度実施。 | 九月　渡良瀬川大洪水（カスリン台風）被害甚大。<br>一二月　渡良瀬川改修群馬期成同盟発足。 |
| 一九四八年<br>（昭和二三） | 二月　過度経済力集中排除法の、指定企業となる（四九年七月解除）。 | 九月　渡良瀬川大洪水（アイオン台風）。 |
| 一九四九年<br>（昭和二四） | | 九月　渡良瀬川大洪水（キティ台風）。 |

| | | |
|---|---|---|
| 一九五〇年（昭和二五） | | 九月　栃木県三栗谷用水で沈砂池の設置、総額三二〇〇万円中、古河の寄付金一〇〇〇万円。 |
| 一九五三年（昭和二八） | | 一二月　待矢場土地改良区と古河鉱業との間に和解成立、寄付金八〇〇万円。 |
| 一九五四年（昭和二九） | 四月　足尾機械㈱設立。<br>九月　古河三水会発足。<br>一〇月　フィンランドのオートクンプ社から自溶製錬技術導入、アメリカのモンサントケミカル社から接触式硫酸製造法導入。 | 八月　利根川治水同盟会開催。 |
| 一九五六年（昭和三一） | 二月　自溶製錬設備完成（月間製錬能力一七〇〇トン、一九六二年七月まで二七〇〇トンに増強）。硫酸製造設備完成（日産能力一六〇トン）自溶炉の完成により亜硫酸ガスの排出は激減するが、しかし設備や運転管理が不完全なため、一九六〇年代末まで被害は継続。 | |
| 一九五八年（昭和三三） | | 四～五月　本州製紙㈱江戸川工場廃水タレ流し事件発生。<br>五月　源五郎沢堆積場欠壊、田植前の水田六 |

| | | |
|---|---|---|
| | | 〇〇〇ヘクタールが鉱毒被害。農民足尾銅山に抗議行動。<br>七月　群馬県毛里田村で村民大会、毛里田村渡良瀬川鉱毒根絶期成同盟会（会長恩田正一）結成。<br>八月　群馬県の桐生市、太田市、館林市、山田郡、新田郡、邑楽郡の三市三郡による渡良瀬川鉱毒根絶期成同盟会（会長恩田正一）結成。<br>一二月　本州製紙事件を直接的契機に水質二法制定。 |
| 一九五九年（昭和三四） | | 六月　農民七〇〇名渡良瀬川を水質保全法による指定河川への指定を要求して陳情行動。 |
| 一九六〇年（昭和三五） | 二月　簀子橋堆積場を新設（一四番目の堆積場で現在使用中の唯一のもの）。<br>一〇月　西ドイツのルルギー社より硫酸製造技術導入。 | |
| 一九六一年（昭和三六） | 九月　銅、鉛、亜鉛の貿易自由化決定。<br>一一月　西ドイツのシュヴィンク社よりショベルローダの製造技術導入。 | 一二月　水質審議会に第六部会（渡良瀬川部会）新設。恩田正一専門委員となり、鉱毒根絶同盟会の会長を形式上辞任。 |

| | | |
|---|---|---|
| 一九六二年（昭和三七） | 八月　自溶炉、硫酸工場増設、金属砒素製品完成。 | |
| 一九六五年（昭和四〇） | 五月　中国と自溶製錬技術援助契約。 | |
| 一九六六年（昭和四一） | 六月　同和鉱業㈱と自溶製錬技術援助契約。 | |
| 一九六七年（昭和四二） | 一二月　日本鉱業㈱と自溶製錬技術援助契約。 | |
| 一九六八年（昭和四三） | 四月　コンゴ鉱山開発㈱に資本参加（のちザイール鉱山㈱と改称）、セレン化砒素硝子試作完成。<br>一〇月　三井金属鉱業㈱と自溶製錬技術援助契約。 | 三月　経済企画庁、渡良瀬川の流水の水質基準を銅〇・〇六ＰＰＭと決定。 |
| 一九六九年（昭和四四） | 二月　住友金属鉱山㈱と自溶製錬技術援助契約。<br>一二月　マムート鉱山開発㈱に資本参加。 | |
| 一九七〇年（昭和四五） | 五月　海外ウラン資源開発㈱に資本参加。 | |
| 一九七一年（昭和四六） | 一〇月　岡山県日比共同製錬㈱に資本参加。 | 二月　群馬県毛里田地区産出米からカドミウムを検出。<br>六月　住民検診。一戸当たり一二〇〇万円、 |

| | | |
|---|---|---|
| | | 一一〇〇戸分の損害賠償金として一三二億円を古河鉱業に要求。<br>七月　環境庁発足。 |
| 一九七二年（昭和四七） | 一一月　足尾銅山の閉山計画を発表。 | 一月　毛里田地区産出米の一部出荷凍結処分。<br>三月　毛里田同盟会（第二代会長板橋明治）政府の中央公害審査会（のちに公害等調整委員会に改組）に、過去二〇年間（一九五二～七一）の農作物被害にかんして、第一次提訴分四億七〇〇〇万円の損害賠償を求める調停を申請、最終的な調停申請は九七三人分で約三九億円にのぼる。 |
| 一九七三年（昭和四八） | 二月　足尾銅山の採掘中止（閉山）。ただし製錬事業は拡大の方針を打ちだす。<br>九月　金属砒素月産二〇〇キログラムの製造設備を増設（合計四〇〇キログラム）。 | 五月　第一回調停（一九七三年中に六回、一九七四年になって六回の調停が開かれる）。 |
| 一九七四年（昭和四九） | | 五月　第一二回調停で農作物減収補償調停成立・調印。損害賠償額一五億五〇〇〇万円。 |
| 一九七五年（昭和五〇） | 九月　セロ・コロラド鉱山開発㈱に資本参加。 | 一一月　桐生地区農業被害補償解決書調印。 |

| | | |
|---|---|---|
| 一九七六年（昭和五一） | | 七月　草木ダム竣工、群馬県、桐生市、太田市、古河鉱業㈱と公害防止協定を締結（一九七八年三月、同公害防止細目協定書締結、毛里田同盟会は地元農民無視の協定書の締結に反対する）。『田中正造全集』刊行開始（全二〇巻）。 |
| 一九八三年（昭和五八） | | 一月　公害防除特別土地改良事業開始。 |
| 一九八四年（昭和五九） | | 三月　土呂久鉱毒訴訟一審判決。被害民側全面勝利。住友金属鉱山㈱控訴（一九九〇年最高裁で和解成立）。 |

注・特に日立鉱山、住友鉱山などと記していない場合はすべて足尾銅山にかんする技術・経営事項。

# あとがき＝田中霊祠例祭の日に

足尾鉱毒事件の全過程は、本書で論じたようにまさに明治以降の日本の急速な近代化過程、いいかえれば日本における資本主義の発達過程の裏面史として存在していたのである。だがこのような見方は、一九五〇年代後半にはじまる日本経済の高度成長にともなって生じた全国的な公害問題を契機として、はじめて可能になったのである。それまで足尾鉱毒事件は「義人」田中正造に付随した物語として、歴史的にも地域的にもきわめて限定された形でしか論じられてこなかったし、日本史や日本経済史の概説書ではほとんど言及されたことはなかった。それが最近では小・中・高の社会科や国語の教科書にも取りあげられるようになったわけで、一〇年前とくらべると、実に、隔世の感がある。

だがまだその取り扱われ方はやはり部分的でしかなく、われわれの属する渡良瀬川研究会が年に一度八月に開催する「渡良瀬川鉱害シンポジウム」に参加する多くの大学生や現場の教師たちから、足尾鉱毒事件の全体像をどのように把握し、教えるべきか、といった問題が繰り返し提出され、議論となっている。「まえがき」で述べたように、本書ではひとつにはこうした要請に応えるために、日本経済の発展と鉱毒問題とを対比させ、各々の時代の政治、経済的な特質と関係づけながら実証分析をおこなう必要があったのである。もうひとつは、この一〇年くらいの間に鉱毒事件や田中正造への関心がたかまったことは喜ばしいこととしても、誤った見方や新たな俗説が流布しはじめていることにたいして、田中正造の「事業」を継承・発展させるために、それらを批判する必要があったのである。

鉱毒事件はけっして歴史的にも地域的にも特殊な事件ではなかった。明治期後半において、鉱毒問題、煙害問題は全国各地の鉱山地帯で発生していたのである。足尾鉱毒事件はそれらの頂点に立つものであった。そしてあらためて「公害」という視点から足尾鉱毒事件を見なおすとき、それは現代的問題として鮮やかに浮かびあがってくる。

かつて古河市兵衛は江戸時代に掘り尽くして廃山同様となっていた足尾銅山を再興するにあたり、「鉱源開発第一主義」をモットーにしたといわれるが、それは「生産第一主義」、「利潤第一主義」を掲げて何よりも開発優先を唱えた高度成長期の企業経営者、政治家、官僚の主張と共通していたのである。企業と行政の癒着、御用学者たちの役割、反対運動にたいする官憲の弾圧、「公利」(国益) 増進の錦の御旗を掲げた産業保護と開発、それは現代では「公共の福祉」の増進と呼び方を変えてはいるが、民衆の生活を犠牲にすることもいとわない産業優先政策であり、いずれも公害反対運動をたたかう住民にとってあまりにも日常的な事柄である。

運動論にみても農民の鉱毒反対運動は、さまざまな点で現代の公害反対住民運動の先駆であった。数多くのビラやチラシによる情宣活動、地域からの運動の組織化、地方自治体を運動側にとりこむ戦略、議会内での政府追及、さらには知識人や言論人、宗教人に働きかけての世論の喚起、公判闘争、学生たちによる幻燈を用いた支援活動、被害地での医療活動、一坪地主運動など、そこには創意と自発性に満ちた運動があったのである。本書ではそれらについて詳しく述べることはできなかったが、今日なお学ぶべき点が少なくない。だが現代にいたるあらゆる公害反対運動にあって明治期の足尾鉱毒反対運動にだけ見られないのは、加害者である古河鉱業にたいする直接的な抗議行動や交渉である。ここに運動の指導者田中正造の政治信条の一端が現れていると思われる。

人権思想をたかく掲げたその田中正造が没して七〇年たった。一九八一年の一二月一二日、当時田中会の会長で旧谷中村の遺跡を守る会の会長でもあった岩崎正三郎さんの発案で、憲政記念館において田中正造の直訴八〇年を記念する講演会が開かれ、東海林が林竹二氏とともに記念講演をおこない、菅井は事務局を担当した。残念なことにその岩崎さんは昨年の五月、最後まで田中正造の「事業」の継承、発展を口にしつつ、亡くなられた。本書をまっさきに読んでもらいたいひとりであった。

田中正造の「事業」継承の一環として渡良瀬川研究会は一九八一年以来、渡良瀬川の浄化に向けて雲竜寺前の栃木・群馬県境で、両県の学童・生徒数千人の参加のもとに、鮭の放流を実施している。稚魚の餌育と放流をとおして、生命の尊重と環境問題、渡良瀬川への愛着にめざめ、より多くの人びとがその浄化に取り組むようねがったのである。しかし、渡良瀬川の浄化は、決して鮭の溯上で良しとするものではない。現在の水質汚染は、鉱毒に加えて生活雑廃水が深化の一因を成しており、流域住民の生活様式の変革と、共生の論理の構築もまた重要な課題なのである。鮭の放流時に掲げた「足尾に緑を！渡良瀬に清流を！」というスローガンは、まさに永続的な課題を秘めている。

つい一週間前の三月二八日、土呂久公害訴訟の一審判決で被害者側が全面勝利をかちとり、全国六千の休廃止鉱山問題にひとつの展望をきり拓いた。だが企業側が控訴したことは、被害者の救済の遅れと同時に資本による人権の蹂躙を意味しており、見逃がしえない問題である。田中正造の「事業」継承の課題は、ますます重要性をもって迫ってくる。

本書は多くの先達の研究、被害者の子孫の方々からの資料の提供、各地の図書館などの協力を得てはじめて成立した。渡良瀬川研究会の仲間たちにも多くを負っている。とりわけ国連大学の受託研究「人間と社会の開発プログラム――日本の経験プロジェクト」のなかの「公害研究部会」の宇井純、星野芳郎、飯島伸子の各氏、およびコーディネート・ディレクターの林武氏には有益な助言と示唆をいただいた。最後になったが、本書刊行の労をとって下さった新曜社の伊藤晶宣氏には原稿が遅れ、たいへんご迷惑をおかけした。深く感謝申しあげる。

なお本書は1章から8章までを東海林が、9章から13章までを菅井が執筆した。内容的には両者で十分討論したうえで執筆したつもりである。

一九八四年四月四日

著　者

# 「あとがき」のあとがき――新版に際して

二〇一一年三月一一日東北地方太平洋沖地震（東日本大震災）が発生し、それにともなって起こった東京電力福島第一原子力発電所の炉心溶融事故は、人びとを震撼させた。地震と津波の被害に加えて原発事故による放射能災害、まさに石橋克彦さんが警告してきた原発震災そのものである。津波災害から避難生活を余儀なくされた人びと、家は無事だったけれども住み慣れた家を離れざるをえなかった人びと、その両方の被害にあった人びと。皆避難所を転々としながら二カ月から半年後にようやく仮設住宅などの仮住まいでの生活が始まったが、聞き取り調査などで訪ねていくと、仮の住居での生活がいかに不便であるかが切実に伝わってくるのである。総務省によると二〇一三年一二月現在で津波と原発事故による被災者数は二七万四千人に上り、そのうちおよそ一五万人が原発事故の被災者だとされている。政府は国民の生活を守る義務があるのにいったい何をしているのであろうか。対策の遅れによって被災者たちは心理的にも追い詰められている。

東電福島原発事故による放射能汚染、いうなれば東電福島放射能公害事件は、将来的展望が見通せないという点で津波被災者と異なる困難さがある。政府は事故から九カ月後の一二月一六日「事故収束宣言」を行なったが、今日に至るまで汚染水のたれ流しが続き、一～三号機の溶融した炉心状況さえ把握できず、核燃料の再溶融、再臨界を防ぐためにひたすら冷却水を注入し続けなければならない状態にある。今後四〇年以上かかるとみられる事故処理は、一九七九年のＴＭＩ（スリーマイル島）原発事故や一九八六年のチェルノブイリ原発事故とはまったく異なった方法が必要になるであろう。環太平洋地震帯の中でもきわめて地震活動が活発な地震大国日本においては、事故処理過程でも危険がつきまとっているからである。

現在全国の原発五〇基は止まったままであるが、猛暑であった二〇一三年夏でも電力供給力は余っていたから、原発は必要ないのである。にもかかわらず、安倍晋三自公政権は、原子力をベース電源として位置づけ、再稼働、場合によっては新増設まで射程に入れ、さらに原発輸出も進めようとしている。政府公認の巨大独占資本である電力会社と銀行などの金融資本、原発機器メーカーの利益を擁護するためである。これだけの被災者を放置したままで、驚くべき傲慢さである。三・一一以降誰の目にも明らかになった安全神話の崩壊を、まるでなかったものにしてしまおうとしているのである。田中正造の割《われ》鐘のような声が聞こえてくる。

民ヲ殺スハ国家ヲ殺スナリ
法ヲ蔑ニスルハ国家ヲ蔑スルナリ

皆自ラ国ヲ殿ツナリ
財用ヲ濫リ民ヲ殺シ法ヲ乱シテ而シテ亡ビザルノ国ナシ、之ヲ奈何
（『田中正造全集』第八巻、二五八頁）

田中正造は人民が税を納め国家をつくっているのであるから、国家が人民を殺すのであれば、国家は亡びる、すなわち亡国だというのである。国は憲法を守り、法を守って鉱毒被害民の権利や財産を守らなければならない、憲法の請願権に基づいて上京する被害民を暴力的に弾圧した（一九〇〇年二月一三日の川俣事件）政府を田中は決して許さなかった。

足尾銅山の操業は渡良瀬川源流部の松木の村民を追い出し、最下流部の谷中村を滅亡させた。東電福島第一原発事故による放射能公害は福島県の双葉郡と相馬郡の住民をはじめ広範な地域の人々を日常生活ができない状態に追いやった。政府が認める帰還困難区域だけではない。居住制限区域も避難指示解除準備区域も同様である。東北や関東地方の各地に存在するホットスポットはどうか、法律で決まっている年間一ミリシーベルト以上の被曝を受ける地域は福島県内にとどまらない。そこには一〇〇万人を超える人びとがどこにも避難できずに暮らしている。法律違反を犯しているのは誰か、政府である。国である。法は何のためにあるのか。野山も汚染され、農山村に暮らす人びとにとって山の幸、山林は生活の一部なのである。海の汚染もまだ深刻な状態が続いている。漁に出られぬ漁師たちの気持ちを政府は理解しようともしない。僅か一人月一〇万円で生活できると思うのは、自然の恵みを理解できない政

治家や官僚たちの哲学の貧困を示している。

本書の一三章でも引用したが、「デンキ開けて世見暗夜となれり」(一九一二年七月二一日の日記)という田中正造の言葉は、まさに東電福島第一原発の事故を百年前に予測していたかのような言葉である。現代においてもあらゆるところで、技術過信がはびこっていると言ってよい。田中の日記は「日本の文明、今や質あり文なし、知あり徳なきに苦むなり」と続くが、そこにはコントロールを失った原発依存社会の根底に潜む問題点が浮き彫りにされている。

＊

本書が新曜社から発行されたのは一九八四年四月で、一九九三年一月に第四刷がなされた。それほど売れる本ではなかったが、次第に店頭で見られなくなり、社会科や近代史を教える中高の教員や、地元の鉱毒事件関係者、学生、市民運動をになう皆さんから、他に足尾銅山鉱毒事件の全体像を学ぶべき通史がないので増刷するようにと求められてきた。さらに東日本大震災による東電福島第一原発の事故と放射能汚染が人々の目を日本の公害の原点へと向かわせた。また二〇一三年は田中正造没後一〇〇年にあたり、足尾銅山鉱毒事件への関心が高まった。それでとりあえず三〇年前の本をそのまま新版として出すことにしたのであるが、戦後の鉱毒反対運動の中心となる渡良瀬川鉱毒根絶太田期成同盟会(板橋明治会長)の運動や、田中正造の生家を守る運動についても書き加えて増補版にしたいと思っていたので、内心忸怩たる思いがある。

この間共著者で田中正造研究者として先駆的な見解を打ち出した東海林吉郎さんが二〇〇一年一二月

病を得て亡くなった。議論好きな東海林さんとは田中正造論から政治経済状況、世界情勢、住民運動論、原発問題まで夜遅くまで語り合った。二〇一三年一二月の命日に仲間が集ってささやかな一三回忌を行った。その席に呼びかけ人で東海林氏と盟友であった布川了さん（渡良瀬川研究会創立者）、田村秀明さん（田中正造の生家を守る市民の会事務局長）、広瀬武さん（足尾鉱毒事件田中正造記念館設立責任者）の姿はなかった。皆故人となった。

＊

東日本大震災にともなって起こった東電福島第一原発の炉心溶融事故により、三年後の今も十数万に及ぶ人々が避難を余儀なくされている。この現状に対して、何をなしうるか、本書が放射能公害の被害者の運動に何がしか役立ち得るとすれば、亡き東海林さんも、無論田中正造も草葉の陰から姿を現して、無策の政府を糾弾しつつ、被害者の味方になってくれるであろう。

新版はかつて新曜社で本書を編集してくれた伊藤晶宣さんが設立した世織書房から出版されることになった。伊藤さんにはまたしてもたいへんお世話になった。記して感謝の念を表しておきたい。また新版をつくるに当たって妻の眞江に校正してもらった。いつも気づかぬことを教えてくれる人生の相棒の協力にも感謝したいと思っている。

二〇一四年一月一〇日

著　者

〈著者紹介〉
東海林吉郎（しょうじ・きちろう）
1923年秋田県生まれ。1980～82年国連大学受託研究「人間と社会の開発プログラム・日本の経験」公害研究部会委員、歴史研究者。2001年逝去。
著書に「2・26と下級兵士」「歴史よ　人民のために歩め――田中正造の思想と行動1」『共同体原理と国家構想――田中正造の思想と行動2』（以上、1977年、太平出版社）『足尾鉱毒亡国の惨状――被害農民と知識人の証言』（共編著、1977年、伝統と現代社）などがある。

菅井　益郎（すがい・ますろう）
1946年新潟県生まれ。1976年一橋大学大学院経済学研究科博士課程修了。現在、國學院大学経済学部教授。
論文に「足尾銅山鉱毒事件」上・下（『公害研究』Vol.3, 4「日立鉱山煙害事件」（『一橋論叢』Vol.7, 4, No.3「別子銅山煙害事件」（『社会科学研究』Vol.29, No.3）「吉乃鉱山の鉱毒問題」（『國學院経済学』Vol.29, No.4）などがある。

［新版］通史・足尾鉱毒事件　1877～1984

2014年8月15日　第1刷発行 ©

| | |
|---|---|
| 著　者 | 東海林吉郎 |
| | 菅井益郎 |
| 装　幀 | M. 冠着 |
| 発行者 | 伊藤晶宣 |
| 発行所 | (株)世織書房 |
| 印刷所 | (株)ダイトー |
| 製本所 | (株)ダイトー |

〒220-0042　神奈川県横浜市西区戸部町7丁目240番地　文教堂ビル
電話045(317)3176　振替00250-2-18694

落丁本・乱丁本はお取替いたします　Printed in Japan
ISBN978-4-902163-73-5

**水俣病誌**
川本輝夫／久保田好生・阿部浩・平田三佐子・高倉史朗＝編　8000円

**沖縄戦、米軍占領史を学びなおす**●記憶をいかに継承するか
屋嘉比収　3800円

**沖縄／地を読む・時を見る**
目取真俊　2600円

**脱原発宣言**●文明の転換点に立って
市民文化フォーラム＝編　1000円

**市川房枝と婦人参政権獲得運動**●模索と葛藤の政治学
菅原和子　6000円

〈価格は税別〉

世織書房